分子标记在品种培育中的应用研究

张颖君　刘茜　著

吉林科学技术出版社

图书在版编目（CIP）数据

分子标记在品种培育中的应用研究 / 张颖君, 刘茜
著. — 长春: 吉林科学技术出版社, 2021.5
ISBN 978-7-5578-8175-7

Ⅰ.①分… Ⅱ.①张… ②刘… Ⅲ.①分子标记–应
用–作物育种–研究 Ⅳ.①S33

中国版本图书馆CIP数据核字(2021)第110781号

分子标记在品种培育中的应用研究

著　张颖君　刘茜
出 版 人　宛　霞
责任编辑　石　焱
封面设计　优盛文化
制　　版　优盛文化
幅面尺寸　170mm × 240mm　1/16
字　　数　300千字
页　　数　262
印　　张　16.5
印　　数　1–200册
版　　次　2021年5月第1版
印　　次　2021年5月第1次印刷

出　　版　吉林科学技术出版社
发　　行　吉林科学技术出版社
地　　址　长春市净月区福祉大路5788号
邮　　编　130118
发行部电话/传真　0431–81629529　81629530　81629531
　　　　　　　　　81629532　81629533　81629534
储运部电话　0431–86059116
编辑部电话　0431–81629518
印　　刷　定州启航印刷有限公司

书　　号　ISBN 978-7-5578-8175-7
定　　价　90.00元

前　言

　　传统的植物育种主要依赖育种家对植株表现型的选择。环境条件、基因间互作、基因型与环境互作等多种因素均会影响植株表现型选择的准确性，从而影响育种效率。一个优良品种的培育往往需要花费 7～8 年，甚至十几年时间。如何提高选择效率是育种工作的关键。近年来，随着分子生物学和基因组学的快速发展，分子选择育种应运而生，利用已掌握的植物表现型与基因型相关信息，研究人员可以直接利用基因型数据对表现型进行选择。分子选择育种包括前景选择和背景选择。前景选择建立在基因定位和 QTL 作图的基础之上，其可靠性取决于标记与目标基因之间的连锁程度，标记与目标基因连锁越紧密，则标记辅助育种的准确率越高；背景选择主要指遗传背景的恢复，育种材料间遗传距离、亲缘关系分析，等等。

　　分子选择育种经历了两个重要的阶段，第一个阶段为分子标记辅助选择（MAS），第二个阶段为全基因组选择（GS）。分子标记辅助选择育种采用与目标基因紧密连锁的分子标记，筛选具有特定基因型的个体，并结合常规育种方法选育优良品种，此方法建立在 QTL 作图和基因定位的研究基础和数据之上。全基因组选择育种可以被定义为在全基因组水平上进行分子选择育种的方法。全基因组策略包括对收集的种质资源的全基因组测序，分析优异（或低劣）性状单倍型、重要基因区段、功能基因的分子标记开发，等等。全基因组选择要配合建立多个环境下目标性状高效的表现型鉴定系统，同时考虑影响基因、基因型、完整植株表现型的相关环境因素信息的整合。

　　MAS 建立在 QTL 的精细定位基础之上。目前，仍有许多作物（尤其是自花授粉作物）QTL 定位精度不够，导致分子标记难以用于实际的育种过程中。某些已经完成精细定位并成功用于实际育种当中的 QTL 大部分都是主效 QTL，而一些微效 QTL 很少被利用。复杂性状受环境影响较大，在实际定位过程中往往会遗漏一些 QTL，并且即便通过 MAS 将目标 QTL 渗入受体中，在环境影响下，目标 QTL 的表达也可能会受到影响。随着基因分型成本的快速降低和统计方法的快速发展，基因组标记密度越来越大，复杂性状的基因分析和操控更有效，具有更多优势的全基因组选择的育种方法应运而生，并快速应用于植物遗传育种。相信随着人们对植物基因组水平认识的不断深入、标记密度的不断增加以及演算方法的不断完善，全基因组选择将成为作物遗传育种的最有效方法。

本书属于研究分子标记辅助作物育种的著作，由分子标记的基本认知、关于性状分子标记分析方法、分子标记辅助育种技术、分子标记辅助选择、分子标记辅助技术在农作物育种中的应用、分子标记辅助技术在果蔬育种中的应用六部分组成。

本书对生物技术方面的研究者和从业人员有学习和参考价值。由于笔者水平有限、经验不足，本书难免存在不足之处，敬请读者予以指正。

目　录

第1章 分子标记的基本认知

1.1 分子标记概述

1.1.1 分子标记的基本认知

1.遗传标记技术介绍

遗传多样性是遗传信息的总和。一般所说的遗传多样性是指种内的遗传多样性，也称为遗传变异，即种内不同群体之间或者一个群体内不同个体的遗传变异的总和。这些变异在自然选择和人工选择的基础上符合孟德尔遗传规律，遗传标记就是表示遗传多样性的有效手段。但在学科发展的不同时期，遗传标记的手段不同，先后发展的分子标记方法也不同。

遗传标记（Genetic Marker）是指可追踪染色体、染色体某一节段或者某个基因座在家系中传递的任何一种遗传特性。它具有两个基本特征，即可遗传性和可识别性。因此，生物中任何有差异表现型的基因突变型均可作为遗传标记。遗传标记在遗传学的建立和发展过程中具有举足轻重的作用，是生物遗传育种的重要工具。随着遗传学的不断发展，遗传标记的种类和数量也在不断增加。

遗传标记包括形态学标记、细胞学标记、生化标记与分子标记四种类型。棉花的芽黄、番茄的叶型、抗 TMV 的矮黄标记、水稻的紫色叶鞘等形态性状标记在育种工作中曾得到一定的应用。以非整倍体、缺失、倒位、易位等染色体数目、结构变异为基础的细胞学标记，在小麦等作物的基因定位、连锁图谱构建、染色体工程以及外缘基因鉴定中起着重要的作用，但许多作物难以获得这类标记。生化标记主要是利用基因的表达产物，如同工酶与贮藏蛋白，在一定程度上反映基因型差异。它们在小麦、玉米等作物遗传育种中得到了广泛的应用。但是，它们多态性低，且受植株发育阶段与环境条件及温度、电泳条件等影响，难以满足遗传育种工作的需要。用传统的方法进行品种选育，育种时间长，周期慢，对于一个优良品种的培育往往需要花费7～8年，甚至十几年时间。可见，如何提高选择效率是育种工作的关键。随着植物分子生物学技术的发展和应用而诞生的分子标记辅助选择育种可有效解决这一问题。

2. 分子标记的概念

分子标记的概念有广义和狭义之分。广义的分子标记（Molecular Marker）是指可遗传的并可检测的DNA序列或蛋白质。蛋白质标记包括种子贮藏蛋白和同工酶（指由一个以上基因位点编码的酶的不同分子形式）及等位酶（指由同一基因位点的不同等位基因编码的酶的不同分子形式）。狭义的分子标记只是指DNA标记，这个界定现在被广泛采纳。本书中也将分子标记概念限定在DNA标记范畴。

1.1.2　分子标记的特点

利用分子标记技术进行科学研究时，科研工作者先要根据自己所要解决的问题和所要研究的生物类群的遗传背景选择理想的分子标记。严格地说，理想的分子标记必须达到以下几个要求：①具有高的多态性；②共显性遗传，即利用分子标记可鉴别二倍体中杂合基因型和纯合基因型；③能够明确辨别等位基因；④分布于整个基因组中；⑤除特殊位点的标记外，要求分子标记均匀分布于整个基因组；⑥选择中性，即无基因多效性；⑦检测手段简单、快速（如实验程序易自动化）；⑧开发成本和使用成本尽量低廉；⑨在实验室内和实验室间重复性好（便于数据交换）。然而，目前发现的任何一种分子标记均不能满足以上所有要求。

DNA分子标记虽然也不能满足理想的分子标记所需的上述9项要求，但是与形态标记、细胞学标记和生化标记相比，它具有许多明显的优越性。具体表现如下：①准确性高，不受组织器官、个体发育时期状况、环境条件等因素的干扰；②检测定位多，几乎遍及整个基因组；③共显性好，有些共显性分子标记可有效地鉴别出二倍体中的纯合基因型和杂合基因型；④多态性高，无需专门创造特殊的遗传材料，自然就存在着许多等位变异；⑤表现为中性，即无基因多效性，与不良性状没有必然的连锁遗传，也不影响目标性状的正常表达；

⑥遗传稳定，可靠性强，检测速度快，操作简单。DNA 分子标记的所有这些特性奠定了它具有广泛应用性的基础。

1.2　分子标记类型

根据分子标记（以下简称"标记"）的发展进程，可以将其划分为三代分子标记。

1.2.1　第一代分子标记

第一代分子标记以扩增片段长度多态性（amplified fragment length polymorphism，AFLP）分子标记、限制性片段长度多态性（restriction fragment length polymorphisms，RFLP）分子标记、随机扩增多态性 DNA（random amplified polymorphism DNA，RAPD）分子标记为代表。

1.AFLP 标记

扩增片段长度多态性是荷兰 Keygene 公司科学家 M. Zabeau 和 P. Vos 于 1992 年发明的一种 DNA 标记技术。其基本原理是通过对基因组 DNA 酶切片段的选择性扩增来检测 DNA 酶切片段长度的多态性。图 1-1 为 AFLP 标记技术的原理示意图。先用两种能产生黏性末端的限制性内切酶将基因组 DNA 切割成分子量大小不等的限制性片段，然后将这些片段和与其末端互补的已知序列的接头（adapter）连接，所形成带接头的特异片段用作随后的 PCR 反应的模板。所用的 PCR 引物 5' 端与接头和酶切位点序列互补，3' 端在酶切位点后增加 1～3 个选择性碱基，使只有一定比例的限制性片段被选择性地扩增，从而保证 PCR 反应产物可经变性聚丙烯酰胺凝胶电泳来分辨。AFLP 揭示的 DNA 多态性是酶切位点和其后的选择性碱基的变异。AFLP 扩增片段的谱带数取决于采用的内切酶及引物 3' 端选择碱基的种类、数目和所研究基因组的复杂性。由于 AFLP 是限制性酶切与 PCR 结合的一种技术，因此具有 RFLP 技术的可靠性和 PCR 技术的高效性，可以在一个反应内检测大量限制性片段，一次可获得 50～100 条谱带的信息。因此，为不同来源和不同复杂程度基因组的分析提供了一个有力的工具。AFLP 已应用于种质资源研究、遗传图谱构建及基因定位。AFLP 技术的主要不足是需要使用同位素或非同位素标记引物，相对比较费时耗财。

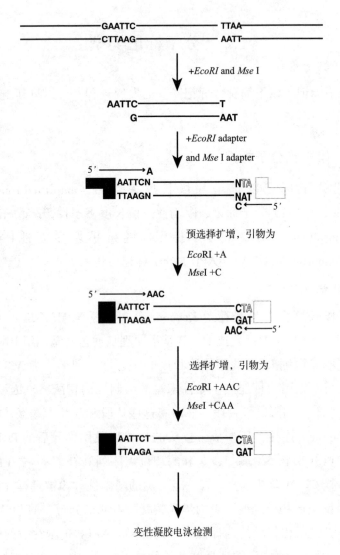

图 1-1　AFLP 标记技术的原理示意图 [①]

---

① 方宣钧，吴为人，唐纪良. 作物 DNA 标记辅助育种 [M]. 北京：科学出版社，2001：31-35.

（1）利用 AFLP 标记开发特异性分子标记的策略。AFLP 技术具有多态性丰富、检测效率高、重现性强、覆盖整个基因组及无需预知序列信息等优点。然而，由于 AFLP 标记操作繁杂且比较昂贵，有必要将其转化为单位点、易操作的标记类型。近年来，关于将 AFLP 转化为单位点、易操作标记已相继报道。

（2）对共显性 AFLP 标记的转换。AFLP 标记多数情况下表现为显性，当不同材料中选择性扩增片段有长度差异时就表现为共显性。比如，当检测材料包含双亲及杂种一代时，可在凝胶上分辨出共显性 AFLP 标记片段。此时，只需回收目标片段并以其为模板用相应的选择性扩增引物再扩增、测序，根据两端序列设计引物，即可将共显性 AFLP 标记转化为特异性的共显性 SCAR 标记。

（3）对显性 AFLP 标记的转换。由酶切位点及选择性碱基的差异而产生的显性 AFLP 标记则需要以下步骤将其转化。

①选择清晰可辨的多态性条带，回收并测序。

②根据 AFLP 片段的序列，在符合引物设计基本原则的前提下，使扩增片段尽可能大，以提高片段内 SNP 出现的可能性。

③显性 SCAR 标记的产生。用内部引物对所有样品 DNA 进行扩增，如果因为碱基的差异导致引物在某些样品 DNA 中不能退火而出现扩增片段有无的差异，此时显性的 AFLP 标记就被转换为特异性的单位点显性 SCAR 标记。在对玉米 S-CMS 育性恢复基因精细定位过程中，利用此法将一个 AFLP 标记转化为显性的 SCAR 标记 SCARE12M7。

④由内部多态性产生 CAPS 标记。内部引物的扩增片段如果不能转化为显性 SCAR 标记，则用一系列较低廉的限制性内切酶去筛选扩增片段的内部碱基差异。为了增加在内切酶识别位点检测到 SNP 的概率，只选取 4 个或 5 个识别碱基的内切酶。如果存在所选酶切位点的差异，在 3%EB 琼脂糖胶上检测，则转换为共显性的 CAPS 标记。在对玉米 S-CMS 育性恢复基因精细定位过程中，利用此法将一个 AFLP 标记转化为共显性的 CAPS 标记 CAPSE3P1。

⑤寻找产生 AFLP 标记的原始 SNP。Bmgmans 等（2003）开发了一套对导致 AFLP 产生的多态性进行检测的技术，该技术构思巧妙，检测效率很高。

⑥将引起 AFLP 标记产生的 SNP 或 INDEL 转化为 CAPS 或 dCAPS 标记。第一步，获得 AFLP 多态性片段的侧翼基因组序列，进而设计引物以扩增包含这些 SNP 或 INDEL 的片段。侧翼序列的获得有多种方法，其中最便捷的是利

用 AFLP 序列搜索公共数据库，检出与其高度同源且有足够长的侧翼便于引物设计的序列（Zhanget，2006）。另外，Bmgmans 等（2003）认为，Genome Walker Kit（clontech）是获得侧翼序列的一种高效手段。对于基因组中含有大量重复序列的生物来讲，反向 PCR（inverse PCR）则是更好的选择。第二步，获得侧翼序列并设计引物得到不同材料的扩增产物后，对限制性内切酶识别位点内部的 SNP 或 INDEL 可直接用相应的内切酶转化为 CAPS 标记，对选择性碱基内的 SNP 或 INDEL 标记需转化为 dCAPS 标记。dCAPS 标记是在目标突变的基础上利用 PCR 引物错配引入一个限制性酶切位点多态。Komori 等（2003）对 BT 型水稻不育系恢复基因进行了精细定位，其中标记 C1361MwoI 即是由一个 INDEL 转化而来的 dCAPS 标记。

2.RFLP 标记

Grozdicker 等人于 1974 年首创一种称为限制性片段长度多态性（restriction fragment length polymorphism，RFLP）的标记，1980 年 Botstein 利用这种标记构建遗传图谱。该标记的多态性是由于限制性内切酶酶切位点或位点间 DNA 区段发生突变引起的。其基本原理是基因组 DNA 经过特定的内切酶消化后，产生大小不同的 DNA 片段，通过凝胶电泳的方法将大小不同的 DNA 片段分开，然后进行 Southern 印迹和同位素标记的特定序列的探针杂交后，借助放射自显影技术显示出 DNA 分子水平上的差异。

图 1-2 为形成 RFLP 的原理示意图。如果某一个限制性位点发生了突变，这个限制性内切酶将不能识别这个位点，不再进行酶切反应，产生片段的大小将由其邻近的限制性酶切位点决定。由于植物基因组很大，某种限制性内切酶的酶切位点很多，经酶解后会产生大量长度不一的限制性片段，这些片段经电泳分离形成的电泳谱带是连续分布的，很难辨别出某一限制性片段大小的变化，利用单拷贝的基因组 DNA 克隆或 cDNA 克隆作为探针，通过 Southern 杂交技术才能检测到。一些作物（如玉米、水稻、番茄等）已有覆盖整个基因组的克隆，很容易从有关单位、商家索取或购买到。但大多数作物还没有覆盖整个基因组的克隆，仍需要研制特异探针。由于具有大量的酶和探针组合可供选配，因此任何一种作物都具有大量的 RFLP 标记数量。RFLP 标记具有共显性、信息完整、重复性和稳定性好等优点。不过，RFLP 技术的实验过程较为复杂，需要对探针进行同位素标记，即使应用非放射性的 Southern 杂交技术，也是个耗时费力的过程。

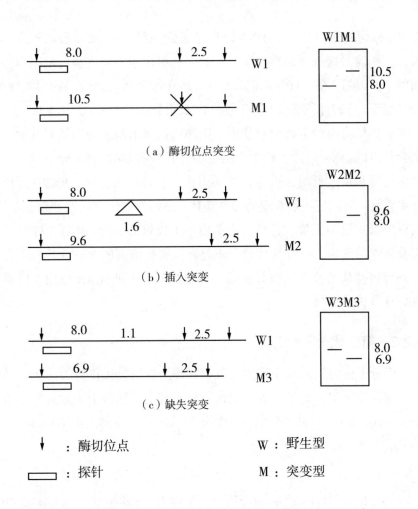

（a）酶切位点突变

（b）插入突变

（c）缺失突变

↓：酶切位点　　　　　　　W：野生型

▭：探针　　　　　　　　　M：突变型

图 1-2　RFLP 标记多态性的分子基础

3.RAPD 标记

RAPD 标记是由 Williams 和 Welsh 各自独立提出的一种以 PCR 为基础的 DNA 多态性检测技术。所用的引物长度通常为 9 ～ 10 个碱基，大约只有常规的 PCR 引物长度的一半。使用这么短的 PCR 引物是为了提高揭示 DNA 多态性的能力。由于引物较短，所以在 PCR 中必须使用较低的退火（DNA 复性）温度，以保证引物能与模板 DNA 结合。RAPD 引物已经商品化，可以向有关供应商直接购买，无需自己合成。商品化的 RAPD 引物基本能覆盖整个基因组，检测的多态性远远高于 RFLP。

RAPD 标记的优点是，对 DNA 需要量极少，对 DNA 质量要求不高，操作简单易行，不需要接触放射性物质，一套引物可用于不同生物的基因组分析，可检测整个基因组。在 RAPD 标记分析中，通常每次 PCR 反应只使用一种引物。在这种情况下，只有两端同时具有某种 PCR 引物结合位点的 DNA 区段才能被扩增出来。如果将两种引物组合使用，则还可扩增出两端分别具有其中一种引物的结合位点的 DNA 区段，产生新的带型，找到更多的 DNA 分子标记。在实验材料多态性程度较低时，可考虑不同引物组合使用的方法。RAPD 标记的不足之处主要是，该标记一般表现为显性遗传，不能区分纯合显性和杂合基因型，因而提供的信息量不完整。另外，由于使用了较短的引物，RAPD 标记的 PCR 易受实验条件的影响，重复性较差。不过，只要扩增到的 RAPD 片段不是重复序列，则可将其从凝胶上回收并克隆，转化为 RFLP 和 SCAR 标记，以进一步验证 RAPD 分析的结果。

1.2.2　第二代分子标记

第二代分子标记以重复序列的重复次数作为标记，操作较为简单，易于分型，且为共显性标记，更便于进行遗传分析。其代表性分子标记为简单重复序列（simple sequence repeat, SSR）分子标记和简单重复序列间扩增（inter-simple sequence repeat, ISSR）分子标记。

1.SSR 标记

SSR（simple sequence repeat）即简单重复序列，又称微卫星（microsatellite），是 Litt 等于 1989 年提出，Moore 等于 1991 年创立的。由 1 ~ 6 个核苷酸为单位组成的串联重复序列（Wang, 1994），是 DNA 复制和修复过程中，微卫星序列内发生滑链错配或不均等重组时，导致增加或缺失一个或更多的重复单元，广泛分布于植物和动物的基因组中。每个 SSR 两侧具有相对保守的单拷贝序列，这为设计特异引物扩增 SSR 序列提供了模板。扩增产物中基本单元重复次数不同，这就形成了 SSR 座位的多态性。通常经过 SSR 引物扩增出来的 PCR 产物可以经过聚丙烯酰胺凝胶电泳和琼脂糖凝胶电泳检测其多态性。SSR 分子标记的优点在于信息量大、多态性高、重复性好、操作简单、呈共显性，因此被广泛应用于农作物、果树等目标基因的遗传定位、遗传连锁图谱的构建、遗传多样性的检测以及分子标记辅助育种等方面。

目前，常见的 SSR 标记开发的方法包括数据库检索法、构建与筛选基因组文库法、微卫星富集法以及省略筛库法等。其中，数据库检索法是开发 SSR 标记既经济又有效的方法。充分利用现有的 DNA 序列数据库中的信息，搜索 SSR 序列，可以轻松地获得全基因组的所有 SSR 引物，省去构建基因文库、杂交、测序等烦琐的工作，节省大量的时间和财力。随着高通量测序技术的快速发展，GenBank、EMBL/EBI、NCBI 以及 DDBJ 等公共数据库中各物种的基因组序列、转录组序列及 EST 序列等不断增多。结合在线软件 SSRIT 以及 SSRHunter 等来搜索 SSR 位点，利用 Primer Premier 5.0，根据位点两侧保守核苷酸序列，设计特异性引物。

2.ISSR 标记

ISSR 分子标记技术由 Zietkiewicz 等在 1994 年提出，该技术检测的是两个 SSR 之间的一段短 DNA 序列上的多态性。利用真核生物基因组中广泛存在的 SSR 序列，设计出各种能与 SSR 序列结合的 PCR 引物，对两个相距较近、方向相反的 SSR 序列之间的 DNA 区段进行扩增。一般在引物的 5' 或 3' 端接上 2 ~ 4 个嘌呤或嘧啶碱基，以对具有相同重复形式的许多 SSR 座位进行筛选，使最终扩增出的 ISSR 片段不致太多。ISSR 技术所用的 PCR 引物长度在 20 个核苷酸左右，因此可以采用与常规 PCR 相同的反应条件，稳定性比 RAPD 好。ISSR 标记呈孟德尔式遗传，具显性或共显性特点，如图 1-3 所示。

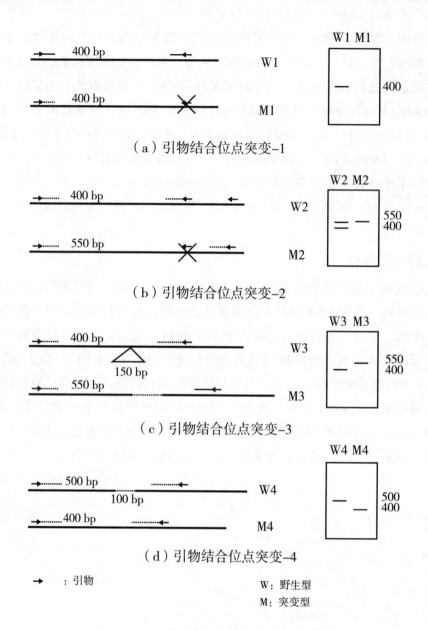

（a）引物结合位点突变-1

（b）引物结合位点突变-2

（c）引物结合位点突变-3

（d）引物结合位点突变-4

➡ ：引物

W：野生型
M：突变型

图1-3　随机引物 PCR 产物多态性的分子基础

在图1-3中，（a）为显性标记，是最常见的多态性；（b）（c）（d）为共显性标记，但较少见。在动植物基因组中存在大量的双核苷酸重复序列，因此大多数 ISSR 标记所用 PCR 引物是基于双核苷酸重复序列的。近年来，ISSR 标记技术已应用于植物遗传分析的各个方面，如品种鉴定、遗传关系及遗传多样性分析、基因定位、植物基因组作图研究等。Kojima 等在 1998 年的研究表明，（AC）$_n$ 双核苷酸重复序列非常适合小麦的染色体作图，并成功地定位了一系列 ISSR 标记。Tsumura 等在 1996 年的研究发现，基于（AG）$_n$ 和（CT）$_n$ 序列的 ISSR 标记在柏树和松树中是最有用的。

1.2.3　第三代分子标记

第三代分子标记以单核苷酸多态性（single nucleotide polymorphism，SNP）分子标记、插入缺失（insertion-deletion，InDel）分子标记为代表，在后基因组时代已被大量开发，并被广泛使用。这类分子标记的最大特点是数量多、范围广、为显性标记、易于高通量分型。

1.SNP 标记

SNP 即单核苷酸多态性，是两个 DNA 序列中的某个位点由于单个核苷酸的变化而引起的多态性。SNP 标记的优点在于数量多、分布广、相对稳定、易于快速筛查和基因分型。

目前，可以通过多种方式和方法实现对 SNP 标记的检测和分析。一是质谱分析法。通过 PCR 扩增后，用质谱进行分析检测。二是 HRM 分析法。利用高分辨率溶解曲线（high resolution melting，HRM）分析方法进行分型检测。三是芯片法。利用 SNP 标记芯片进行分型检测。四是测序法。通过高通量测序手段进行检测（孙瑞，2015）。SNP 标记的开发主要依赖含有大量测序序列的数据库，具有速度快、高通量的特点。随着测序技术的发展，特别是全基因组测序，不仅可以从全基因组中获得大量的 SNP 位点，还可以了解 SNP 位点在基因组中的分布状况，为我们进一步分析基因的功能及表达提供了更多的可能。基于参考基因组序列的分析方法包括全基因组重测序（whole-genome re-sequencing，WGR）、转录组测序（RNA-seq）和简化基因组测序（reduced-representation genome sequencing，RRGS）。

全基因组重测序是在已知物种基因组序列的前提下进行全基因组范围内的测序，并在个体或群体水平上进行差异性分析的方法。优点是快速进行资源普查筛选，寻找到大量遗传变异，实现遗传分析及重要性状候选基因的预测。转录组测序的研究对象为特定细胞在某一特定的功能状态下所能转录出来的所有 RNA 的总和，检测的是特定细胞位于编码区的碱基差异。其优点是能够降低成本，能够直接检测功能区碱基的序列变化，能够有效地检测分析基因的表达水平，更有可能找到直接与表现型相关的 SNP 差异。简化基因组测序技术是对与限制性核酸内切酶识别位点相关的 DNA 进行高通量测序。RAD-seq（restriction-site associated DNA sequence）和 GBS（genotyping-by -sequencing）技术是目前应用最为广泛的简化基因组技术，优点是可以大幅度地降低基因组的复杂程度，简化操作，同时不受有无参考基因组的限制，可快速有效地鉴定出高密度的 SNP 位点，从而实现遗传分析及重要性状候选基因的预测。

2.InDel 标记

InDel 是指父母本之间在全基因组序列范围内存在的差异，相对于另一个亲本而言，其中一个亲本的基因组中有一定数量的核苷酸插入或缺失。根据基因组中的这些插入或缺失位点，并依据这一特定原则，在其上下游设计一些 PCR 引物以扩增出包含这些插入缺失位点的碱基片段，称为 InDel 标记。基于全基因组重测序的 InDel 标记是遗传标记的一个重要来源，因其具有分布广、密度高、变异稳定、多态性强、基因型判别简单、检测容易等优点，受到越来越多人的关注。InDel 标记已广泛应用于目标基因的遗传定位、高密度遗传图谱的构建、目的基因的精细定位、生物遗传多样性的分析、种子纯度鉴定及分子标记辅助育种等多方面。Yu 等利用 InDel 标记、RFLP 标记、SSR 标记构建了一张向日葵的高饱和度分子标记遗传连锁图谱。Feng 等（2005）利用日本晴和9311序列筛选得到的分布于每条染色体的 20 对 InDel 标记和 53 对 SSR 标记，分析、鉴定了 46 份粳稻和 47 份籼稻的遗传多样性。葛敏等利用生物信息学对玉米全基因组进行扫描，发现可用于开发 Indel 分子标记的插入缺失位点，同时成功地运用 Indel 分子标记鉴定了玉米杂交种的纯度。Hayashi 等将开发的 9 对 InDel 标记成功地应用于水稻抗性基因的筛选。

1.3 分子标记的主要应用

随着分子生物学技术的发展，现在 DNA 分子标记技术广泛应用于以下几方面。

1.3.1 遗传多样性分析及种质资源鉴定

遗传多样性反映了不同种群之间或不同个体间的遗传变异。遗传多样性分析为研究物种起源、品种分类、亲本选配和品种保护等提供了科学依据,是收集、保护和有效利用种质资源的技术基础,有利于培育出更优良的品种。分子标记广泛存在于基因组,通过对随机分布于整个基因组的分子标记的多态性进行比较,能够全面评估研究对象的多样性,并揭示其遗传本质。利用遗传多样性的结果可以对物种进行聚类分析,进而了解其系统发育与亲缘关系。分子标记的发展为研究物种亲缘关系和系统分类提供了有力的手段。此外,分子标记技术因具有较高的多态性,可以更好地应用于种质资源鉴定,是种质资源材料鉴定以及种质资源保护的重要手段。

1.3.2 遗传图构建和基因定位研究

遗传图是通过遗传重组交换结果进行连锁分析所得到的基因在染色体上相对位置的排列图,是植物遗传育种及分子克隆等应用研究的理论依据和基础。长期以来,各种生物的遗传图几乎都是根据形态、生理和生化等常规标记来构建的,图谱分辨率低,图距大,饱和度低,应用价值有限。分子标记种类多、数量大,遗传图上的新标记将不断增加,密度也将越来越高,完全可以建立起达到预期目标的高密度分子图谱。在高密度图谱下,简单、有效的分子标记系统可在基因标记及基因克隆研究中应用。众多实践经验表明,分子标记技术是一个高速、可靠、有效的基因定位方法。

1.3.3 基于图位克隆基因

图位克隆(map-based cloning)又称定位克隆(positional cloning),于1986 年由英国的 Coulson 提出,用该方法分离基因是根据目的基因在染色体上的位置进行的,无需预先知道基因的 DNA 顺序,也无需预先知道其表达产物的有关信息,但应与目标基因紧密连锁的分子标记和用遗传作图将目标基因定位在染色体的特定位置。图位克隆是最为通用的基因识别途径,至少在理论上适用于一切基因。基因组研究提供的高密度遗传图、大尺寸物理图、大片段基因组文库和基因组全序列已为图位克隆的广泛应用奠定了基础。

1.3.4 分子标记辅助育种

传统的育种主要依赖植株的表现型选择。环境条件、基因间互作、基因型与环境互作等多种因素会影响表现型选择效率。分子标记辅助育种既可以通过与目标基因紧密连锁的分子标记在早世代对目的性状进行选择，又可以利用分子标记对轮回亲本的背景进行选择。获得与重要性状基因连锁的标记有利于植物分子标记辅助育种的进行，可进一步提高植物改良育种的选择效率，提高新品种的选育速度。其中，目标基因的标记筛选是进行分子标记辅助育种的基础。

时至今日，科学家借由分子标记技术，对许多动植物的农业性状在基因层次上有了更深入的了解，而在应用领域方面，相较林业、渔业、牧业，分子标记辅助育种在作物领域的应用更为广泛，引入了大量资源用于发展分子标记图谱以及寻找分子标记与表现型之间关联性的研究。目前，科学家已研究构建了许多重要作物的分子标记图谱，应用分子标记辅助育种所进行的研究在学术领域如火如荼地进展着，研究的应用成果也备受各界期待。作物育种技术主要包括两方面的工作：一是确定育种材料中是否存在有用的遗传变异以及对该遗传变异的准确标记；二是获得该遗传变异并使其稳定地存在于目标植物中，以获得改良的品种。分子标记辅助育种技术主要应用于第一步，也是育种中最为重要的环节。目前，分子标记辅助育种技术已在包括粮食作物、饲料作物、经济作物、果蔬作物和其他一些作物品种育种中广泛应用，以下对一些主要作物品种的分子标记辅助育种进行总结。

1. 粮食作物、饲料作物

水稻作为中国粮食作物之首，其稳定的产量是保证国家粮食安全的重要指标之一。由国家杂交水稻工程技术研究中心以超级稻亲本9311为受体和轮回亲本，与马来西亚普通野生稻杂交和连续回交，利用分子标记辅助选择，育成了携带野生稻增产QTL的新亲本R163，与自选广适性光温敏不育系Y58S配组，育成了两系杂交中稻新组合Y两优7号。浙江大学原子核农业科学研究所培育的不育系浙农3A品种大大降低了直链淀粉含量，稻米品质得到了改良。经回交聚合向明恢63品种导入来自中国香稻的alk和fgr等位片段，获得的改良品系外观品质、蒸煮食味品质得到了显著的改善。在改良特青、汕优63等超高产品种的品质中都采用了分子标记辅助手段，并且取得了良好的效果。另外，在抗虫研究中，也获得了很多优良品种，如将水稻品系 75-1-127 中的稻瘟病抗性基因 PI-9 导入优质水稻雄性不育系金山 B-1，显著提高了该不育系对稻瘟病的抗性。

玉米是重要的粮食和饲料作物，也是现代食品、医药、化学工业的重要原料作物。所以，加快玉米育种的进程，提高玉米的产量和质量是育种工作者迫切需要解决的问题。在玉米遗传育种方面，分子标记技术主要用于亲缘关系及遗传多样性研究、各种优势预测、QTL 分析、指纹图谱构建和种子鉴定等方面。目前，我国已经完成了 90 份新玉米种质和 250 个国内常用自交系的分子标记指纹图谱分析，建立了干旱胁迫下抗旱、耐瘠群体改良技术体系。

2. 经济作物

棉花是我国主要的经济作物之一，是天然纤维的重要来源之一，也是优质蛋白和食用油的潜在资源。近十几年来，棉花分子生物学的发展为棉花品种选育及性状改良提供了重要的间接选择手段，使传统的棉花育种技术发生了深刻变化。棉花的分子标记辅助育种主要集中在以下几个方面：①棉花遗传图谱构建；②纤维品质性状基因定位；③抗黄萎病基因定位；④不育系恢复基因定位；⑤抗根结线虫基因定位。目前，虽然利用种间海陆杂交群体和种内陆杂交群体构建了较高密度的遗传连锁图谱，但远远不能满足相关性状精细定位进行图位克隆和分子标记辅助育种的需要，迫切需要开发新的标记，构建更为饱和的遗传连锁图谱，以满足棉花遗传改良的需要。

3. 果蔬作物

随着各研究单位实验条件的不断改善，各种先进的分子标记方法得到逐步应用。中国农业科学院蔬菜花卉研究所等单位的科技人员构建了主要蔬菜作物的遗传图谱，获得了一批重要性状的分子标记。比如，大规模开展了包括白菜、甘蓝、番茄、甜（辣）椒、马铃薯、黄瓜等主要蔬菜作物的分子标记研究；构建了一批高密度的蔬菜作物分子标记连锁图，定位了大量重要基因，包括雄性不育、自交不亲和性、性别决定等杂种优势利用相关的重要基因，抽薹性、耐热性、耐冷性等抗逆基因，各种微量元素、叶色、番茄红素、辣味素等营养品质相关 QTL，晚疫病、线虫、白粉病、霜霉病、病毒病等病害的抗病基因，为开展蔬菜作物的分子标记辅助育种提供了重要基础。

第 2 章　关于性状分子标记分析方法

2.1　遗传图谱的构建

2.1.1　遗传图谱的理论基础

1. 遗传图的概念

遗传图是指以染色体重组交换率为长度单位的基因组图谱，是对基因组进行系统研究的基础，分为经典遗传图和分子遗传图。

经典遗传图是根据连锁交换规律和遗传交换学说构建的基因位点连锁图。由于受遗传标记的限制，经典遗传图标记数量较少，因此难以建立较饱和的遗传图，并且不同遗传图的整合十分困难。另外，由于受上位性效应和基因互作的影响，标记性状不能充分表现，而且常常不能在同一个群体中检测。较低的作图效率和应用价值使经典遗传图在近半个多世纪里进展缓慢，应用受到很大限制。

分子遗传图是利用 DNA 标记构建的遗传连锁图，是数量性状基因定位、基因图位克隆、比较基因组学研究及分子标记辅助育种等工作的基础。20 世纪 80 年代以来，DNA 分子标记的发现为分子遗传图的构建提供了技术支撑，分子遗传图的构建及以此为基础的 QTL 定位和效应分析成为当前遗传育种领域的热点课题。

2. 遗传群体类型

狭义的遗传群体指由两个纯合的亲本杂交产生的 F_1 衍生而成、包含双亲全部基因型的家系群。这样的群体理论上含有全部纯合或杂合的座位，在亲本中有明确的等位基因。遗传群体培育的基本原则是，不进行任何人为的选择和干预，但实际上由于生殖障碍导致不育、环境胁迫导致死亡和人为因素导致丢失等原因，往往不能得到全部基因型。目前，用于图谱构建的遗传群体主要有两类：暂时性群体（temporary population）和永久性群体（permanent population）。暂时性群体包括 F_2 群体及其衍生的 F_3、F_4 家系和回交（backcross，BC）群体；永久性群体包括双单倍体（double haploid，DH）群体、重组自交系（recombinant inbred line，RIL）群体、永久 F_2 群体（immortalized F_2 population，IF_2 群体）和近等基因系（near isogenic lines，NIL）等。近几年，基于连锁不平衡（linkage disequilibrium，LD）开展的关联作图（association mapping）可以选用具有遗传多样性的自然群体（natural population），自然群体包括生产上的推广品种、新育成品系或种质。显然，自然群体也属于永久性群体的类型。

按照 QTL 作图精度来分，作图群体又可划分为 QTL 初级作图遗传群体（primary mapping population）和 QTL 精细作图遗传群体（secondary mapping population）两类。初级作图群体包括单交组合产生的 F_2 及其衍生的 F_3 和 F_4 家系、BC_1 群体、BC_2F_x 群体、DH 群体、RIL 群体、由 DH 或 RIL 创造的永久 F_2 群体等；由于遗传背景的干扰，这些群体定位的 QTL 置信区间一般都在 10 cM（centi-Morgan，厘摩）以上。

QTL 精细作图群体按照其来源可以分为两类：一类是从初级定位群体进一步选择衍生出来的群体，包括近等基因系、残留异质系（residual heterozygous line，RHL）和 QTL 近等基因系（QTL isogenic recombinant，QIR）；另一类是与数量性状初级定位没有关系的代换群体，包括导入系（introgressive line，IL）、单片段代换系（single segment substitution lines，SSSL）和染色体片段代换系（chromosome segment substitution lines，CSSL）。QTL 精细作图群体能够去除遗传背景的干扰，实现 QTL 的精细定位。

下面介绍一些常用的作图遗传群体的特点和构建注意事项。

（1）F_2 群体及其衍生的 F_3 家系。F_2 群体即杂种二代群体，来自 F_1 杂种自交产生的株系群。由于雄配子和雌配子来自重组分离的减数分裂，F_2 群体几乎可产生所有可能的基因型，能提供最丰富的遗传信息，且具有构建快、技术简单等特点。但 F_2 群体应用方面有很大的局限性：第一，表现型鉴定以单株为基础，对于遗传力低的农艺性状的 QTL 检测有较大的影响；第二，是一种暂时性群体，不易长期保存，有性繁殖一代后，群体的遗传结构就会发生变化，难以进行多年多点的重复实验；第三，存在杂合基因型，对显性标记无法识别显性纯合基因型和杂合基因型，会降低作图的精度。所以，应用 F_2 群体，只有效应较大和表达较稳定的 QTL 才能检测到。补救的办法是利用 F_2 衍生的 F_3 家系，即所谓的"混合 F_3"方法。具体做法是，从每个 F_2 自交产生的 F_3 个体中混合提取 DNA，分析各个 F_2 植株的基因型。

如果分析每个 F_3 家系中的单个植株，也可构建一张遗传图。对于一个基因座，它的分离比例不再是 1：2：1，而是 3：2：3（因为在 F_2 中一个杂合座位只有一次机会在 F_3 固定为 2 个），但这样做也会增加工作量并容易造成抽样误差。

（2）BC_1 群体。BC_1 也是一种常用的作图群体，由 F_1 与亲本之一回交获得。BC_1 群体中每一分离的基因座只有两种基因型，它直接反映了 F_1 代配子的分离比例，因而 BC_1 群体的作图效率最高，这是它优于 F_2 群体的地方。但它也与 F_2 群体一样，存在不能长期保存的问题，即只能使用一代，且信息量少。因此，BC_1 群体直接应用于 QTL 作图较少。但在研究某些特殊问题（如杂交不亲和）时就需要利用回交群体。在这些研究中，也可以采用 BC_1 群体内各株系连续自交来产生"永久"的 BC_1F_x 群体。

（3）DH 群体。DH 群体即双单倍体，由花药离体培养产生的单倍体植株经染色体加倍形成（图 2-1）。因此，品系内个体是完全同质的，而且个体的基因型是完全纯合的。DH 群体属于"永久性"群体，可以进行重复试验以减少性状鉴定的试验误差，可以种植于不同环境，用来研究基因型和环境的互作效应，是研究基因型和环境互作的理想材料。DH 群体的遗传结构直接反映了 F_1 配子中基因的分离和重组，且基因型是纯合的，因此有利于 QTL 的精细定位。但是，DH 群体也存在不足之处，即产生 DH 植株有赖花培技术，且花培过程可能对不同基因型的花粉产生选择效应，从而破坏群体的遗传结构，造成较严重的偏分离现象。此外，DH 群体重组只来自形成花粉时的一次减数分裂，故重组信息量相对较少，缺少杂合体，只能分析 QTL 的加性效应，不能分析显性效应，这些都会不同程度地影响作图的准确性。

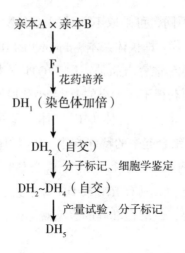

亲本A×亲本B

F₁
花药培养

DH₁（染色体加倍）

DH₂（自交）
分子标记、细胞学鉴定

DH₂~DH₄（自交）
产量试验，分子标记

DH₅

图 2-1　DH 群体构建示意图

（4）重组自交系群体。重组自交系（RIL）群体是由两亲本杂交后产生的
F₁通过单粒传法（每一代选择一个单株进行自交）连续多代自交产生的永久
群体。RIL 群体家系内个体基因型均纯合稳定，而家系间基因型各不相同。与
DH 群体一样，RIL 也可以进行多年多点的重复试验。由于多代自交使染色体
的重组概率大大增加，RIL 群体中连锁基因之间的交换得到最充分的表现，因
此应用 RIL 群体有利于将处于同一染色体区段的不同 QTL 分解开，是 QTL 定
位和基因型与环境互作研究的理想材料。RIL 群体的局限性在于构建群体需要
的时间较长，而且连续自交过程中容易丢失一些株系，导致偏分离。

（5）近等基因系群体。近等基因系（NIL）群体是通过两亲本杂交后产生
的 F₁与轮回亲本多次回交获得的一组遗传背景相同或相近，只在个别染色体
区段上存在差异的株系，称为近等基因系。近等基因系群体是一类特殊的群体，
定位目标基因所需分子标记少于其他群体，实际上近等基因系是在相同的遗传
背景下，将影响某一性状的多个 QTL 分解成单个孟德尔因子，将数量性状转化
为质量性状，消除遗传背景的干扰，并消除主效 QTL 对微效 QTL 的掩盖作用，
从而可以进行基因的精细定位和目标基因的图位克隆。

（6）DNA 小片段导入系群体。DNA 小片段导入系也称 DNA 小片段渗入
系（chromosome segment introgression line，CSIL），是由 F₁杂种与其亲本之一
不断回交，将一个品种的染色体小片段渗入另一个品种的背景中形成的群体。

根据育种和研究目的的不同，可采取不同的回交次数。用于育种的 DNA 小片段导入系一般回交 2～3 代，即供体亲本（donor）的 DNA 占受体亲本（vector）的 1.25%～6.25% 的群体易选育出品种。用于 QTL 分析研究的 DNA 小片段导入系可多回交几代，以便获得不同大小的 DNA 小片段导入系群体。

（7）永久 F_2 群体。永久 F_2 群体（IF_2 群体）是将普通的 F_2 分离群体和 RIL 等永久群体两者优势结合起来的特殊群体。IF_2 群体由永久群体中的每个纯合株系按一定组配方案两两杂交获得，既有 F_2 群体信息量大、可以估计显性效应和上位性效应的优点，又具有 RIL 或 DH 等永久群体可以组配出足量的种子满足多年多点试验需要，以取得准确的表型观测值，有利于鉴别紧密连锁的 QTL 标记的特点。

利用永久 F_2 群体可以在多年多点条件下进行作物性状杂种优势的 QTL 分析，这是单独使用 F_2 分离群体和 RIL 等永久群体做不到的。但永久 F_2 群体在实施上也有以下困难：①杂交组合配制工作量大、难度高，很多组合难以得到足够的种子，造成数据缺失；②不同 RIL 或 DH 系的抽穗期很不一致，对于大量配组来说，很难做到完全随机。这些因素会导致构建的永久 F_2 群体往往偏离正常的理论比，从而导致 QTL 位置、效应的估计出现偏差。

（8）精细定位作图群体。精细定位作图群体主要包括近等基因系（NIL）、残留异质系（RHL）、QTL 近等基因系（QIR）、DNA 小片段导入系（CSIL）、单片段代换系（SSSL）和染色体片段代换系（CSSL）。

其中，近等基因系、DNA 小片段导入系前面已有介绍，现主要介绍其余 4 种作图群体。

①残留异质系。残留异质系（RHL）是在 F_2 连续自交过程中获得的某个或某几个性状保留一个亲本特征，而其他一些位点上保留了另一亲本的特征，并在所研究的性状位点上始终存在分离的一套特殊群体。残留异质系具有较为一致的遗传背景，可以用于标记辅助选择，但不能估算上位性效应。

②QTL 近等基因系。QTL 近等基因系（QIR）是先利用小群体采用初级定位方法完成 QTL 定位，然后利用大群体进行精细定位。大群体中的每个个体在 QTL 位点均发生了一次重组，但在其他区域均一致。尽管 QTL 近等基因系容易构建，并可以获得低于 1 cM 的分子标记，但是 QTL 近等基因系存在背景的干扰，而且不能检测上位性效应。

③单片段代换系。单片段代换系（SSSL）类似近等基因系，也是通过多代回交获得的。一个理想的染色体片段代换系应该是除了目标 QTL 所在的染色体片段完整地来自供体亲本以外，基因组的其他部分与受体亲本完全相同。因此，单片段代换系可用于单个 QTL 的精细定位。但在回交过程中，需要通过初级定位的 QTL 对目标性状进行跟踪辅助选择，工作量较大且较烦琐。

④染色体片段代换系。染色体片段代换系（CSSL）与单片段代换系不同，染色体片段代换系是采用多个供体亲本对受体亲本进行连续回交，建立一套覆盖全基因组的、相互重叠的染色体片段代换系，有的也称为代换系重叠群。

片段的渗入主要是通过遗传重组来实现的。通过回交即可选育出几乎来自供体亲本任意基因组区域的近等基因渗入系。在回交过程中，所采用的选择方式多种多样，选择的最终目标是出现供体亲本单一的纯合的染色体片段，而遗传背景完全是受体亲本的基因型。

2.1.2　遗传图谱的构建方法

1. 构建遗传图谱的统计学原理

（1）两点测验。如果两个基因座位于同一染色体上且相距较近，则在分离后代中通常表现为连锁遗传。对两个基因座之间的连锁关系进行检测，称为两点测验。在进行连锁测验之前，必须了解各基因座位的等位基因分离是否符合孟德尔分离比例，这是连锁检验的前提。在共显性条件下，F_2 群体中一个座位上的基因型分离比例为 $1:2:1$，而 BC_1 和 DH 群体中分离比例均为 $1:1$；在显性条件下，F_2 群体中分离比例为 $3:1$，而 BC_1 和 DH 群体中分离比例仍为 $1:1$。检验 DNA 标记的分离是否偏离孟德尔比例，一般采用 χ^2 检验。

只有当待检验的两个基因座各自的分离比例正常时，才可以继续进行这两个座位的连锁分析。在 DNA 标记连锁图谱的制作过程中，常常会遇到大量 DNA 标记偏离孟德尔分离比例的异常分离现象，这种异常分离在远缘杂交组合的分离群体及 DH 和 RI 群体中尤为明显。目前，在水稻中已发现了十余个与异常分离有关的基因座位，这些基因座位可能影响配子的生活力和竞争力，导致配子选择，从而产生异常分离。发生严重异常分离的标记一般不应用于连锁作图。

当摩尔根认识到部分连锁可以通过减数分裂中的交换给予解释后，他考虑设计一种方法来确定基因在染色体上的相对位置。实际上，关键性的突破不是摩尔根本人取得的，而是他的一位研究生——Arthur Sturtevant。Sturtevant 假设交换是一种随机事件，则并列的染色单体上任何位点发生交换的机会是均等的。如果该假设是正确的，那么彼此靠近的两个基因因交换而分离的频率要比远离的两个基因之间发生分离的频率小。或者说，因交换使两个连锁基因分开的频率与它们在染色体上所处位置的距离成正比，重组率（recombination frequency）则成为测量基因间相对距离的尺度。只要获得不同基因之间的重组率，就可绘制一份基因在染色体上相对位置的图谱。

摩尔根利用红眼、正常翅（$pr^+pr^+vg^+vg^+$）的果蝇与紫眼、退化翅（$prpr$ $vgvg$）的果蝇杂交，图 2-2 表示杂交及 F_1 基因型，通过减数分裂形成 4 种不同的 F_1 配子，亲本型配子无须任何额外的过程就可形成，而重组型配子需要通过交换（crossing over）过程产生（图 2-2 中的 × 表示两个 F_1 染色体发生交换事件）。

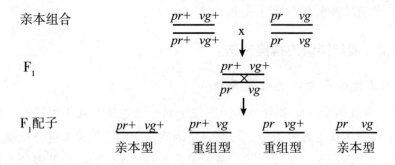

图 2-2 果蝇相引相的两对相对性状的连锁遗传 F_1 配子的形成

摩尔根随后对双因子杂合的雌果蝇用双隐性雄果绳（$prpr$ $vgvg$）测交，因为来自测交亲本的所有配子均是纯合隐性的，从而可以追踪被测亲本的减数分裂事件。对该例而言，测交种配子的基因型是 pr vg，因而测交后代将表现为 F_1 配子的分布。根据自由组合定律，对双因子杂种 F_1 进行测交，其后代 4 种基因型的分离比应为 1∶1∶1∶1。但是，摩尔根所观察到的并非如此，摩尔根所得结果如下：

亲本型 pr^+ vg^+　　　1 339

重组型 pr^+ vg　　　151

重组型 pr　vg^+　　　154

亲本型 pr　vg　　　1 195

现在让我们来测定基因 pr 和 vg 间的连锁距离，在相引相中总共有 2 839 个配子，其中 305 个配子（151 pr^+ vg +154 pr vg^+）为重组型配子。为测定连锁距离，可将重组型配子数与配子总数相除再乘以 100，即 $305 \div 2\,839 \times 100$，得出的连锁距离约为 10.7 cM。

除了利用测交来确定连锁距离外，还可以使用其他的杂交方法。利用测交法测定交换值因植物的不同而有难易，玉米是比较容易的，它授粉方便，一次授粉即可获得大量种子。但诸如小麦、水稻、豌豆及其他自花授粉植物就比较困难，不但去雄和授粉比较困难，而且一次授粉只能获得少量种子。对于此类植物，可利用自交法测定交换值。利用自交结果（F_2 资料）估测交换值的方法很多，这里介绍其中一种。

豌豆相引相连锁遗传的资料是利用自交方法获得的。豌豆 F_2 有 4 种表现型，可推测它的 F_1 能形成 4 种配子，其基因型分别为 PL、Pl、pL 和 pl。假设各种配子的比例分别为 a、b、c 和 d，经过自交而产生的 F_2 即是这些配子的平方，即（aPL ∶ bPl ∶ cpL ∶ $d$pl）^{2}，其中表现为纯合双隐性的 ppll 的个体数即是 d^2。反过来说，F_2 表现型为 ppll 的 F_1 配子必然是 pl，其频率为 d^2 的开方，即 d。F_2 表现型 ppll 的个体数 55 为总数 381 的约 14.4%，F_1 配子频率的频率为 $\sqrt{0.144} =0.379$，即 37.9%。配子 PL 与 pl 的频率相等，也为 37.9%，它们在相引相中均为亲本型配子，而重组型配子 Pl 和 pL 各为（50–37.9）%=12.1%。综上所述，F_1 形成的 4 种配子的比例为 37.9PL ∶ 12.1Pl ∶ 12.1pL ∶ 37.9pl。交换值为两种重组型配子之和，即交换值为 $2 \times 12.1\%=24.2\%$。

紫花、长花粉粒（$P\_L\_$）	284
紫花、圆花粉粒（P_ll）	21
红花、长花粉粒（$ppL\_$）	21
红花、圆花粉粒（$ppll$）	55

上述方法理论上是正确的，但实际上是不准确的，因为它仅从一种 F_2 表现型外推，而且包含一次开平方根。现已发明了一种更为精确的公式，合并了所有的 F_2 表现型，统计上称为乘积比，根据 z 值表就可得到重组频率。对于相斥相双因子杂交种（Ab/aB），乘积比按下式计算，计算式中的 4 个组分为 F_2 的 4 个表现型：

$$z = \frac{(A/-B/-) \times (a/ab/b)}{(A/-b/b) \times (a/aB/-)}$$

为简要起见,该公式没有使用连锁符号,与 z 值对应的 RF 值如表 2-1 所示。

表 2-1　相斥相双因子杂交种自交中与 z 值对应的 RF 值

单位:%

z	0.001	0.001	0.020	0.040	0.100	0.200	0.300	0.500	0.700
RF	2.2	4.9	9.9	13.8	21.1	28.5	33.5	40.3	45.0

重组率一般是根据分离群体中重组型个体占总个体的比例来估计的,该方法无法得到估值的标准误,因而无法进行显著性检验和置信区间估计。采用最大似然法进行重组率的估计可以解决这一问题。最大似然法以满足其估计值在观察结果中出现的概率最大为条件。

在人类遗传学研究中,由于通常不知道父母的基因型或父母中标记基因的连锁相是相斥还是相引,无法简单地通过计算重组体出现的频率来进行连锁分析,因此必须通过适当的统计模型来估算重组率,并采用似然比检验的方法来推断连锁是否存在,即比较假设两座位间存在连锁($r = 0.5$)的概率与假设没有连锁($r = 0.5$)的概率。这两种概率之比可以用似然比统计量表示,即 $L(r)/L(0.5)$,其中, $L(\ )$ 为似然函数。为了计算方便,常将 $L(r)/L(0.5)$ 取以 10 为底的对数,称为 LOD 值。为了确定两对基因之间存在连锁,一般要求似然比大于 1 000 : 1,即 $LOD > 3$;而要否定连锁的存在,则要求似然比小于 100 : 1,即 $LOD < 2$ 。

在其他生物遗传图谱的构建中,似然比的概念也用来反映重组率估值的可靠性程度或作为连锁是否真实存在的一种判断尺度。

图 2-3 的系谱将用于示范确定基因间距离的另一种方法,该方法已被广泛地应用于不同的系统,并已根据这一技术研制出遗传程序。

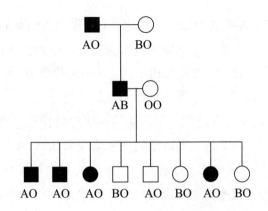

指甲膝盖骨综合征 ● 或 ■

血型 OO，AB，BO，AO

图 2-3　两个基因间的连锁距离

从该系谱可以获得以下几点信息：即使我们面对的是同样的两种基因，指甲膝盖骨综合征和血型，在该系谱中该病的显性等位基因似乎与 A 血型等位基因相连。但是在该例中显性的指甲膝盖骨综合征等位基因与 B 等位基因连锁。两个基因的等位基因间的连锁在一个物种中并非始终不变，这是遗传学中的重要论点。原因何在？因为在该家族血统的某一点上，该病的等位基因通过重组而与另一种血型等位基因形成新的连锁。在其他血统中该病的等位基因与 O 型血等位基因连锁。

图 2-3 让我们确定两个基因间的连锁距离。如图 2-3 所示，在 8 个后代中有 1 个重组体，由此可得重组频率为 0.125，连锁距离为 12.5 cM。

现在介绍一种计算连锁距离的新方法——*Lod* 值方法，该方法由 Newton E. Morton 所发明。这种方法是一种迭代的方法。

估计一个连锁距离，在此估值下，计算某一特定的出生序列的可能性，将该值除以非连锁条件下这一出生序列的可能性，计算该连锁距离的 *Lod* 值。利用另一连锁距离估值重复这个同样的过程。利用不同的连锁距离获得一系列值，而最高 *Lod* 值所对应的连锁距离即为连锁距离的估值。*Lod* 数的计算公式如下：

$$LOD值 = Z = \log \frac{某一特定连锁下出生顺序的概率}{无连锁时出生顺序的概率}$$

利用上面的例子说明这个原理。先用 0.125 作为重组率的估值，第一个出生的个体具有亲代基因型，该事件的概率为（1–0.125）。因为存在两种亲代类型，该值除以 2 得 0.437 5。在该系谱中共有 7 个亲代类型，另有 1 个重组类型，该事件的概率为 0.125 除以 2，因为有 2 个重组类型。

如果这些基因间不存在连锁，则出生的顺序应是什么？当两个基因间无连锁时，重组率是 0.5，因此任一基因型的概率均应为 0.25。

现在将整个方法一起考虑，特定的出生顺序的概率是每个独立事件的乘积。因此，基于 0.125 的重组率估值的出生顺序的概率为（0.437 5）^{7}×（0.062 5）^{1}＝0.000 191 7，而基于无连锁的出生顺序的概率为（0.25）^{8}＝0.000 015 3。现在以连锁的概率除以无连锁的概率可得 12.566，对该值取 log 得 1.099，该值即为 *Lod* 值。

正如上面所提及的，这是一系列重组率估值的重复过程，表 2–2 给出了 6 个不同的连锁估值的 *Lod* 值。

表 2–2　6 个不同的连锁估值的 *Lod* 值

重组率	0.050	0.100	0.125	0.150	0.200	0.250
Lod 值	0.951	1.088	1.099	1.090	1.031	0.932

由表 2–2 可知，最大的 *Lod* 值对应连锁估值 0.125。实际上，我们希望获得一个大于 3.0 的 *Lod* 值，该值表示在该连锁距离上连锁的可能性为不存在连锁的 1 000 倍。

Lod 值是一个得到广泛应用的技术，不仅可以用于人类研究，还可以用于植物和动物连锁分析。在植物作图研究中广泛使用的一个重要的软件 MapMaker 就是部分地基于 *Lod* 值方法。

（2）多点测验。在 2 个基因的基础上再增加 1 个基因，就可以形成几种不同类型的交换，图 2–4 即是几种不同的重组类型。

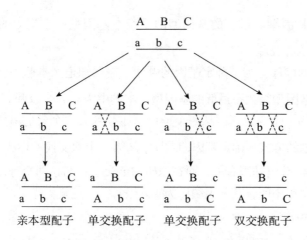

图 2-4　三点杂交产生的亲本型和重组型配子

　　如 果 利 用 F_1 进 行 测 交，按 照 孟 德 尔 定 律 预 期 将 产 生 1：1：1：1：1：1：1：1 的分离比，与上述的两点分析一样，偏离这一期望比即意味存在连锁。同样利用果蝇的资料（表 2-3）介绍 3 点测验的具体步骤。

表 2-3　果蝇 3 点测验的测交结果

基因型	观察值	配子类型
$v\ cv^+\ ct^+$	580	亲本型
$v^+\ cv\ ct$	592	亲本型
$v\ cv\ ct^+$	45	ct 和 cv 基因间的单交换
$v^+\ cv^+\ ct$	40	ct 和 cv 基因间的单交换
$v\ cv\ ct$	89	v 和 ct 基因间的单交换
$v^+\ cv^+\ ct^+$	94	v 和 ct 基因间的单交换
$v\ cv^+\ ct$	3	双交换
$v^+\ cv\ ct^+$	5	双交换
总和	1 448	

①确定亲本基因型。最多的基因型即是亲本基因型，本例中的亲本基因型是 v cv^+ ct^+ 和 v^+ cv ct。

②确定基因的顺序。为了确定基因的顺序，需要知道亲本基因型和双交换基因型。双交换的基因型是频率最低的基因型，本例中为 v cv^+ ct 和 v^+ cv ct^+。双交换总是将中间的一个等位基因从一个染色单体移到另一个染色单体。据此，我们可以通过问问题的方式来确定基因的顺序，从第一个双交换（v cv^+ ct）可知，ct 等位基因 v 与 cv^+ 等位基因有关，而在原始的杂交中 ct 与这两个等位基因无关。因此，可推断 ct 位于中间，其基因顺序为 v cv ct。

③确定连锁距离。

v 与 ct 间的距离：（89+94+3+5）÷ 1 448 × 100 ≈ 13.2 cM

ct 与 cv 间的距离：（45+40+3+5）÷ 1 448 × 100 ≈ 6.4 cM

④作图。

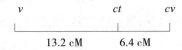

Sturtevant 关于随机交换的假设极富创见但并不完全正确。遗传图谱与基因在 DNA 分子上的实际位置（通过物理图谱和 DNA 测序显示）的比较表明，染色体上的一些区段比其他区段有更高的交换频率，成为重组热点。这表明遗传图谱的距离无法表示两个标记间的物理距离。另外，同一染色单体可同时发生多次交换的现象，当多次交换发生在两个基因之间时会产生距离减少的假象。尽管遗传图谱存在这些偏差，但连锁分析给出的遗传标记在染色体上的排列次序是相当准确的，也提供了基因间的大致距离，为基因组测序提供了有价值的工作框架。

（3）遗传距离和作图函数。基因和标记间距离的重要性前面已有讨论，标记间距离越大，减数分裂期间重组的机会越多。连锁图上的距离通过遗传标记间的重组率测定。这需要作图函数将重组率转换为遗传距离厘摩（cM）。因为重组率与交换率并非线性相关，当图谱距离较小（< 10 cM）时，图谱距离等于重组率，但这一关系不能应用到大于 10 cM 的情形。两种常用的作图函数是 Kosambi 作图函数和 Haldane 作图函数，前者假设重组事件影响相邻重组事件的发生，后者则假设交换事件间没有干扰（表 2-4）。

表 2-4 不同植物种遗传图距与物理图距的关系

物　种	单倍体基因组大小 /kb	遗传图谱的距离 /cM	碱基对 / (kb · cM^{-1})
拟南芥	7.0×10^4	500	140
番茄	7.2×10^5	1 400	510
水稻	4.4×10^5	1 575	275
小麦	1.6×10^7	2 575	6 214
玉米	3.0×10^6	1 400	2 140

在交换没有干扰的假定下，图距 x 与重组率 r 之间的关系服从 Haldane 作图函数：

$$x = -(1/2)\ln(1-2r)$$

其中，x 以 M 为单位。这里 M 读作 Morgan（摩尔根），它是用著名遗传学家摩尔根的姓命名的，并取第一个字母表示。1 M=100 cM，1 cM 为一个遗传单位，即 1% 的重组率。根据 Haldane 作图函数，20% 的重组率相当于图距为 −（1/2）ln（1−2×0.20）=0.255 M，即 25.5 cM。

Haldane 作图函数的不合理之处在于假定了完全没有交叉干扰。为了将交叉干扰的因素考虑进去，一种比较合理的假设是双交换符合系数与重组率之间存在线性关系，即 $C=2r$。该公式表示，C 值随 r 的增加而增加，干扰相应减弱。当 $r=0.5$（没有连锁）时，$C=1$（没有干扰）。根据这一假设推导出了如下作图函数（Kosambi 作图函数）：

$$x = (1/4)\ln\frac{1+2r}{1-2r}$$

根据上式可以算出，当 $r =0.2$ 时，$x =21.2$ cM。可见，Kosambi 作图函数算出的图距比 Haldane 作图函数算出的小。由于 Kosambi 作图函数比 Haldane 作图函数更合理，因此它在遗传学研究中得到了更广泛的应用。

连锁图谱上的距离并不直接与遗传标记间 DNA 的物理距离有关，根据植物种的基因组大小而有差异（Paterson，1996）。因而，一条染色体上的遗传距离与物理距离间的关系不同。例如，存在重组的"热点"和"冷点"，前者表示染色体区段重组频繁，后者则表示重组发生的机会少。

2. 遗传图构建方法

遗传连锁图构建的理论基础是染色体的交换与重组。在细胞减数分裂时，非同源染色体上的基因相互独立、自由组合，而同源染色体上的连锁基因产生交换与重组，且基因间交换频率的高低与基因间的距离有一定的对应关系，因此可利用重组率揭示基因间的遗传距离。

图谱的构建过程如下：①亲本遗传差异分析；②建立合适的作图分离群体；③筛选亲本间有差异的遗传标记，扫描分离群体；④构建连锁群；⑤确定基因排序与遗传距离。

常用的遗传图作图软件主要有 MapMaker/EXP 3.0、JoinMAP 4.0、IciMapping 3.0、CRI-MAP、Mapchart 2.1 等。在整合多个遗传图时，通常采用 JoinMAP 4.0 作图软件。

3. 遗传群体的构建方法及注意事项

以小麦作物为研究对象。

（1）构建方法。不同的遗传群体构建方法不同，但也有许多共同步骤，大多数群体都必须经过两亲本杂交产生 F_1。

①F_2 群体构建。由 F_1 自交产生，其技术要点是根据研究的性状选择差异大的材料作为亲本，根据所需 F_2 群体的大小决定杂交穗子的数目。F_1 种子种下去收获的每个单株即是 F_2 群体的一个基因型。

②IF_2 群体构建。将 DH 群体或 RIL 群体的所有家系随机分成两组，每组包含一定数量的家系，从两组家系中各随机选择一个家系组配成一个杂交组合，然后从剩余的家系中各选出一个家系进行组配，依此类推。通过一轮杂交可组配永久群体家系的 1/2 个杂交组合，经两轮杂交，可获得同全部家系数量相等的杂交组合，形成一套"IF_2"群体。每年重复配制相同组合，或一年配制足够量的杂交种，可用于多年多点的 QTL 分析。

③BC_1 群体构建。杂交产生 F_1，用两亲本之一与 F_1 回交，回交数量一般数十穗至百穗以上，以形成足够大的研究群体。

④NIL 群体构建。在 BC_1 的基础上连续用相同的亲本回交至少达 F_5 代以上，

直至两个近等基因系除目标基因（性状）外，其他基因（性状）基本相同。在 NIL群体的培育过程中，各代都要根据构建近等基因系的目标性状（如穗子大小、植株高矮、粒重高低、抗病强弱和品质优劣等）选株回交，对目标性状除田间观察外，结合生化标记和DNA标记进行性状的鉴定可加快群体的构建进程（图 2-5）。为了节约构建NIL群体的成本，我们一般用同一群体分别定向培育3～4 个性状的近等基因系。

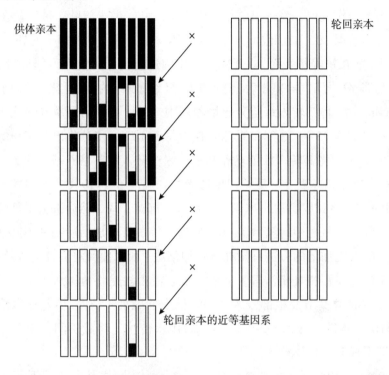

图2-5 近等基因系（NIL）构建示意图

⑤ RIL 群体构建。构建步骤如下：F_1 自交产生 F_2，自 F_2 分离世代随机选择表现型差异大的 300 个左右的单株（根据需要可增加），分别编号后种植获得自交 F_3、F_4 等，至少到 F_6 代各株系基本稳定后方，可用于数量性状基因定位。

值得注意的是，RIL 群体的构建虽然称为"单粒传"法，但每代选单粒播种形成 1 个单株，往往会因种植条件不好丢失某些基因型，甚至使群体的株系数低于 QTL 定位的需求。我们的做法是，自 F_2 代起每代选 1 个穗子，种植穗行，后代在穗行中再随机选 1 个穗子，直至 F_6 代后穗行完全稳定方可用于遗传研究。

⑥ DH 群体构建。来源于杂交 F_1 花药培养形成的单倍体通过染色体加倍而成。外植体材料常采用大田杂交 F_1 代植株抽穗前的幼穗的花药。取材时期，北方冬麦区一般在幼穗长度达到叶鞘 2/3 处比较合适，黄淮南片麦区幼穗长度要达到近叶耳 1 cm 处或幼穗顶端与叶耳齐较为合适。花药长度达到总长度的 2/3 以上，花药呈绿色不透明状，此期正值花粉发育的单核中晚期。取材时，将穗子连倒二叶一起剪下后注意保湿，取回实验室用塑料膜包裹，放入冰箱待用。在无菌操作室内，将选出的穗子剥去倒二叶，剪去旗叶，带叶鞘在 70% 的乙醇中表面消毒 10 s，在超净台上去掉叶鞘，用尖镊子剥去穗子的外颖、内颖，夹出花药，放在培养基表面，在无菌培养室内进行脱分化培养（诱导愈伤组织）。

花药脱分化培养 30 d 后，待愈伤组织长到约小米粒大小时（直径 1～1.5 mm），将其转入绿苗分化培养基中，7～15 d 后可诱导分化出绿苗。此期培养温度为 23～25 ℃，光照时数为每天 10 h；待分化出的花粉绿苗长到 2～3 cm 高时，将其转入壮苗培养基中。绿苗转入壮苗培养基，并放入培养室 1 周后移入冷藏箱越夏（冷藏箱门要透光），温度 6～10 ℃。在冷藏箱内储存至 10 月下旬，将试管苗取出冰箱，放在室外炼苗 1 周，然后洗去根部培养基，移栽到田间，用弓棚塑料膜覆盖 10 d 左右，等试管苗成活后揭去膜露地越冬。

常用的人工加倍的方法有阳畦自然加倍法、秋水仙碱浸泡分蘖节及根部法、混合浸根法、半浸根加倍法等。其中，混合浸根法是将植株从田里挖出洗净泥土，在室内将分蘖节及根部浸入 0.04% 秋水仙碱加 1.5% 二甲基亚砜溶液中，在 9～10 ℃条件下处理 8～24 h，然后用水清洗，移栽田间，正常生长抽穗结实后即形成双单倍体群体。

⑦ DNA 小片段导入系群体构建。该群体构建同样是由 F_1 杂种发展而来，具体做法是选其亲本之一与 F_1 回交，回交穗子数目是每个 F_1 单株上最好选 1 穗回交（F_1 单株较少时，每株也可选 2～3 穗回交），获得 100 个以上的 BC_1F_1 穗，第二年在 BC_1F_1 穗行中随机选 2～3 穗回交形成 BC_2F_1 群体。回交代数根据研究或育种需要而定，一般到 BC_2F_1 为好（当然，根据不同研究需要，也可做到 BC_3F_1 或 BC_4F_1）。到 BC_2F_1 时，供体亲本染色体占受体亲本的 10% 左右，在基因型鉴定中重组率高，在表现型选择中也能选到好性状（品种）。BC_2F_1 群体单穗自交一次，产生的 BC_2F_1 即为含有供体亲本基因的导入系群体。群体一般自交到 BC_4F_1 代，即可作为稳定群体进行相关研究。

⑧精细定位作图群体构建。

a.RHL 群体的构建类似 RIL 群体的构建，都是由 F_2 连续自交产生的，RHL 群体在选择时可在某个或某几个性状中保留一个亲本的特征，在其他一些位点上保留另一亲本的特征，并在所研究的性状位点上始终存在分离，最后形成一套遗传背景一致的特殊群体。根据所选的性状和调查的结果，该群体可大可小。例如，根据目标，可在 F_3、F_4、F_5 代就开始调查和选择。

b.QIR 群体是在 QTL 初级定位的基础上，根据定位出性状的主效 QTL 及其两侧的标记，结合性状，通过和亲本之一回交，并通过不同的分子标记进行前景选择和背景选择，最后形成 QIR 群体。例如，根据定位出的抽穗期主效 QTL 两侧标记 Xbarc320 和 Xwmc215 对每代回交群体进行检测，同时用 200 个分子标记进行遗传背景选择，现已选出 QTL 杂合体。值得注意的是，在背景选择中，每一条染色体臂至少使用一个标记。

c.SSSL 群体的构建类似 QIR 群体的构建，也需要通过初级定位的 QTL 对目标性状进行跟踪辅助选择，最后形成除了目标 QTL 所在的染色体片段完整地来自供体亲本以外，基因组的其他部分与受体亲本完全相同的群体。

d.CSSL 群体是根据研究目标，选择多个供体亲本和受体亲本进行杂交，然后连续回交，建立一套覆盖全基因组的、相互重叠的染色体片段代换系。

（2）注意事项。用于不同研究目的的遗传群体的构建方法不同，其构建的注意事项也有差异。从共性方面看具有以下几点特征：

①形成 F_1 的两亲本选择时，一定要与研究目的相符。在此前提下，供体亲本（DP）一般用核心种质或不能直接利用的特异材料，受体亲本（RP）则一般选用当地最好的品种（系）。

②形成 F_1 的两亲本一定要保证高纯度，在杂交当代选留杂交株上其他穗子的种子低温保存，以备群体建成后繁育使用。轮回亲本每世代都要用套袋自交的种子，切勿出现假杂交种。

③除 F_2 群体构建需要做大量的 F_1 杂交穗外，其他群体的初始杂交一般做 1～2 个穗子，一定要选典型单株去雄，去雄要彻底，严防自花授粉，出现假杂种。回交 F_1 一般随机做 3～6 个单穗（分别取自不同单株，下同）；BC_2F_1 一般随机做 20 个单穗（株）；BC_2F_1 自交产生的 BC_2F_2 的种子量应达 1 kg 以上。

④各代做表现型鉴定时，F_2（BC_2F_2）和 F_6 代一定用好地，其他世代可用

一般地。温室或异地加代一定要种植好、收获好，防止株系丢失，特别要注意防止因气候或条件不好导致的群体大部分损失或全军覆没。

⑤构建近等基因系、回交群体和 DNA 小片段渗透系等群体时，最好结合 SSR 标记或生化标记鉴定来自供体亲本的特异基因，根据表现型调查和基因型鉴定，加快群体构建过程，提高群体质量。

2.2　质量性状的分子标记

在分离群体中表现为不连续性变异并能明确分组的性状称为质量性状（qualitative trait）。质量性状通常受一个或少数几个主基因控制，不易受环境的影响。作物中许多重要的农艺性状（如抗病性、抗虫性、育性、株高等）都受主基因的控制，因而常常表现为质量性状遗传的特点。然而，典型的质量性状其实并不很多，不少质量性状除了受少数主基因控制之外，还受到微效基因的影响，表现出某些数量性状的特点，有时无法明确地从表现型推断其基因型。寻找与质量性状基因紧密连锁的 DNA 标记，或者说对质量性状进行分子标记，主要有两个目的：一是为了在育种中对质量性状进行标记辅助选择；二是为了对质量性状基因进行图位克隆。近等基因系分析法和分离体分组混合分析法是快速、有效地寻找与质量性状基因紧密连锁的分子标记的主要途径。

2.2.1　近等基因系分析法

一组遗传背景相同或相近、只在个别染色体区段上存在差异的株系称为近等基因系(near isogenic line, NIL)。如果 1 对近等基因系在目标性状上表现差异，那么凡是能在这对近等基因系之间揭示多态性的分子标记就可能位于目标基因的附近。因此，利用近等基因系材料，可以寻找与目标基因紧密连锁的分子标记。目前，利用近等基因系分析法已标记和定位了许多质量性状基因。

1. 近等基因系的培育

目前，构建近等基因系的方法主要有两种：一种方法是利用高世代回交的方法构建的轮回亲本背景的近等基因系，许多研究者利用这种方法对 QTL 效应进行了精确评价，并使数量性状呈现质量性状分离规律；另一种方法就是基于永久群体（DH 系和 RIL 群体）构建双亲嵌合背景的近等基因系，Inukai 等和 Tuinstra 等都曾利用这种方法构建近等基因系。

高世代回交法构建的轮回亲本背景的近等基因系耗时长，但由于单株之间背景高度相似，故极适合微效 QTL 遗传效应评价；基于重组自交系构建的双亲嵌合背景的近等基因系构建耗时短，能够达到快速构建近等基因系的目的。近等基因系间表现型差异大可能是构建的前提，即双亲嵌合体背景的近等基因系可能更适合对效应大的 QTL 进行遗传效应评价。

（1）多次回交转育培育近等基因系。以带有目标性状的亲本（供体亲本）与拟导入这一目标性状的亲本（受体亲本，又称轮回亲本）进行杂交，再用轮回亲本连续多次回交，回交至一定世代后自交分离，即可获得遗传背景与轮回亲本相近却带有目标性状的品系，这一品系与轮回亲本即构成 1 对近等基因系。回交转育是近等基因系构建中最常用的方法，采用此方法在水稻上已构建了若干近等基因系。

从回交分离世代起，由于后代单株间在目标性状上发生分离，需选择带有目标性状的单株进行回交。控制目标性状的基因显隐性不同，目标单株的选择方法也有差异。由显性基因控制的目标性状在回交世代直接选择具有目标性状的单株与轮回亲本杂交；由隐性基因控制的目标性状在基因杂合状态下，难以从表现型上对目标单株进行直接选择，必须进行后裔鉴定。如果连续回交，则选作回交的单株的自交种和杂交种同时成对收获，下季成对种植，若自交种后代出现目标性状，则在其对应的杂交种中再选株继续回交、自交，连续回交时，每世代选作回交的单株不宜过少，以防目标基因丢失。在回交分离世代时，也可先选株自交鉴定，在自交后代中选择具有目标性状的单株继续回交，即隔代回交，这样选育出近等基因系的时间较长。随着分子生物学技术的发展，对于由隐性基因控制的性状、主效数量基因控制的性状以及其他表现型鉴定比较困难的性状，可以采用与目标基因连锁的分子标记进行辅助选择。谭彩霞等（2004）利用与纹枯病主效 QTL 紧密连锁的分子标记辅助选择，采取连续回交的方法，获得了在 Lemont 背景下的 *qSB*-9 近等基因系。

回交次数与双亲亲缘关系的远近以及对背景的选择压力有关。一般双亲亲缘关系远，则育成近等基因系需回交的次数较多，回交后代对背景的选择压力大，则回交的次数较少。刘立峰等（2007）利用分子标记辅助目标性状 QTL 前景选择及恢复轮回亲本基因组的背景选择，再结合表现型选择，连续回交 3 代，即获得定位在水稻 4 号和 6 号染色体上的根基粗、千粒重的 2 个主效 QTL 的近等基因系。潘学彪等（2009）利用与水稻抗条纹叶枯病基因 *Stv-bi* 紧密连锁的分子标记进行辅助选择，将镇稻 88 带有的 *Stv-bi* 导入武育粳 3 号，在 BC_1F_1 利用双亲具多态性的分子标记进行背景选择，仅回交 3 次，即获得性状与武育粳 3 号一致，但带有抗条纹叶枯病基因的品系。

近等基因系是一系列回交过程的产物。回交是 F_1 或其他杂种后代与亲本之一杂交的方式。在育种中，当某一优良品种缺少一两个优良性状时，常用回交的方法将该优良性状从外源种质转移到优良品种中。用于多次回交的亲本是目标性状的接受者，称为轮回亲本或受体亲本；只在第一次杂交时应用的亲本是目标性状的提供者，称为非轮回亲本或供体亲本。回交的结果是不断提高回交后代中轮回亲本的基因血统，不断减少供体亲本的基因血统，使其后代向轮回亲本方向纯合。其回交过程一直持续到新培育的目标品系为止，即理论上除了含有目标性状基因的染色体区段外，与轮回亲本几乎等基因时为止。由此得到的回交后代再自交一次即可得到回交自交品系（BIL）。通常可供利用的 BIL 都是育种家用不到 10 代（一般 5 ～ 6 代）回交育成的，其基因组中很可能在几个基因座位上还含有供体亲本的等位基因，故这样的 BIL 还不是严格的等基因系，只能称为 NIL。

在回交自交品系中要消除所有供体亲本基因组，如果在回交过程中不进行选择，则理论上需要进行无限次的回交。在 *A* 对独立遗传的目标基因的情况下，如果不进行选择，在回交第 *t* 代，轮回亲本基因组所占比例为 $[1-(1/2)^t]^A$。可以看出，目标基因越多，则轮回亲本基因组恢复得越慢。另外，当供体亲本的目标性状基因与其附近的其他基因存在连锁时，则轮回亲本置换供体亲本基因的进程将减缓，其减缓程度依据连锁的紧密程度而异。为了加快回交后代基因组恢复成轮回亲本的速度，在每一代选择继续回交的植株时，除了要保证含有供体目标基因外，还应尽量选择形态上与轮回亲本接近的植株。由于基因连锁的结果，在回交导入目标基因的同时，与目标基因连锁的染色体片段将随之进入回交后代中，这种现象称为连锁累赘（linkage drag）。

当回交导入的目标性状为隐性时，供体的目标基因在每个回交当代中都无法识别，因此必须将回交后代自交，在分离的自交后代中选择表现目标性状的植株用于继续回交，或在回交后代中选用较多的植株进行回交并同时自交，将回交与自交后代对应种植。凡是自交后代在目标性状上呈现分离者，说明其相应的回交后代中必有一些个体带有目标基因，就可在该后代中继续选株回交并自交；而自交后代不出现分离的，其相应回交后代即被淘汰。

（2）从突变体中分离培育近等基因系。自然突变或人工诱变获得的突变体在单位点突变或仅少数位点发生突变的情况下，经过分离纯化，获得的具有突变性状的品系与原品系即构成 1 对近等基因系。石明松（1985）在农垦 58 大田中发现的光敏感不育突变株农垦 58S 与农垦 58 构成 1 对近等基因系。

（3）从杂交高世代群体材料中分离培育近等基因系。在杂交高世代群体中，由于连续自交，控制大多数性状的基因趋于纯合，只有少数基因处于杂合状态。在此基础上，对尚处于分离状态的性状进行选择纯化，所获得的具有相对性状差异的品系即可构成近等基因系。李建雄等（2000）以性状和分子标记为基础，从珍汕 97/ 明恢 63 的 1 个含 234 个重组自交系的 $F_{6:7}$ 群体中分离获得了每穗实粒数和千粒重 2 个性状的近等基因系。曾汉来等（2001）利用人工控制的系列温度条件，对光温敏核不育水稻培矮 64S–5 株系的高世代自交（近交）群体进行单株雄性育性鉴定与系统选择，再经过 10 代自交纯化，获得一套不育临界温度分别为 23 ℃、24 ℃、26 ℃和 28 ℃的培矮 64S 近等基因系。

2. 近等基因系分析法的基本原理

利用 NIL 寻找质量性状基因的分子标记的基本策略是比较轮回亲本、NIL 及供体亲本三者的标记基因型，当 NIL 与供体亲本具有相同的标记基因型，但与轮回亲本的标记基因型不同时，则该标记就可能与目标基因连锁（图 2-6）。

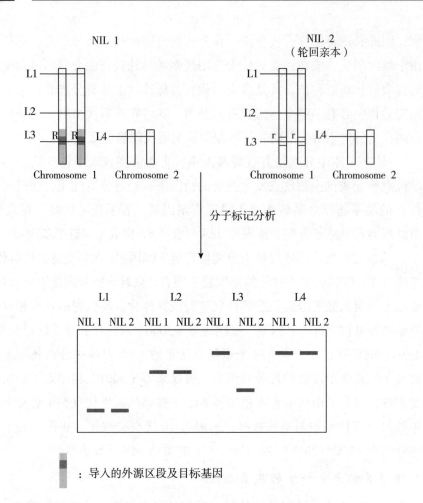

图 2-6　近等基因系分析法原理示意图

　　在目标基因所在的染色体区域附近，检测到 DNA 标记的概率大小取决于被导入的染色体片段的长度及轮回亲本和供体亲本基因组之间 DNA 多态性的程度。检测概率随培育 NIL 中回交次数的增加而降低。当轮回亲本和供体亲本分别属于栽培种和野生种时，更有可能发现多态性的分子标记。相反，轮回亲本和供体亲本的亲缘关系越密切，其多态性的分子标记就越少。

　　通过筛选大量 DNA 探针和 PCR 引物或采用多种限制性酶与探针组合，可以提高获得与目标基因连锁的分子标记的机会。值得注意的是，在成对 NIL 间有差异的目标基因区段可能很宽，以致得到的标记座位可能与目标基因相距较远，甚至有可能位于不同的连锁群上。因此，减小连锁累赘是十分重要的。通过增加回交次数或借助标记辅助选择可缩小连锁累赘的影响程度。另外，利用包含同一染色体区域的多个 NIL，可以减少在非目标区域检测到假阳性标记的机会，增加在目标区段中检测到多态性的概率。

3. 近等基因系分析法应用实例

众多的研究表明，NIL 方法在寻找与目标基因紧密连锁的分子标记方面十分有效，这些连锁的 DNA 标记不仅适合标记辅助选择，还对图位克隆目标基因十分有用。

Young 和 Tanksley（1989）通过连续回交，将番茄抗烟草花叶病毒病抗病基因 Tm-2 转移到不同的栽培品种中，从而得到了一系列不同轮回亲本的 NIL。这些 NIL 所拥有的包含 Tm-2 片段的长度为 4 ~ 51 cM。利用这些 NIL，他们找到了与 Tm-2 相距不到 0.5 cM 的 DNA 标记。

Paran 等（1991）将 NIL 用于鉴别与莴苣霜霉病抗性基因 Dm 连锁的 RFLP 及 RAPD 标记。他们采用了 2 对在 Dm1 和 Dm3 上有差异，1 对在 Dm1 上有差异的 NIL 为材料，用 500 个 cDNA 探针和 212 个随机寡核苷酸引物对 NIL 进行多态性检测。结果发现，4 个 RFLP 标记、4 个 RAPD 标记与 Dm1 和 Dm3 连锁，6 个 RAPD 标记与 Dm1 连锁，即有 1% 的 DNA 克隆和不到 1% 的 PCR 扩增产物在所筛选的 Dm 区域上呈现多态性。

Martin 等（1991）采用 RAPD 方法与 NIL 技术相结合，快速鉴定了与番茄青枯病抗性基因 Pto 连锁的 DNA 标记。他们利用 144 个随机引物对第 5 染色体上 Pto 基因有差异的 1 对 NIL 进行筛选，获得了 7 个有多态性的扩增产物，对其中 4 个扩增产物做了进一步分析，有 3 个被证实与 Pto 基因连锁。

2.2.2　分离体分组混合分析法

分离体分组混合分析法（bulked segregant analysis，BSA）也称为集团分离分析法或混合分组分析法。该方法由 Michelmore 等（1991）首次提出并在莴苣 F_2 代分离群体中成功筛选出 3 个与霜霉病抗性基因 Dm5/8 紧密连锁的 RAPD 标记。

BSA 是从近等基因系分析法演变而来的，它克服了许多作物没有或难以创建 NIL 的限制，在自交和异交物种中均有广泛的应用前景。对于尚无连锁图或连锁图饱和程度较低的植物，BSA 也是快速获得与目标基因连锁的分子标记的有效方法。分离体分组混合分析法包括基于性状表现型的 BSA 和基于标记基因型的 BSA。前者是根据分离群体中个体性状表现型的差异来构建 DNA 池，后者则是根据已有的图谱或标记信息来构建 DNA 池。前者倾向对基因的初步定位，后者则致力对基因的精细定位。

利用 BSA 已标记和定位了许多重要的质量性状基因，如莴苣抗霜霉病基因、水稻抗稻瘿蚊基因以及水稻抗稻瘟病基因等。

1. 基于性状表现型的 BSA

连锁图谱构建和 QTL 分析需要耗费大量的时间和精力，费用也可能很高，因而能节约时间和费用的方法就特别有用，尤其是在资源有限的时候。鉴定与 QTL 连锁的标记的两种捷径的方法是分离体分组混合分析法和选择性基因分型。这两种方法均需要作图群体。

BSA 是一种检测位于特定染色体区段上标记的方法。简要地讲，从一个分离群体中选择 10 ~ 20 个单株，混合构建两个 DNA "池"，这两个池应在感兴趣的性状方面存在差异（如对某种病害的抗和感），通过构建 DNA 池，除了感兴趣基因所在的位点外，所有的位点均随机化。换句话说，两个 DNA 池间的差异相当于两个近等基因系基因组之间的差异，仅在目标区域上不同，而整个遗传背景是相同的，亦即这是一对近等基因 DNA 池。对两个池筛选标记，多态性标记可能表示与感兴趣的某个基因或 QTL 连锁（图 2-7）。在检测两个 DNA 池之间的多态性时，通常应以双亲的 DNA 进行对照，以利于对实验结果的正确分析和判断。然后，利用这些多态性标记对整个群体进行基因分型，产生一个局部的连锁群，可通过这种方法进行 QTL 分析，并确定某个 QTL 所在的位置。

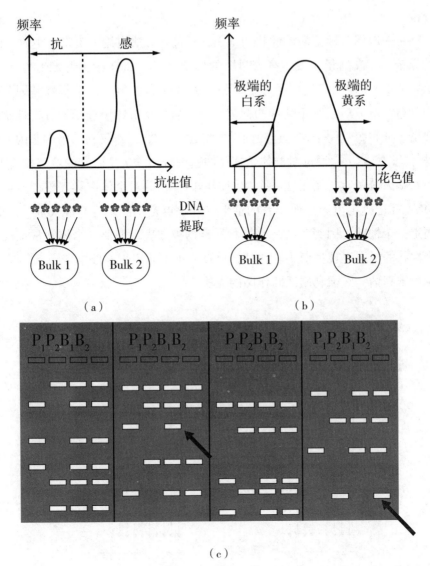

图 2-7　BSA 法图示

（资料来源：Langridge et al, 2001；Tanksley et al, 1995）

　　图 2-7（a）为简单单抗病性状；（b）为一种数量性状 DNA 混样的制备，在两种情形下，两种混样（B_1 和 B_2）从表现极端表型值的个体制备；（c）中混样间鉴定出的多态性标记（以箭头表示）可能代表与该性状连锁的基因或 QTL 的标记。然后，利用这样的标记对整个作图群体进行基因分型和 QTL 定

位分析。

　　BSA 一般用于标记简单性状的基因，不过该方法也用于鉴定与主效 QTL 连锁的标记。"高通量"或"高容量"的标记技术，如 RAPD 或 AFLP，可从一个单一的 DNA 样品产生多个标记，一般为 BSA 分析所需。选择性基因分型也称为分布极端分析或基于性状的标记分析，包括从群体中选择所分析性状极端表现型或分布两端的个体。连锁图谱的构建和 QTL 分析仅利用极端基因型的个体进行（图 2-8），通过对群体子样品的基因分型，定位研究的费用显著下降。选择性基因分型常常用于在一个作图群体内种植并对个体进行表现型鉴定比利用 DNA 标记鉴定更容易而便宜的情形。其缺点是不能确定 QTL 效应，一次仅能测定一个性状（因为针对一个性状所选的极端表现型值的个体常常不代表另一个性状的极端表现型值）。此外，单点分析不能用于 QTL 检测，因为表现型效应过于高估，必须利用区间作图的方法。

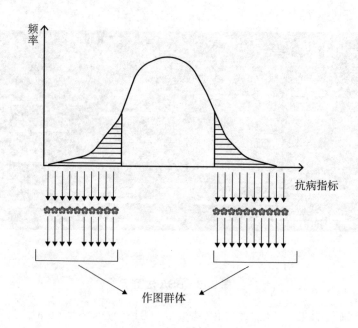

图 2-8　选择性基因分型

（资料来源：Collard et al, 2005）

　　对整个群体进行特定性状（如抗病性）的表现型鉴定，仅选择极端表现型的个体进行标记基因型分型以及随后的连锁和 QTL 分析。

2. 基于标记基因型的 BSA

基于标记基因型的 BSA 是根据目标基因两侧的分子标记的基因型对分离群体进行分组混合的。这种方法适合目标基因已定位在分子连锁图上，但其两侧标记与目标基因之间相距还较远，需要进一步寻找更为紧密连锁的标记的情况。假设已知目标基因座位于两标记座位 A 和 B 之间，记来自亲本 1 的标记等位基因为 A_1 和 B_1，来自亲本 2 的标记等位基因为 A_2 和 B_2，那么在某个分离群体（如 F_2）中，标记基因型为 A_1B_1/A_1B_1 的个体中，目标区段（标记座位 A 和 B 之间的染色体区段）将基本来自亲本 1，A_2B_2/A_2B_2 个体中的则基本来自亲本 2，除非在该区段上发生了双交换，而双交换发生的概率是很小的。因此，可以将群体中具有 A_1B_1/A_1B_1 和 A_2B_2/A_2B_2 基因型的个体的 DNA 分别混合，构成 1 对近等基因 DNA 池，它们只在目标区段上存在差异，而在目标区段之外的整个遗传背景是相同的。这样就为在目标区段上检测多态性的分子标记提供了基础。用两个 DNA 池分别作为 PCR 扩增的模板，利用电泳分析比较扩增产物，寻找两个 DNA 池之间的多态性，就可能在目标区段上找到与目标基因紧密连锁的 DNA 标记。与前面所说的一样，获得连锁标记后，还可以进一步分析它在群体中的分离情况，进行验证，并确定它在目标区段中的位置。

Goivannoni 等（1991）以番茄第 10 染色体上一个 15 cM 的区间和第 11 染色体上一个 6.5 cM 的区间作为目标区段，对这一方法进行了验证。这两个区段上存在控制番茄落果和成熟性的基因。针对每一区段，用 7 ～ 14 个 F_2 个体构成混合 DNA 池，用 200 个随机引物进行筛选。结果发现了 3 个多态性的标记，其中两个被证明与所选择的区段是紧密连锁的。Goivannoni 等还讨论了目标区段的两连锁标记间最佳的区间长度和混合个体数。研究表明，随着混合体所含个体数的增加，在混合体中，个体在目标区间内发生双交换的概率也将增大。在 F_2 群体中，对于 5 cM 的区间，当混合体所含个体数不超过 40 时，双交换概率小于 10%；当目标区间增大到 10 cM 时，混合个体数必须小于 10，才能保持 10% 的双交换概率。但是，随着样本数的减少，两类混合体间在除目标区段以外的区域出现差异的机会就会大大增加，从而导致 PCR 检测时假阳性的增加。因此，Goivannioni 等建议混合体所含个体数应大于 5，目标区间的长度应小于 15 cM。

近等基因系分析法和分离体分组混合分析法只能对目标基因进行分子标记，不能确定目标基因与分子标记间连锁的紧密程度及其在遗传连锁图上的位置，而这些信息对估计该连锁标记在标记辅助选择和图位克隆中的应用价值是十分必要的。因此，在获得与目标基因连锁的分子标记后，还必须进一步利用作图群体将目标基因定位在分子连锁图上。定位方法与经典遗传学的方法完全一样。迄今为止，利用分子标记和各种不同的作图群体在植物中已定位了大量的质量性状基因或主基因。

3.BSA 应用中应注意的几个问题

（1）物种特异性。Mackay 和 Caligari（2000）在比较 F_2 和回交群体中应用 BSA 的有效性时，考虑了物种基因组大小对标记与目标基因连锁距离的影响，并简化了一个理想情况下的公式：$P = 1 - e^{-(NX/L)}$（其中，L 为整个基因组的图谱距离，N 为总的分离标记数，X 为在基因组内期待平均产生一个标记的遗传距离，P 为在 $X/2$ 的遗传距离内产生多于一个标记的概率）。显然，基因组大小和多态性的丰富度（亲本遗传背景的差异）是决定该物种特异性的两个主要方面。一般而言，基因组大且多态性小的物种获得与目标基因紧密连锁标记的可能性比较低。BSA 能检测到的分子标记与目标基因可信的遗传距离在 15～25 cM 以下，因此应用 BSA 在一些物种上也不一定能获得目的标记。

（2）非目的标记。Jean 等（1997，1998）对甘蓝型油菜不育系恢复基因 $Rfp1$ 进行标记定位时，发现在池中检测到的多态性标记一半以上并不与 $Rfp1$ 连锁，而且几乎所有这些不连锁的标记都成簇地排列在基因组的 7 个不同染色体上。类似的结果 Giovannoni 等（1991）在番茄、Reiter 等（1992）在拟南芥上、Molnar 等（2000）在大麦上也遇见过。这说明非连锁的标记在两池内出现多态性条带是 BSA 应用上最大的限制之一。这种现象可以通过增加混池单株数来降低，但不能完全消除。某些物种的基因组内存在一些特殊的标记高产区，可能分离也不平衡，这就增加了在这些特殊区域上错检的概率。基因组比较大的物种、亲本遗传背景相差大的后代群体错检的概率更大。

理论上，单个非连锁随机标记在两池中被错误地检测成多态的概率因不同的分离群体而不同，对于 F_2 代群体，显性标记为 $2[1-(1/4)^n](1/2)^n$，共显性标记为 $4[1=(1/4)^n](1/4)^n$，而 BC1、DH、RIL 群体的所有标记类型都为 $2[1-(1/2)^n](1/2)^n$。不过，实际概率要比理论计算的概率大得多。Cai 等（2003）在对一个玉米小斑病抗性基因 rhm 进行 BSA-AFLP 分析时，在 F_2 代抗感池（每池 10 株）中共找到 222 个多态标记，但经过 F_2 代 80 个单株的进一步验证，发现其中有 16 个与目标基因并不连锁。

（3）DNA 池的构建。构建理想的 DNA 池要考虑以下 3 个方面。

① DNA 质量。DNA 的纯度和浓度都会影响分池的精确性，杂质会影响紫外光的吸收率，高浓度黏稠的 DNA 溶液不均匀，因此混池时，DNA 的纯度应尽可能高，并稀释适当比例。另外，即便是相同浓度的 DNA 模板，PCR 扩增的效果也可能不一样，对要求高的实验，模板的扩增能力可以通过实时 PCR 进行准确定量分析。

② DNA 池污染。池间发生 DNA 的相互污染导致多态性被覆盖而找不到目标标记。例如，将杂合基因型的单株（Xx）掺杂到纯合型基因型（xx）池中，使原来没有的 X 出现在 xx 池中，且它的浓度达到了能被检测出的极限。这种极限值主要取决于实验技术本身的精确度，范围一般在 5% ～ 10%。产生 DNA 污染的原因有很多，内在原因包括基因重组率及本身的表现型效应；外在原因包括性状鉴定误差、DNA 混合误差、PCR 效率不均等。如果在实验过程中检测到了一些模糊且难以取舍的多态性条带，应该有针对性地进一步验证。实验过程中总不可避免地要出现一些微量的污染，可以通过降低 PCR 循环数、减少混池单株数、构建多池、重复实验等来降低实验误差的影响。

③ DNA 池设计。常规 BSA 在分子标记研究上，只鉴定池内条带的有无，为定性分析。DNA 池规模（每池单株数）可根据物种基因组大小、亲本遗传背景差异、多态性丰富度来确定。Govindaraj 等（2005）在对水稻谷粒性状 QTL 定位研究时，构建了单株数分别为 5、10、15、20 的四种规模的 DNA 池，发现在单株数为 5 的池中能检测到的多态在其他 DNA 池检测不出或不明显。在建池数量上，Korol 等（2007）提出了一种新的建池策略，其思路是在每尾的单株群体中构建互相独立的多个子库，同时检测，相关分析。Ji 等（2006）在对水稻落粒性隐性基因定位分析时，选择了 18 个落粒最少的单株构建 3 个 DNA 池（每池 6 株），用落粒最多的 18 株构建了另外 3 个 DNA 池，6 个 DNA 池同时检测。另外，也有根据作物性状分布来构建 DNA 池的，Ajisaka 等（2001）在对控制大白菜晚抽薹的 QTL 定位和图谱分析时，根据大白菜在春化处理后抽薹的时间构建了 4 个 DNA 池，其抽薹时间依次为 125 ～ 145 d、145 ～ 156 d、225 ～ 230 d 以及晚于 234 d。

（4）BSA 在不同分离群体中的应用。理论上，任何由 1 对具有相对性状的亲本杂交后产生的分离后代都适用集群分离分析法。常用的有 F_2 代群体、回交群体、重组自交系、双单倍体群体。

① F_2 群体。F_2 群体的优点是易于获得，其缺点在于它不能根据表现型完全区分纯合体和杂合体。BSA 能否有效应用的关键是构建基因池所用单株的基因型一定要明确。如果在构建 DNA 池时，仅靠表现型的极端性选择单株，那么两池间的多态性将降低 50%。因为性状无论是显性遗传还是隐性遗传，用 BSA 只能找到与显性等位基因连锁的标记，而不能找到与隐性等位基因连锁的标记。Tanhuanpää 等（2006）在定位燕麦矮秆基因 $Dw6$ 的研究中，第一次构建 DNA 池时，仅靠表现型选用最高和最矮的各 9 株 F_2 代单株混池，随后的标记检测发现 9 株最矮的单株中有 6 株是杂合体。因此，应用 F_2 代群体时，需要其他辅助方法区分单株基因型。一般应用较多的方法如下。

a.F_3 代检测：F_2 代自交得到相对应的 $F_{2:3}$ 家系，通过对每个 $F_{2:3}$ 家系性状分离情况来鉴定 F_2 单株基因型。Sibov 等（1999）采用 RFLP 与 BSA 结合，在玉米耐铝基因的定位和图谱分析上，以 F_2 代为分析群体，用 56 个 $F_{2:3}$ 家系鉴定了相应的 F_2 单株的基因型。不过，该鉴定方法也有一定的误差。比如，在显性单基因遗传中，假设每个 $F_{2:3}$ 家系中有 n 个单株对相应的 m 个 F_2 单株鉴定，则将一个 F_2 代杂合体错误鉴定为显性纯合体的概率为 $(3/4)^n$，理论上要达到对整个群体鉴定完全正确的概率为 $[1-(3/4)^n]^m$，如果 $n=10$，$m=100$，那么概率 ≈ 0。

b.F_2 代测交：以隐性亲本为轮回亲本与 F_2 代回交所得的后代对 F_2 代单株基因型的鉴定也是一个非常有效的方法。该检测方法把一个杂合体错误地鉴定为纯合体的概率是 $(1/2)^n$，理论上整个群体鉴定完全正确的概率是 $[1-(1/2)^n]^m$，其中 n、m 分别为用于鉴定相应单株回交家系包含单株的个数和 F_2 群体单株总数。Moury 等（2000）在辣椒番茄斑萎病毒病的抗性基因 Tsw 定位研究中，将一个包含 153 个单株的 F_2 代群体与隐性亲本"PI 195301"测交，对其中 101 个 F_2 代单株，各对应选取 9 株测交后代进行基因型的鉴定。这种处理对杂合体基因型鉴定的可靠度为 100%，对纯合体基因型鉴定的可靠度为 99.8%。

c. 形态标记：作物中很多性状是连锁遗传的，如果能从表现型上鉴定一个或多个与目标性状连锁的其他性状，就可以通过这些性状间接区分群体单株的基因型。Altinkut 和 Gozukirmizi（2003）在小麦耐旱性基因的微卫星标记研究上，通过与耐旱性相连锁的耐除草剂性、叶片大小、相对含水量 3 个性状来对 F_2 单株基因型进行确定。他们选用了 8 株叶片相对最小、叶绿素含量相对最高（PQ 处理后）、相对含水量相对最多的单株组成耐旱性 DNA 池；反之，选 8 株组成不耐旱性 DNA 池，成功地在两个池内筛选到了一个与耐旱性基因紧密连锁的微卫星标记。

d. 基于标记基因型的检验：根据已知的图谱或分子标记，重新构建 DNA 池进行检验，可以获得与目标基因或目标区域更多更紧密连锁的标记。Giovarmoni 等（1991）第一次在番茄基因定位上使用这种方法。在一个番茄高密度 RFLP 图谱中，花梗断裂基因位于 11 号染色体的 RFLP 标记 TG523 和 CT168 之间，两标记间的遗传距离为 6.5 cM，另一个与果实成熟有关的基因位于 10 号染色体的 RFLP 标记 CT16 和 CT234 之间，标记间遗传距离为 15 cM。利用 F_2 代群体（图谱构建所用群体）中的单株，分别挑选 7 ~ 14 株，根据标记在单株和亲本间的分布情况相应地构建了 4 个等基因池，如等基因池 A 对 200 个 RAPD 随机引物筛选，找到了 3 个新的标记，其中标记 38J（与 CT168 的距离为 3 cM）和 307N（位于标记 CT16 和 CT234 之间）分别与目标区域紧密连锁，不过另一个由引物 148B 产生的多态标记与目标区域的连锁距离为 45 cM。

e. 其他情况：共显性标记可以区分纯合体和杂合体，而且一些显性标记可以转化成共显性的 STS 标记、SCAR 标记等。Tardauanpää 等（2007）在燕麦控制谷粒镉积累的主效基因定位研究上，对 F_2 代混池，单株基因型没有进行预先的鉴定，通过 RAPD 和 BSA 结合共找到了两个 RAPD 标记，其中，一个标记来自低积累亲本 "Aslak"，另一个来自高积累亲本 "Salo"，前者被成功转化为共显性标记 SCARAF20。另外，Haley 等（1994）认为，F_2 代群体中，紧密连锁的来自不同亲本的两个显性标记也可以综合起来看作一个共显性标记。

②回交群体及其衍生群体。与 F_2 代群体相比，回交群体的缺点在于它的标记信息量只有 F_2 代群体的一半，因为它只有两种基因型（xx、Xx），只能获得与 X 等位基因连锁的标记，而不能获得与 x 连锁的标记。不过，能够将 F_1 代与双亲均回交，获得两个回交群体，那么就可以获得与 F_2 代群体一样多的标记信息量。在实际研究中，在 BSA 应用上，很多研究者都构建了两个对应的回交群体。因为回交群体只有两种基因型，所以只要根据表现型就可以判定单

株的基因型。如果因为错误鉴定将 Xx 单株混进 XX 池当中，x 这种污染型等位基因的频率也只有纯合体 XX 单株的一半，因此用回交群体建池发生 DNA 感染的概率比其他群体都要低。在 BSA 应用上，回交群体的衍生群体（如高代回交群体和回交重组自交系在作物 QTL 的定位上的应用已经非常多。

Bouarte-Medina 等（2002）在对马铃薯的一种生物碱（leptine）含量相关基因的标记定位研究中，以回交群体 PBCp（Phul-3 × CP2）和 PBCc（CP2 × Phul-3）为分析材料，根据后代分离数据，提出该性状可能是由核质基因互作控制，并筛选到了 4 个与含量相关基因连锁的标记。Zhang 和 Stewart（2004）对棉花胞质雄性不育 D8 系统中的两个独立显性恢复基因 Rf1 和 Rf2 定位图谱研究中，结合 BSA 与 RAPD，应用 3 个测交群体组合构建与标记相关的 Rf2 图谱，2 个测交组合构建与标记相关的母 Rf1 图谱。为此，他们构建了两个 QTL 精细图谱，一个位于 LGE 上，标记间的平均距离为 0.6 cM，另一个位于 LGD 上，标记间的平均距离为 3.1 cM。

③重组自交系群体。重组自交系（RILs）是用单粒传方法产生的、F_2 群体中各个体的后代连续自交直至纯合状态时获得的纯系。其不足之处在于获得一个自交系群体，要经过田间几代的选择和鉴定，比较费时费力（表 2-5）。

表 2-5　利用 RIL 群体进行分离体分组混合分析法定位示例

作　物	研究性状	标　记	WLs 世代	文　献
番茄	黄化曲叶病毒病	RAPD	F_4	Chagué el al, 1997
小麦	梭条花叶病	RFLP	F_5	Khan el al, 2000
水稻	褐飞虱抗病	RAPD 转化为 STS	F_8	Renganayaki et al, 2002
菜豆	菌核病抗性		$F_{4:7}$, $F_{4:8}$	Ender & Kelly, 2005
燕友	开花时间	AFIP	F_5	Locatelli et al, 2006

④双单倍体群体。双单倍体来自杂交 F_1 的配子体染色体数目加倍，一般利用花药或小孢子培养技术构建。其特点是每个个体的基因型纯合，表现型与

测交后代相同。但获得双单倍群体技术难度比较大，目前只有在少数作物中获得了双单倍体群体（DH）（表2-6）。

表 2-6　利用 DH 群体进行分离体分组混合分析法定位示例

作　物	研究性状	标　记	定位结果	文　献
大麦	云斑病抗性	RAPD		Baruu et al, 1993
油菜	黄色种皮	RAPD	QTL 对黄种皮贡献率高于 72%	Somers et al, 2001
小麦	叶枯病抗性	SSR	*Stb2* 定位于 3B 短臂，*Stb3* 定位于 6D 短臂	Adhikari et al, 2004
小麦	抗麦茎蜂	SSK	QTL 对实茎表型贡献率高于 76%	Cook et al, 2004

⑤其他群体。BSA 理论上适用于任何发生性状分离的后代群体，在林木中的同胞家系群体、基因组高度杂合的果树亲本杂交一代或自交群体、杂合栽培品种自交群体等都有应用 BSA 的报道。Tan 等（1998）直接用传统的具有相同性状的水稻品种代替后代分离群体作为建池试材，用 RFLP 标记在 10 号染色体上成功定位了一个育性恢复基因，他们将此方法命名为集群品系分析法。显然，这种方法要归属为基于性状表现型的选择 DNA 池法，也可以认为是 BSA 的一种特例。

2.3　数量性状的分子标记

作物中大多数重要的农艺性状和经济性状（如产量、品质、生育期、抗逆性等）都是数量性状。与质量性状不同，数量性状受多基因控制，遗传基础复杂，且易受环境因素的影响，表现为连续变异，表现型与基因型之间无明确的对应关系。因此，对数量性状的遗传研究十分困难。长期以来，只能借助数理统计的手段，将控制数量性状的多基因系统作为一个整体来研究，用平均值和方差等统计参数反映数量性状的遗传特征，无法弄清单个基因的位置和效应。这严重制约了人们对数量性状的遗传操纵能力。分子标记技术的出现为深入研究数量性状的遗传基础提供了可能。基因组内与特定数量性状有关的基因区段称为数量性状位点（QTL）。仅根据常规的表现型鉴定不能检测到 QTL，利用分子标记进行遗传连锁分析，可以检测出 QTL，即 QTL 定位。借助与 QTL 连锁的分子标记，就能够在育种中对有关的 QTL 的遗传动态进行跟踪，从而大大增强人们对数量性状的遗传操纵能力，提高育种中对数量性状优良基因型选择的准确性和预见性。

2.3.1　数量性状位点的初级定位

QTL 定位就是检测分子标记与 QTL 间的连锁关系，还可估计 QTL 的效应。QTL 定位研究常用的群体有 F_2、BC、RI 和 DH。这些群体常称为初级群体。用初级群体进行的 QTL 定位的精度一般不会很高，因此只是初级定位。由于数量性状是连续变异的，无法明确分组，因此 QTL 定位不能完全套用孟德尔遗传学的连锁分析方法，而必须发展特殊的统计分析方法。20 世纪 80 年代末以来，这方面的研究十分活跃，已经发展了不少 QTL 定位方法。

1.QTL 定位的基本原理和方法

孟德尔遗传学分析非等位基因间的连锁关系基本方法是根据个体表现型进行分组，然后根据各组间的比例，检验非等位基因间是否存在连锁，并估算重组率。QTL 定位实质上就是分析分子标记与 QTL 之间的连锁关系，其基本原理仍然是对个体进行分组，但这种分组是不完全的。根据个体分组的依据不同，QTL 定位方法可以分成两大类：一类是基于标记的分析方法；另一类是基于性状的分析方法。

（1）基于标记的分析方法。如果某个标记与某个 QTL 连锁，那么在杂交后代中，该标记与 QTL 之间就会发生一定程度的共分离。于是，在该标记的不同基因型中，QTL 的基因型频率分布（分离比例）将不同（图 2-9）。因而，在该标记的不同基因型之间，在数量性状的分布、均值和方差上都存在差异。基于标记的分析法正是通过检验标记的不同基因型之间的这些差异来推算标记是否与 QTL 连锁的。

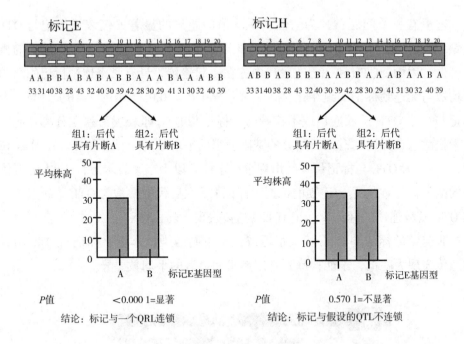

图 2-9　QTL 定位原理

（资料来源：Young，1996）

　　在分子标记技术出现之前，提出的基于标记的分析方法主要是针对单标记分析的，即每次只分析一个标记，因为当时可利用的遗传标记（主要是形态标记和生化标记）数量很少，难以在一个试验群体中建立起完整的标记连锁图谱。随着高密度分子标记连锁图谱的出现，单标记分析方法暴露出了不能充分利用分子标记图谱所提供的遗传信息的缺点。为了能更好地挖掘分子标记图谱的潜力，更多、更准确地定位出 QTL，科学家相继开发出了许多新的 QTL 定位方法，总体趋势是朝着多标记分析（同时用多个标记进行分析）的方向发展。根据所采用的统计遗传模型，现有的基于标记的分析方法大体上可分成 4 类，即均值差检验法、性状—标记回归法、性状—QTL 回归法及性状—QTL—标记回归法。

　　用简单的术语表达，QTL 分析是基于检测表现型与标记基因型间关联的原理，根据特定标记位点的存在与否，利用标记将作图群体分为不同的基因型群，进而确定群间所测定性状是否存在显著差异。不同群的基因型平均数间的显著差异表明，用于作图群体分类的标记位点与控制该性状的一个 QTL 连锁。

这里有一个问题："为何性状平均值间差异的显著 P 值表示标记与 QTL 连锁？"答案是由于重组。标记离 QTL 越近，发生在标记与 QTL 间重组的概率越低。因而，QTL 和标记在后代中连在一起遗传，具有紧密连锁标记的组的平均数与无连锁标记的组相比存在显著差异（ $P < 0.05$ ）（图 2-10）。当一个标记与一个 QTL 松散连锁或不连锁时，标记与 QTL 即表现为独立分离，此时基于松散连锁标记的有无所划分的基因型组的平均数间无显著差异。在图 2-10 中，（a）为 QTL 与标记位点间出现重组事件（以十字叉表示）；（b）为群体中的配子，与 QTL 紧密连锁的标记（标记 E）在后代中常常与 QTL 一起遗传，与 QTL 松散连锁的标记（标记 H）的遗传表现出随机性。

非连锁的标记与 QTL 相距很远或位于不同的染色体上，标记与 QTL 两者的遗传表现为随机，不能检测到基因型组间显著的平均数差异。

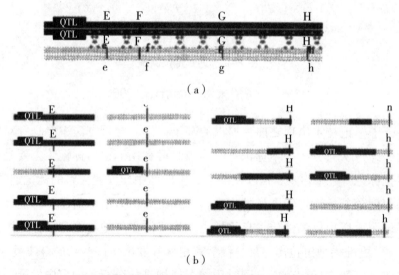

图 2-10　标记与 QTL 间紧密、松散连锁图示

（2）基于性状的分析方法。虽然数量性状在一个分离群体中是连续变异的，但如果淘汰大多数中间类型，则高值和低值两种极端表现型的个体就可以明确地区分为两组。对于每个 QTL 而言，在高值表现型组中应存在较多的高值基因型（如 QQ），低值组中则应存在较多的低值基因型（如 qq），如图 2-11 所示。如果某个标记与 QTL 有连锁，那么该标记与 QTL 之间就会发生一定程度的共分离，于是其基因型分离比例（频率分布）在两组中都会偏离孟德尔规律（图

2-11）。用卡方测验方法对两组或其中一组检验这种偏离，就能推断该标记是否与 QTL 连锁。

还有一种更简单的做法，就是将高值和低值两组个体的 DNA 分别混合，形成两个 DNA 池，然后检验两池间的遗传多态性。在两池间表现出差异的分子标记即被认为与 QTL 连锁（图 2-11）。这种方法称为分离体分组混合分析法。

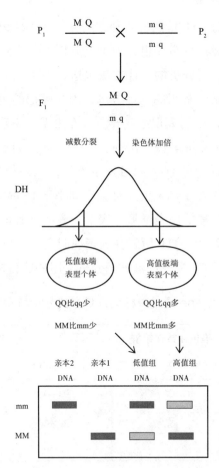

图 2-11 基于性状的分析法和分离体分组混合分析法的原理

基于性状的分析方法（特别是 BSA）的突出优点是，可以大幅度减少需要检测的 DNA 样品的数量，从而降低分子标记分析的费用。它特别适合对一些抗性（包括抗病、抗虫、抗逆）性状的基因定位，因为抗性鉴定试验常常造成敏感个体的死亡，只有具有抗性的个体才能够存活，于是只能对表现抗性的极端个体进行分子标记分析，这正好符合基于性状的分析法。基于性状的分析法的缺点是它只能用于单个性状的 QTL 定位，且灵敏度和精确度都较低，一般只能检测出效应较大的 QTL。因此，基于性状的分析法目前用得不多，主要还是采用基于标记的分析法。

2. 检测 QTL 的方法

使用得较为广泛的 QTL 检测的 3 种方法分别是单标记分析、简单区间作图和复合区间作图。单标记分析（也称为单点分析）是检测与单个标记有关 QTL 的最简单的方法。单标记分析的统计方法包括 t 检验、方差分析（ANOVA）和线性回归。线性回归是最常用的统计方法，因为标记的决定系数（R^2）可解释与标记连锁的 QTL 所产生的表现型变异。该方法无需完整得到连锁图，仅需基本的统计软件程序即可完成。该方法的主要不足是，QTL 离标记越远，检测到的可能性越低。因为标记和 QTL 间可发生重组，从而低估 QTL 效应。利用覆盖全基因组的大量的分离 DNA 标记（标记区间小于 15 cM）可弱化这两个问题。

单标记分析的结果常常用表格形式表示，表明含有该标记的染色体（如果已知）或连锁群、概率值、QTL 所解释的表现型变异百分率（R^2）（表 2-7）。QGene 和 MapManagerQTX 是进行单标记分析常用的计算机程序。

表 2-7　利用 QGene 通过单标记分析方法分析与 QTL 有关的标记

标　记	染色体或连锁群	P 值	R^2
E	2	<0.000 1	91
F	2	0.000 1	58
G	2	0.023 0	26
H	2	0.570 1	2

（资料来源：Nelson，1997）

简单区间作图（SIM）方法是利用连锁图谱同时分析染色体上成对的相邻连锁标记所在的区间，而不是分析单个标记。与单标记分析相比，利用连锁标记分析标记与 QTL 间的连锁统计效力更强。进行 SIM 分析的软件有 MapMaker/QTL 和 QGene。

现在，复合区间作图（CIM）在 QTL 分析中得到了广泛应用，该方法结合区间作图与线性回归，在统计模型中除了区间作图的 1 对相邻的连锁标记外，还包括另外的遗传标记。与单标记分析和区间作图相比，CIM 的主要优点是定位 QTL 更精确、更有效，存在连锁的 QTL 时更是如此。可进行 CIM 分析的软件有 QTL Cartographer、MapManager QTX 和 PLABQTL。

（1）解读区间作图结果。区间作图方法产生了相邻连锁标记间的 1 个 QTL 可能位置的概况，即 QTL 在某个连锁群上的位置。SIM 和 CIM 的统计测验的结果一般用 LOD 值或似然比统计量（LRS）表示。LOD 值和 LRS 值可以相互转换：$LRS=4.6 \times LOD$。LOD 或 LRS 轮廓线用于确定与连锁图谱有关的一个 QTL 最可能的位置，该位置为最高 LOD 所对应的位置，区间作图的典型输出为 x 轴表示含有标记的连锁群，y 轴为测验统计量（图 2-12）。

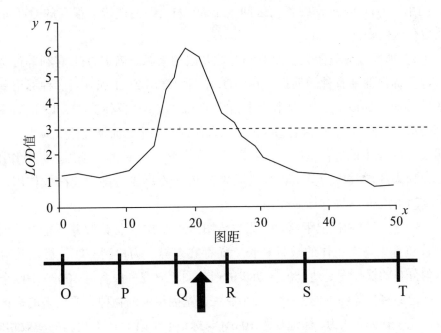

图 2-12 　显示 4 号染色体 LOD 轮廓的假想输出

在图 2-12 中，最大值的峰也必须超过一个特定的显著水平，以表明该 QTL 是"真"的，即达到统计上的显著性。一般使用排列组合法确定该阈值。简要地说，群体的表现型值被重新"洗牌"，而标记基因型值保持不变（打破所有的标记—性状关系），进行 QTL 分析，以确定假想的确定性的标记—性状关系水平。重复该过程（如 500 次或 1 000 次），根据假想的确定性的标记—性状关系水平来确定显著性水平。在排列组合法被广泛接受作为确定显著性阈值的方法前，LOD 值的阈值常常指定为 2.0 ～ 3.0（最常用的是 3.0）。

（2）QTL 置信区间。尽管 QTL 最可能的位置为检测到的最高的 LOD 或 LRS 值在图谱中的位置，QTL 确实存在一个置信区间。有几种方法计算置信区间，最简单的方法是 1 个 LOD 值所对应的区间，即 QTL 的 LOD 值峰值两侧各下降 1 个 LOD 值所对应的区间。确定 QTL 置信区间的另一种方法是"自助法"，可使用一些作图程序，如 MapManager QTX。

在分离群体中，与 QTL 位置有关的置信区间很宽，其可信性与单个数量性状位点的遗传力有关。假设一个典型性状的广义遗传力为 50% 左右，含 5 个效应相同的 QTL，每个 QTL 的遗传力为 10%。模拟表明，在 300 个个体的 F_2 群体中，这样的单个 QTL 的 95% 的置信区间大于 30 cM，即使遗传力很高的 QTL 也很难将置信区间降到 10 cM。

（3）加性效应值的大小及有利等位基因的来源。确定 QTL 有利等位基因的来源是标记辅助育种的前提。在 QTL 作图中常用 2、1 和 0 对 3 种标记基因型进行编码，如以 P_1、P_2 两个亲本衍生的 RIL 或 DH 群体为例，以 2、1 和 0 分别表示 P_1、F_1 和 P_2 的标记基因型，则在作图结果中，如果加性效应为正值，说明来自 P_1 亲本的等位基因起增效作用，来自 P_2 亲本的等位基因起减效作用；反之，如果加性效应为负值，则说明来自 P_1 亲本的等位基因起减效作用，来自 P_2 亲本的等位基因起增效作用。

（4）标记数和标记距离。一张遗传图谱所需 DNA 标记数并不绝对，因为标记数随着生物染色体的数目和长度而存在差异。为检测 QTL，标记相对稀少均匀分布的框架图是适合的，初步的遗传图谱研究一般含有 100 ～ 200 个标记，标记的多少与物种的基因组大小有关，基因组大的物种需要更多的标记。Darvasi 等（1993）认为，标记相距 10 cM 与标记数无限的 QTL 检测的功效相同，在标记相距 20 cM 或 50 cM 时仅有轻微的下降。

（5）图谱间的比较。所有的遗传图谱都是作图群体（来自两个特定亲本）和所用标记的产物，即使使用同一套标记构建遗传图谱，也不能保证所有的标记在不同的群体间均有多态性。因此，为了获取不同图谱间的相关信息，需要共同的标记。在作图群体中具有高度多态性的共同标记称为"锚定"标记（也称为"核心"标记）。典型的锚定标记有 SSRs 或 RFLPs。在特定的基因组区段中位置很靠近的特定描定标记组称为"箱"，其用于整合图谱，定义染色体上 10 ~ 20 cM 区段，其边界由一组核心 RFLP 标记定义。如果在不同的图谱上整合有共同的锚定标记，那么这些锚定标记可排列在一起产生"一致"图谱。通过合并不同基因型所构建的不同图谱而形成一致图谱，这样的一致图谱对有效构建新的图谱（标记均匀分布）或靶标作图相当有效。例如，一致图谱可指出哪些标记位于 QTL 所在的特定区段，从而用于鉴定该 QTL 更紧密连锁的标记。

物种、属或更高级分类内或分类间标记或基因的相似性或差异性的研究称为比较作图，包括分析图谱间标记顺序的保守性程度研究，保守的标记顺序称为"同线性"。保守作图有助于构建新的连锁图谱（或特定染色体区段的作图），以及预测不同作图群体中 QTL 的位置。一致比较图谱可指出哪些标记具有多态性，并指出连锁群及连锁群内标记的顺序。此外，比较作图可揭示不同分类群间的进化关系。

3. 影响 QTL 检测的因素

好多因素都会影响一个群体分离 QTL 的检测，如控制该性状 QTL 的遗传性质、环境因素、群体大小和试验误差。

控制该性状的 QTL 的遗传性质包括单个 QTL 效应的大小，表现型效应足够大的 QTL 才能检测到，表现型效应小的 QTL 可能达不到显著性阈值；另一个遗传性质是连锁 QTL 间的距离，紧密连锁的 QTL（20 cM 或更小）在典型的群体（< 500）中常常检测出一个单一的 QTL。

环境因素可对数量性状的表达产生很大的影响，做多地点、多时间（不同的季节和年份）的重复试验，便可以探究环境因素对性状 QTL 的影响，RI 或 DH 以及永久 F_2 适宜于这方面的研究。

最重要的试验设计因素是作图研究所用群体的大小，群体越大，定位结果越精确，越有可能检测到效应值小的 QTL。随着群体大小的增加，统计功效、基因效应的估值、QTL 所在位置的置信区间会不断提高。Beavis（1994）利用模拟数据以及衍生自 B73 × Mol7 组合的 $N=400$ 的玉米 F_3 家系，以确定不同因素对检测 QTL 功效的影响，以及估测 QTL 效应的精确性。他根据不同环境下的家系平均数，进行了株高 QTL 的定位：①全组 $N=400$；② 4 个随机 $N=100$ 的亚组。在作图群体 $N=400$ 时，检测到 4 个 QTL，在 $N=100$ 的亚组仅检测到 1 ～ 3 个 QTL。而且，单个株高 QTL 的 R^2 值在 N=400 时为 3% ～ 8%，在 N=100 时为 8% ～ 23%。玉米中其他的一些试验研究也获得了类似的结果。在 Melchinger 等（1998）的研究中，作图群体来自双亲本杂交衍生的 F3 家系，共检测到 31 个株高 QTL，但是同样亲本的较小而独立的群体（N=107）仅检测到 6 个株高 QTL。在 Schön 等（2004）的一个研究中，玉米测交 F$_{2:5}$ 家系（N=976）共检测到 30 个株高 QTL，而通过无替换的抽样获得的 N=488、244 和 122 的多个亚组检测到的平均 QTL 数分别下降到了 17.6、12.0 和 9.1。这些结果与模拟研究和分析结果（Xu，2003）一起表明，小的群体数将导致以下结果：①检测到的 QTL 少；②检测到的少数 QTL 效应高估。对于由 10 个非连锁 QTL 控制的性状，遗传力为 h^2=0.30–0.95，Beavis（1994）发现需要 N=500 以检测到至少一半的 QTL；对于 40 个非连锁的 QTL，则需要 N=1 000 以检测到 1/4 的 QTL。所检测到的 QTL 效应在 TV=100 时大大高估，在 N=500 时略有高估，并接近 N=1 000 的实际值。

试验误差的主要来源是标记基因分型中的错误和表现型鉴定中的误差，基因分型误差和缺失数据可影响连锁群标记间的顺序和距离。表现型鉴定的精确性对精确定位 QTL 至关重要，可信的 QTL 定位只能从可信的表现型数据中产生。进行重复的表现型测定，通过降低背景"噪声"来提高 QTL 定位的精确性。一些深入的研究包括鹰嘴豆抗褐斑病、菜豆细菌叶斑病和珍珠稗抗白粉病的大田和温室的表现型鉴定。

2.3.2 数量性状基因的精细定位

理论研究表明，影响 QTL 初级定位灵敏度和精确度的最重要因素是群体的大小。实际上，由于费用和工作量等原因，所用的初级群体不可能很大。况且群体很大也会给田间试验的具体操作和误差控制带来困难。由于群体大小的限制，无论怎样改进统计分析方法，也无法使初级定位的分辨率或精度达到很高，估计出的 QTL 位置的置信区间一般都在 10 cM 以上，不能确定检测到的一个 QTL 中到底是只包含一个效应较大的基因，还是包含数个效应较小的基因。其主要原因是在初级定位群体中，遗传背景复杂及没有足够的重组材料。为了提高 QTL 定位精度，在初级定位基础上，需发展次级分离群体以增加重组机会及消除遗传背景的影响。

用于 QTL 鉴定和定位的传统分析群体遗传背景复杂，很难对单个 QTL 进行准确鉴定和定位。为了提高准确性，一些研究者提出利用近等基因系、染色体片段代换系（chromosome segment substitution lines，CSSL）和导入系（introgression line，IL）等次级作图群体进行 QTL 作图。近等基因系将在第三章进行介绍。染色体片段代换系（CSSLs）或称导入系（IL），是在受体的遗传背景中代换某个或某些供体亲本的染色体片段。当代换系只代换来自供体亲本的一个染色体片段，而基因组的其余部分均与受体亲本相同时，则称为单片段代换系（single segment substitution line，SSSL）。单片段代换系是理想的代换系，当单片段代换系含特定基因时又称为近等基因系。由于 SSSL 与受体亲本只存在代换片段的差异，而遗传背景与受体亲本一致，与受体亲本间的任何差异理论上都是代换片段含有不同基因造成的，利用 SSSL 进行 QTL 定位时无需进行复杂的统计分析，可将复杂性状分解为单个孟德尔因子，因而受到遗传育种研究者的重视。目前，番茄、油菜、水稻等作物已建立了一些单片段代换系，用于各种数量性状 QTL 的鉴定和精细定位，并克隆了一些重要性状的 QTL。

在目标 QTL 区段建立高分辨率的分子标记遗传图谱，在亚厘摩水平分析目标 QTL 与标记的连锁关系，主要策略有单 QTL-NILs、染色体片段代换系或导入系以及基于重组自交系衍生的杂合自交家系（heterogeneous inbred family，HIF）或剩余杂合系（residual heterozygous line，RHL）。

NIL 为一组遗传背景相同或相近，只在个别染色体区段存在差异的株系。研究表明，含目标 QTL 的 QTL-NIL 群体是精细定位的理想材料。构建 QTL-NIL 的主要步骤是在 QTL 初步定位的基础上，通过高代回交，基于性状表现型和连锁标记基因型，对目标 QTL 区域进行前景选择，对非目标 QTL 区域进行背景选择，最后获得在一个亲本的遗传背景下携带一个或多个来源于另一个亲本的目标染色体片段的株系。因此，利用 QTL-NIL 可把基因组中的目的 QTL 分离而获得单个 QTL 近等基因系。CSSLs 即在受体亲本的遗传背景中建立供体亲本的"基因文库"，代换系覆盖全基因组且相互重叠。因两个相互重叠的代换系间杂交后代不出现性状分离（携带相同 QTL 后代不发生性状分离），从而可进一步缩小 QTL 区间。消除了大部分遗传背景的干扰及 QTL 之间的互作，可提高 QTL 定位的效率和精度。QTL-NIL 和 CSSLs 不仅可大大提高作图精度和效率，还可同时用于研究基因与环境及基因之间的互作。

利用 QTL–NIL 和 CSSLs 群体，水稻产量相关性状 QTL 的精细定位及克隆取得了较大进展。Li 等（2004）将千粒重 QTL gw3.1 定位于第 3 染色体的 93.8 kb 区间；Xie 等（2006，2007）将千粒重 QTL gw8.1 和 gw9.1 分别定位于第 8、第 9 染色体的 306.4 kb 和 37.4 kb 区间；Tian 等（2006）将每穗粒数 QTL 定位于第 7 染色体的 35 kb 区间，候选基因分析表明此区间包含五个基因。利用图位克隆法，Ashikafi 等（2005）克隆了位于第 1 染色体的每穗粒数基因 Gn1a。随后，第 3 染色体上对粒长和粒重具主效应的基因 GS31 及第 2 染色体上控制粒宽和粒重的基因 GW2 也被克隆。

RIL 是用单粒传法产生的，随着代数的增加，染色体上的大多数位点逐步纯合，杂合的位点逐渐减少，一般到 F_5 代就仅有 6.25% 的位点处于杂合状态。如果 RIL 群体足够大，就有可能在群体中找到目标位点不同而其他位置均处于纯合状态的几个类似株系。基于此，可以从 RIL 群体中选择在某个性状上具有明显差异的两个单株，通过杂交构建 NIL–F_2，这种方法无需知道目标 QTL 区间。近年来，在 QTL 初定位基础上，利用分子标记从重组自交系群体后代筛选在 QTL 目标区间呈杂合而背景纯合的 RHL，以构建 RHL 衍生 NIL 逐渐较多的用于 QTL 精细定位及相关性状 QTL 的遗传分解。RHL 相类似于 NIL 材料配对杂交的 F_1，自交后的群体在目标区间保持杂合而遗传背景基本纯合。RHL 兼具有多样性和同一性的特点，就同一目标 QTL 的同一组株系而言，它们的背景具有高度同一性，而组与组之间的株系背景却又存在较大差异，从而有丰富的多样性。此类群体的最大优点是群体的构建比通过回交构建 NIL 衍生群体容易，只需一次性地利用分子标记从高代 RIL 群体中筛选获得，时间短，花费少。Cheng 等（2007）利用 4 个 RHLs 将产量相关性状 QTL 定位于第 6 染色体短臂的 125 kb 区间。杜景红等（2008）利用 3 个 RHLs 衍生群体进一步将原初定位的产量相关性状 QTL 簇分解开并界定于较小的基因组区域。

1. 导入（代换）系的培育

（1）单片段代换系的构建与鉴定。单片段代换系是利用分子标记辅助选择技术建立起来的一套近等基因系，是在相同的遗传背景中导入供体亲本的染色体片段，如果代换系中只含有一个来自供体亲本的染色体片段，则称为单片段代换系。文献中有很多名词的含义与之相同，如单片段导入系、近等基因导入系、染色体片段导入系，等等。

染色体片段代换系一般是通过多代回交来建立的。具体步骤是将供体亲本与受体亲本杂交获得 F_1，以受体亲本作为轮回亲本，经过多代回交并进一步自交获得 BCnS，从 BCnS 中鉴定单片段代换系。

构建染色体代换系采用如下两种策略：①回交 1 ~ 2 代后连续自交，同时在低世代进行标记辅助选择；②高代回交后进行自交，在高世代借助标记选择。Jeuken 和 Lind-hout（2004）认为采用第二种策略的效率较高。

染色体单片段代换系的构建，最好是在已有的遗传图谱的基础上进行，以 PCR 为基础的 SSR 标记是一种理想的鉴定标记。下面介绍杨泽茂等（2009）利用第二种策略构建棉花染色体片段代换系的方法（图 2-13）。用生产上大面积种植的陆地棉中 221（中棉所 45）和海岛棉海 1 杂交高代回交，回交后代的家系数与 BC_1F_1 用于做回交父本的单株数目保持一致；然后对回交 4 代 BC_4F_1 家系用 SSR 标记检测。这样做有以下几个优点：①传统的 QTL 定位群体的构建一般很少考虑育种的需要，把 QTL 定位和育种隔离，利用高产的推广品种作为轮回亲本，具有优良纤维品质的海岛棉作为供体亲本，这样在定位 QTL 的同时可以获得生产上需要的高产、优质的品种（系），大大地缩短了育种年限；②培育代换系的标记是 SSR 标记，这种标记检测快速简单、多态性高；③在回交 4 代后每 5 cM 左右选一个 SSR 标记对 BQF 家系进行检测，既可以节约成本，又可以培育出大量的遗传背景比较简单的染色体片段代换系。其一，从回交 4 代开始检测相对从低代就开始检测节约了大量的人力物力；其二，每 5 cM 左右选一个标记相对常见的 10 cM 左右选一个标记检测更加精细，可防止残留片段的漏检，保证遗传背景的单纯；其三，对家系进行检测而不是单株，由于每个家系中都包括 20 棵以上的单株，通过扩大检测量保证了家系中含有更多的海岛棉导入片段，提高了工作效率。进一步构建染色体片段代换系，只需用在 BC_4F_1 家系中有多态性的标记对后代含海岛棉染色体片段少的单株进行选择，就可以获得覆盖棉花全基因组的染色体片段代换系，大大减少了标记检测的工作量，加快了构建速度。

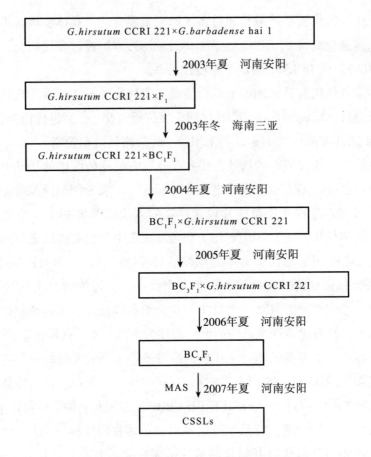

图 2-13 棉花 CSSLs 的构建方案

（资料来源：杨泽茂 等，2009）

轮回回交的主要目的是重建受体背景，以保持代换染色体不发生变化，所要求的回交代数是至关重要的。从理论上讲，经过几代回交之后应该能够恢复纯合性，并且含有不同数量的基因。一般回交 5 代后，在任何一个品系中平均都只有 50% 的受体基因可以纯合；回交 8 代后有 93% 的受体基因能够纯合。如果在最后一次回交后进行一次自交，那么回交 5 代后受体基因的平均纯合率可达 75%，回交 8 代后可达 96.5%。实际生活中，一般进行回交 8 代。但也有事例证明，即使回交代数减少，染色体代换系也能够予以鉴定。

单片段代换系片段长度的估计可在每一个代换片段的两端增加标记，检测入选单株与受体亲本间的多态性，直至检测到单株与受体之间无多态性的标记为止。以代换片段末端中有多态性的标记与无多态性的标记之间的中点为该末端的边界点，按照作物的微卫星标记连锁图中标记间的距离计算代换片段的长度。研究表明，随着回交代数的增加，导入片段数总的趋势是减少的，当回交世代高于 BC$_3$ 以后，导入片段数一般少于4个。若在没有标记辅助选择的情况下，BC$_3$ 代以后导入片段数趋于稳定，继续回交不能显著地减少片段数。同时也表明，随着回交代数的增加，导入片段长度是逐渐变短的，当回交世代高于 BC$_3$ 以后，导入片段平均长度均在 20 cM 以下。一般地，代换片段的平均长度随着回交和自交代数的增加而逐渐变短，且回交世代变短的速率（11.99%）比自交世代变短的速率（7.15%）要快。

单片段代换系具有如下特点：①单一性。每个单片段代换系的基因组内只含有一个来自供体亲本的染色体片段，且两端由分子标记界定，基因组的其余部分与轮回亲本相同。SSSL 内供体染色体片段的单一性，消除了遗传背景及 QTL 之间互作的干扰，便于鉴定出功能细小的 QTL；利用 SSSL 与受体表现型性状的简单比较，可以把目标性状 QTL 粗略定位于代换片段上；利用不同 SSSL 之间染色体片段的部分重叠性，可以把数量性状 QTL 定位到更小的区域内（重叠区或非重叠区内）（刘冠明 等，2003）。②稳定性。单片段代换系是一种永久性的分离群体，可以提供大量的种子用于多点、多年、多重复的实验，可以研究 QTL 与环境等的互作关系，并有效地消除环境误差，使 QTL 定位更精细、更准确。而 QTL 的精细定位为进一步的基因克隆奠定了基础。比如，把 SSSL 与不同的测验种杂交，即可研究 QTL 与遗传背景的互作。③单片段代换系可以通过再次回交，重组再分割成长度更短的片段，这样就可以对 QTL 进行精细定位。单片段消除了遗传背景的影响，大大提高了 QTL 定位的准确性和精确性，同时降低了效应较大的 QTL 对效应较小的 QTL 的遮盖作用，减少了 QTL 之间的互作，从而使微效 QTL 被检测出来。利用单片段代换系能把复杂性状分解为简单的孟德尔性状，从而提高 QTL 鉴定的精确度和灵敏度。何风华等（2005）利用单片段代换系检测的两个抽穗期等位基因的加性效应值都为 0.8，证明其具有较高的灵敏度。单片段代换系是用于 QTL 定位和克隆的重要试验材料，日本 RGP 克隆的 Hd1、Hd6 和 Hd3a 等抽穗期 QTL 就是以代换系为试验材料的。通过构建代换片段小重叠区的单片段代换系群体，还可以对基因特别是 QTL 进行精细定位。因此，单片段代换系是进行基因分析（特别是 QTL 分析）的理想材料。

与传统的基因效应分析方法相比，利用 SSSL 进行基因效应分析变得非常简单。加性和显性效应的计算，只需要比较 SSSL 的纯合体、杂合体及受体三者在某一数量性状上表现型的差异；上位性效应的分析，只要把两个纯合的 SSSL 杂交，调查其后代群体内各单株不同标记基因型间目标性状表现型的差异。

（2）片段代换系重叠群。"重叠"片段代换系（contiguous segment substitution lines，CSSLs）是导入片段能相互重叠或衔接并最大限度地覆盖供体基因组的特异导入代换系。重叠片段代换系也称染色体 SSSL 文库，理想的 SSSL 文库应由许多带有来自供体的不同染色体片段的 SSSL 构成，各个 SSSL 之间所带的供体染色体片段应有适当的重叠，所有片段的总和应覆盖供体的全基因组。要获得这样的 SSSL 文库，最快捷、最有效的方法是通过连续回交，并通过 MAS 全程跟踪选择。对于一个全长为 1 500 cM 的基因组来说，假设要求每个代换片段长为 10 cM，且相邻片段首尾相接、没有重叠，则需建立 150 个代换系才能覆盖整个基因组。这只是一个理论下限，实际情况要复杂得多。要建立一套理想的代换系重叠群，在实践上还是有相当难度的。

SSSL 文库是一个永久的优良作图群体，可重复进行表现型鉴定。一套覆盖全基因组的 SSSL 可以用于全基因组 QTL 的检测与剖析。SSSL 文库的构建使 QTL 定位研究和常规育种有机地结合了起来，使 QTL 分析的理论研究结果可以尽快用于育种实践。

在水稻中，相关研究人员已建立了包括品种间、亚种间以及种间导入系或代换系。尽管大多导入代换系在导入片段的来源、单一性和覆盖基因组程度上存在差异，但在 QTL 分析、精细定位以及重要现象的遗传研究等方面已显示出较好的应用前景。陈庆全等（2007）利用来源于测序品种日本晴和珍汕 97B 杂交并多次与珍汕 97B 回交的高世代群体，结合均匀分布于水稻全基因组的 SSR 标记分析，最终获得了 88 份基础导入系。它们的遗传背景与珍汕 97B 相同，绝大部分导入系仅含有一个来源于日本晴的染色体片段，且各个导入片段间能最小程度重叠，重叠后的导入片段覆盖了粳稻品种的全基因组。另外，人们也可以用一个受体亲本和多个供体亲本杂交，构建随机单片段代换系，再通过与受体亲本相对照来对代换片段进行鉴定。比如，余四斌等（2005）以珍汕 97B 和 9311 为受体材料，以国际上征集的 150 多份优良品种为供体亲本，最终获得以珍汕 97B 为遗传背景的代换系有 3 700 份，以 9311 为背景的代换系有 2 500 份左右，其来源的供体数目不等。这些研究成果对于 QTL 定位及精细定位、大规模地鉴定和发掘新基因、培育适合各生态环境的育种材料和优良新品种、建立高效的分子标记育种体系等，都具有非常重要的利用价值。

SSSL 文库实际上是在受体的遗传背景上，构建供体的基因组活体文库。如果受体亲本选用的是生产上正在推广的优良品种，供体是具有特殊农艺性状的种质，那么最终的 SSSL 将是某个性状得到改良的原品种；如果用多个具有不同性状的供体与同一个受体杂交，并从中同时选择 SSSL，那么将来得到的所有 SSSL 的集合，即构成该作物的活体基因文库。该文库中包括该作物栽培种中的绝大部分有利基因。这样的 SSSL 文库可以作为一个较高层次的材料平台，对进一步的遗传理论及育种研究具有非常重要的意义。

2. 次级群体库的利用

次级群体系与受体品种的差别主要集中在少数几个染色体区域内，因此它们之间的任何表现型性状的差异都与这几个染色体片段有关。由次级群体系发展的分离群体只在亲本间有差异的染色体区段发生分离，可以有效地消除遗传背景的干扰。因此，次级群体库内的遗传上稳定的次级群体系以及由这些品系发展的分离群体是进行 QTL 鉴定、QTL 精细定位、QTL 互作、图位克隆、品种改良等方面研究的良好材料。

（1）QTL 鉴定。Eshed 和 Zamir（1994）用一种回交和自交结合的方法，借助 350 个 RFLP 标记，在栽培番茄的遗传背景上构建了野生绿果番茄的单片段导入系（ILs）群。他们共选出了 50 个带有单个导入片段的 ILs，平均每个导入片段长 33 cM，覆盖番茄全基因组的 1 200 cM。这些 ILs 可以看作是在番茄栽培种的遗传背景上构建的野生番茄的基因组文库，ILs 之间的任何表现型性状的差异都与唯一的导入片段有关。他们进一步利用 ILs 与受体亲本之间的适合性测验，检测出 23 个番茄的可溶性固形物 QTL 和 18 个番茄果实体积 QTL。其中，检出的 QTL 数是用传统作图群体检出的 QTL 数的两倍。

通过 t 检验比较单片段代换系与受体亲本之间在某个性状上的差异，统计测验时以 $a=0.001$ 为阈值，即 $P \leqslant 0.001$ 时认为代换片段上存在该性状的QTL。QTL 的命名遵循 McCouch 等（1997）制定的原则。

参照 Eshed 等（1995）的方法估算 QTL 的加性效应值及加性效应百分率。所用计算公式为：

加性效应值 = （单片段代换系表型值 – 受体亲本表型值）/2

加性效应百分率 = （加性效应值 / 受体亲本表型值）× 100%

因为有些单片段代换系的代换片段是相互重叠的，如果在含有重叠代换片段的不同单片段代换系中都鉴定出某个性状的 QTL，则认为 QTL 位于代换片段的重叠区段上；如果在一个单片段代换系的代换片段上检出了抽穗期 QTL，在代换片段与其相互重叠的另一个单片段代换系中未检出，并且这两个单片段代换系的供体亲本相同，则认为 QTL 位于非重叠的区段上。

（2）QTL 精细定位。在高代回交 QTL 分析法的基础上，Paterson 等（1990）提出了渗入系作图群体进行 QTL 精细定位。Yamamoto 等（1998）利用 128 个 RFLP 标记对全基因组进行筛选，跟踪目标片段，通过自交和回交的方法构建了水稻抽穗天数的 NILs，并在 BC_3F_2 世代对抽穗天数 QTL-Hd1、Hd2、Hd3 进行了精细定位，基因与分子标记之间的距离均小于 0.5 cM。同样，Yamamoto 等（2000）用 NILs 鉴定出了水稻抽穗天数的另一个 QTL-Hd6，并对其进行了精细定位，有 5 个 RFLP 标记与 Hd6 共分离，基因距离两端的分子标记均为 0.5 cM。Morma 等（2002）利用 NILs 群体，将水稻的抽穗天数 QTL-Hd3 分解为两个效应不同的 QTL:Hd3a 和 Hd3b，并分别对其进行了精细定位。Li 等（2002）利用 NIL 发展的群体对栽培稻 F_1 花粉不育基因座 S-b 进行了精细定位，S-b 与其最近的 STS 标记 R830STS 的遗传距离为 3.3 cM。

（3）QTL 互作。为研究非等位基因间的互作（上位性），可构建互交 IL 文库。Yamamoto 等（1998）用分别带有水稻抽穗天数 QTL-Hd1、Hd2、Hd3 的 3 个 NILs 相互杂交，研究了 3 个 QTL 之间的互作。结果表明，Hd1 和 Hd2、Hd2 和 Hd3、Hd1 和 Hd3 之间均存在上位性互作。进一步的研究表明，在田间条件下，水稻的抽穗天数 QTL-Hd2 对另一个抽穗天数 QTL-Hd6 也有上位性互作效应，即 Hd2 的存在可以掩盖 Hd6 延长抽穗天数的特性。

（4）QTL 克隆。Yano 等（2000）用含有 1 505 个单株的 NILs 群体对水稻的光敏感 QTL-Hd1 进行了图位克隆，Hd1 被定位在 12 kb 的范围内。进一步分析表明，Hd1 基因与拟南芥中的开花期基因相似。Takahashi 等（2001）利用 NILs 对水稻的光周期敏感 QTL-Hd6 进行了图位克隆，把 Hd6 界定在 26.4 kb 的基因组区域内，Hd6 编码蛋白激酶 CK2 的一个亚单位。Blair 等（2003）用含有 1 016 个单株的 NILs 群体把水稻的抗白叶枯病基因 *Xa*5 定位在 70 kb 的范围内，该区域内包含 11 个 ORF。Gu 等（2004）用含有 2 369 个单株的 NILs 群体，对水稻的白叶枯病抗性基因 *xa*27（t）进行了精细定位，*xa*27（t）位于第 6 号染色体长臂上分子标记 M1081 与 M1059 之间。用染色体着陆法把 *Xa*27（t）定位在 0.052 cM 的基因组范围内，处于分子标记 M964 和 M1197 之间，与分子标记 M631、M1230 和 M499 共分离。

（5）基因效应分析。纯合的单片段代换系可以同时被种植在几个环境中，用于研究代换片段上的 QTL 与环境的互作效应；还可以把 SSSL 与不同的测验种杂交，用于研究代换片段内的 QTL 与遗传背景的互作。比较单片段代换系的纯合体、杂合体及受体三者在某一数量性状上表现型的差异，可以研究代换片段上的基因的加性和显性效应；把两个纯合的 SSSL 杂交，还可以研究基因的上位性效应。刘冠明等（2004）基于 SSSL 的 QTL 分析方法，计算了 57 个 QTL 的加性效应百分率，有 15 个 QTL 的加性效应百分率大于 10%，30 个 QTL 的加性效应百分率为 3% ~ 10%，另外 12 个 QTL 的加性效应百分率小于 3%。黄益峰（2006）分析了 SSSL 聚合后片段之间的互作关系，其中长粒与长粒的聚合系在粒长性状上具有变长的趋势。

（6）品种改良。利用遗传背景相同的 SSSL 之间杂交，可以将不同代换片段上的多个优良基因快速聚合，培育出具有更多优良性状的新品种。Bemacchi 等（1998）用 AB-QTL 法定位的番茄 15 个基因组区段作为目标，通过 RFLP 标记辅助选择，建立了 23 个仅含有单个供体染色体片段的 NILs，并进一步对这些 NILs 的 7 个性状的 25 个数量性状因子进行了效应分析。其中，有 22 个（88%）数量性状因子的表现型得到了不同程度的改良。Shen 等（2001）依据早代用 DH 群体对水稻根部性状 QTL 定位的结果，通过标记辅助选择和回交跟踪 4 个目标区段，构建了水稻根部性状的 29 个 NILs；其中，1 个 NILs 可以明显改良轮回亲本 IR64 的根部性状，3 个 NILs 可以明显改良深水根重，1 个 NIU 可以明显改良最大根长。

由于其遗传背景单一，CSSLs 也成了研究杂种优势的理想材料。为定位对杂种优势有贡献的位点，CSSLs 文库与测验亲本杂交建立 CSSLs F_1 文库，此时每个渐渗片段均处于杂合状态，对这种 F_1 IL 文库进行表现型鉴定，确定由特定渐渗片段所引起的杂种优势效应。余传元等（2005）还利用以粳稻品种 Asominori 为背景、籼稻品种 IR24 为供体的染色体片段置换系群体的 63 个株系，构建了一套以广亲和粳稻品种 02428 为父本的杂种群体，对产量及产量构成性状的杂种优势效应进行研究。结果表明，产量和产量构成性状的亚种间杂种优势水平在染色体片段上存在差异。利用全基因组染色体片段置换系研究杂种优势有多方面的优点：一是可排除遗传背景的影响，在全基因组鉴定出具有杂种优势效应的染色体区段，并逐个研究不同区段杂种优势的遗传基础；二是可将目标染色体区段任意组合，研究不同染色体区段基因间或基因簇间的互作效应，排除非目标染色体区段基因互作；三是可直接定位杂种不育基因座，杂种劣势染色体区段和表达不利杂种优势的区段（如生育期与株高过度超亲等），从而指导分子育种家采用染色体区段置换的方法，利用作物种间和亚种间全基因组的杂种优势；四是如采用生产上广泛应用的杂交种的亲本作受体或背景亲本，导入带有目的基因的染色体片段，这种置换系就能作为杂交种的优良亲本加以利用。

3. 单个 QTL 的精细定位

为了精细定位某个 QTL，必须使用含有该目标 QTL 的染色体片段代换系或近等基因系（简称为"目标代换系"）与受体亲本进行杂交，建立次级实验群体。在染色体片段代换系与受体亲本杂交的后代中，仅在代换片段上存在基因分离，因而 QTL 定位分析只局限在很窄的染色体区域上，消除了遗传背景变异的干扰，这就从遗传和统计两个方面保证了 QTL 定位的精确性。例如，日本曾成功地应用染色体片段代换系对一个水稻抽穗期主效 QTL 进行了精细定位，分辨率超过 0.5 cM。

精细定位目标 QTL 的程序如下：①将目标代换系与受体亲本杂交，建立仅在代换片段上发生基因分离的 F_2 群体（次级群体）；②调查 F_2 群体中各单株的目标性状表型值；③筛选目标代换系与受体亲本间（在代换片段上）的分子标记；④用筛选出的分子标记检测各单株的标记型（marker-type，即分子标记的基因型）；⑤联合表现型数据和标记型数据进行分析，估计出目标 QTL 与标记间的连锁距离。在初级定位中所用的 QTL 定位方法均可用于精细定位中的数据分析。由于精细定位的精度达到亚厘摩水平（< 1 cM），因此为了检测到重组基因型，F_2 群体必须非常大（通常 > 1 000）。

染色体片段代换系一般通过多代回交来建立。在回交过程中，为了对目标 QTL 所在的染色体区段进行选择，首先必须对该 QTL 进行初级定位，然后通过连锁标记进行跟踪选择，亦即进行标记辅助选择。很显然，标记辅助选择的可靠性依赖于 QTL 初级定位的准确性。这种建立目标染色体片段代换系的方法一般只适用于一些效应大的 QTL，因为只有效应较大的 QTL 才能被较准确地定位。

在目标 QTL 区域上能否找到分子标记是进行精细定位的一个限制因素。为寻找分子标记，往往需要进行大量的筛选。例如，在对控制番茄果重的主效 QT *fw*2.2 的精细定位中，用 600 个引物才筛选到两个 RAPD 标记。不过，用 AFLP 这种高效的 DNA 标记技术，在目标 QTL 区域上找到 DNA 标记应该不会十分困难。

4. 全基因组 QTL 的精细定位

针对单个目标 QTL 建立染色体片段代换系的方法只适用于效应较大的 QTL 的精细定位，而且非常费工费时。要系统地对全基因组的 QTL 开展精细定位，就应该建立一套覆盖全基因组的、相互重叠的染色体片段代换系，也就是在受体亲本的遗传背景中建立供体亲本的"基因文库"，或称之为代换系重叠群。在番茄、十字花科植物以及水稻等作物中已经建立了代换系重叠群。

要应用代换系重叠群系统地对某数量性状进行 QTL 的精细定位，首先必须进行代换系鉴定试验，即将所有代换系进行多年、多点重复试验，以受体亲本为对照，如鉴定代换系的目标性状均值与受体亲本差异显著，则代换片段上应带有目标性状 QTL，这样的代换系称为目标代换系。对目标代换系的分析方法与 QTL 精细定位中介绍的相同，只是这里所面对的是许多目标代换系，所以工作量是非常巨大的。除了将各个目标代换系分别与受体亲本进行杂交之外，也可以在不同目标代换系之间进行杂交。这样做有两个好处：一是进一步缩小 QTL 位置的区间。如果两个相互重叠的代换系杂交，后代不出现性状分离，则说明它们所带的 QTL 是相同的，且位于它们的重叠区内；如果发生分离，则说明它们所带的 QTL 是不同的，分别位于各自特有的区域（即非重叠区）上（图 2-14）。二是可以研究不同 QTL 间（或代换片段间）的相互作用（上位性效应）。需要指出的是，有的代换系在鉴定试验中与受体亲本间没有表现出显著的差异，但在代换系间杂交中却表现出效应，这说明它实际上含有 QTL，只是该 QTL 在单独存在时没有效应（不存在主效应），而必须与某个（些）别的 QTL 共同存在时才表现出表型效应（上位性效应）。

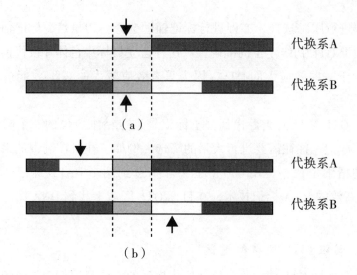

图 2-14　两个相互重叠的代换系间杂交可进一步缩小 QTL 位置的区间

注：（a）为两代换系所带的 QTL 相同且位于重叠区内，后代不出现性状分离；（b）为两代换系所带的 QTL 不同，分别位于各自特有的区域（即非重叠区）上，后代出现性状分离。

2.4　基因整合与聚合

2.4.1　基因转移

基因转移（gene transfer）或基因渗入（gene transgression）是指将供体亲本（一般为地方品种、特异种质或育种中间材料等）中的优良基因（即目标基因）渗入受体亲本遗传背景中，从而达到改良受体亲本个别性状的目的。育种过程中采用分子标记技术与回交育种相结合的方法，可以快速地将与分子标记连锁的基因转移到另一个品种中。在这一过程中，可同时进行前景选择和背景选择。

通过与目标基因紧密连锁的标记做前景选择，跟踪供体基因是否转移到后代，同时利用染色体上均匀分布的分子标记做基因组背景选择，使目标等位基因在回交过程中处于杂合状态，而其他位点的基因型与轮回亲本相同。从回交一代中选择一些染色体纯合而目标基因是杂合的个体，进行再次回交（可以回交多次）。对在以前世代中已检测是纯合的染色体，可少用或不用标记进行检测。前景选择的作用是保证从每一个回交世代中选出来作为下一轮回交亲本的个体都包含目标基因，而背景选择则是为了加快遗传背景恢复成轮回亲本基因组的速度，以缩短育种年限。理论研究表明，背景选择的这种作用是十分显著的。Tanksley 等研究表明，在一个个体数目为 100 的群体中，以 100 个 RFLP 标记辅助选择，只要 3 代就可使后代的基因型恢复到轮回亲本的 99.2%，而随机选择则需要 7 代才能达到这个效果。背景选择的另一个重要作用是可以避免或减轻连锁累赘这个长期困扰作物育种的难题。连锁累赘是指目标基因与其他不利基因间的连锁，使回交育种在导入有利基因的同时也带入一部分不利基因，常常造成性状改良后的新品种与预期目标不一致。传统回交育种难以消除连锁累赘的主要原因是无法鉴别目标基因附近所发生的遗传重组，因而只能靠碰巧来选择消除了连锁累赘的个体。利用高密度的分子标记连锁图就能够直接选择在目标基因附近发生了重组的个体。理论上，若目标基因的片段在 2 cM 的标记区间内，通过连续两个世代，每轮对 300 个个体进行分子标记分析，即可达到目的基因被转移、其他供体染色体片段被排除的目的。然后对这些回交个体进行自交，就可以得到目标株系。在整个分析过程中，还可以用相关基因型方法监测基因组的变化，指导后代株系的自交或与轮回亲本的杂交。另外，由于可进行早期（如苗期）的分子标记分析，可以大量减少每个世代植株的种植数量。当然，应用分子标记消除连锁累赘的一个重要前提是必须对目标性状进行精细定位，找到与目标基因紧密连锁的分子标记。

　　需要指出的是，尽管利用分子标记对背景选择的效率很高，但在育种实践中应将育种家丰富的选择经验与标记辅助选择相结合，依据个体表现型进行背景选择的传统方法仍不应抛弃。此外，基因定位研究与育种应用脱节是限制分子标记辅助选择技术应用到育种中的一个主要原因。大部分研究的最初目的都是为了定位目标基因，在实验材料选择上只考虑研究的方便，而没有考虑与育种材料的结合，致使大部分研究只停留在基因定位，未能应用到育种实践中。为了使基因定位研究成果尽快服务于育种，应注意基因定位群体与育种群体相结合。对于质量性状，其标记辅助选择的理论和技术都已比较成熟，今后研究的重点更应是实际应用。例如，在定位一个有用的主基因时，杂交亲本之一最好为一个已推广应用的优良品种，这样在定位目标主基因的同时，即可应用标记辅助选择，使原优良品种得到改良。

2.4.2 基因聚合

作物的有些农艺性状的表达呈基因累加作用，即集中到某一品种中的同效基因越多，则性状表达越充分。例如，把抗同一病害的不同基因聚集到同一品种中，可以增加该品种对这一病害的抗谱，获得持续抗性。基因聚合（gene pyramiding）就是利用分子标记技术，通过杂交、回交、复合杂交等手段将分散在不同供体亲本中的有利基因聚合到同一个品种中。为了提高基因聚合的育种效率，最好以一个优良品种为共同杂交亲本，以便在基因聚合的同时，也使优良品种在抗性上得到改良，既可直接应用于生产，又可作为多个抗病基因的供体亲本，用于育种。在进行基因聚合时，一般只考虑目标基因，即只进行前景选择而不进行背景选择。

基因聚合在作物抗病育种上的应用最为成功，植物抗病性分为垂直抗性和水平抗性两种。其中，垂直抗性受主基因控制，抗性强，效应明显，易于利用；但垂直抗性一般具有小种特异性，所以易因致病菌优势小种的变化而丧失抗性。如果能将抵抗不同生理小种的抗病基因聚合到一个品种中，那么该品种就具有抵抗多种生理小种的能力，亦即具有多抗性，不容易丧失抗性。多抗性还可指一个品种具有抵抗多种病害的能力，这同样也涉及聚合不同抗性基因的问题。传统的表现型鉴定和小种接种鉴定对试验条件和技术的要求较高，难以准确、快速地选择具有两个以上抗性基因的个体。借助分子标记技术，可以首先寻找抗病基因的连锁标记，通过检测与不同基因型连锁的标记来判断个体是否含有某一基因，这样不仅可以通过多次杂交或回交将不同抗性基因聚合在一个材料中，还可避免对不同抗性基因分别做人工接种鉴定的困难，是培育广谱持久抗性的有效途径之一。

2.4.3 全基因组选择

MAS 在应用中存在的一个问题是在构成表现型性状的所有变异中，分子标记辅助选择只捕获其中很有限的一部分变异，即主效基因所带来的那部分变异，而小效应累加起来所带来的变异却被忽视了。为了捕获构成表现型的所有遗传变异，其中的一个途径就是在基因组水平上检测影响目标性状的所有 QTL，并对其进行利用，这就是全基因组选择（genomic selection，GS）。

GS 首先利用测试群体 "training population" 中具有基因型和表现型的个体，基因型结合表现型性状以及系谱信息，建立数学模型，再把候选群体里的基因型数据代入数学模型中，产生基因组育种值估计值（genomic estimated breeding value，GEBV）。这些 GEBV 与控制表现型的基因功能无任何关系，但却是理想的选择标准。模拟研究表明，只依赖个体基因型的 GEBV 十分准确，并且已在奶牛、小鼠、玉米、大麦中得到证实。随着基因型检测成本的下降，GS 使个体的选择远远早于育种周期，将会成为动植物育种的一次革命。

全基因组选择的思路最早由 Meuwissen 等于 2001 年提出。全基因组选择简单来讲就是全基因组范围内的标记辅助选择。具体来说，就是利用覆盖整个基因组的标记（主要指 SNP 标记）将染色体分成若干个片段，即每相邻的两个标记就是一个染色体片段，然后通过标记基因型结合表现型性状以及系谱信息分别估计每个染色体片段的效应，最后利用个体所携带的标记信息对其未知的表现型信息进行预测，即将个体携带的各染色体片段的效应累加起来，进而估计基因组育种值并进行选择。

全基因组选择主要利用的是连锁不平衡信息，即假设每个标记与其相邻的 QTL 处于连锁不平衡状态，因而利用标记估计的染色体片段效应在不同世代中是相同的。由此可见，标记的密度必须足够高，以确保控制目标性状的所有的 QTL 与标记处于连锁不平衡状态。随着水稻、玉米、大豆等作物基因组测序及 SNP 图谱的完成，确保了有足够高的标记密度，而且大规模高通量的 SNP 检测技术也相继建立和应用（如 SNP 芯片技术等），SNP 分型的成本明显降低，因此使全基因组选择方法的应用成为可能。

基因组研究产生了一系列新的工具，如功能分子标记、生物信息学，能为育种提供高效和正确的统计和遗传信息，所有重要农艺性状基因的等位性、遗传机制、调控网络的解析，为全基因组选择提供了巨大的潜力。在全基因组层次建立性状与标记的关联性，进一步通过全基因组选择，有利于实现功能基因组研究与育种实践的有效结合。分子标记辅助选择育种将逐步进入全基因组选择育种时代，实现全基因组设计育种和选择。

第3章 分子标记辅助育种技术

3.1 分子标记辅助育种概述

3.1.1 分子标记辅助育种的内涵

1. 分子标记辅助育种的概念

分子标记辅助育种是一种利用与目标基因紧密连锁的分子标记，在杂交后代中鉴别和跟踪不同个体的基因型，显著提高选择准确性和育种效率的育种方法。因为分子标记育种必须与常规育种的田间选育相结合，所以又称为分子标记辅助选择（marker-assisted selection，MAS）。其可作为鉴别亲本亲缘关系、回交育种中数量性状和隐性性状的转移、杂种后代的选择、杂种优势的预测及品种纯度鉴定等各个育种环节的辅助手段。

2. 分子标记辅助育种的优点

选择是指在一个群体中选择符合需要的基因型，它是育种中最重要的环节之一。要提高选择的效率，最理想的方法是能够直接对基因型进行选择。传统的选择方法有多方面的不足：

（1）时间上的限制。许多重要性状必须在个体发育后期或成熟期才得以表现（如果实的产量和品质），因而对这些性状的选择在苗期无法进行，所以只能等到后期进行，这对于生活周期长的植物（如树木）显然是不利的。

（2）空间上的限制。有些性状的表现需要特定的环境条件，如抗病性的鉴定需要人工接种以及合适的温度和湿度，若条件不满足，则性状不能充分表现，从而影响选择的可靠性。

（3）技术上的限制。有些性状（如生理生化性状）的表现型测量难度大、成本高，而且往往误差较大。有的还可能会对生物体造成很大伤害，甚至死亡。因此，对这些性状的表现型选择非常困难，甚至无法进行。另外，尽管表现型选择对质量性状一般是有效的，但对于数量性状而言，由于其表现型与基因型之间没有明确的对应关系，因此表现型选择的效率通常较低。

与传统的表现型选择相比，MAS 的优点如下：

（1）比表现型筛选简单，可节约时间、资源和精力。经典例子是一些测定困难和费力的性状，如小麦中的禾谷类胞囊线虫病和根结线虫病，以及测定费用昂贵的品质性状。

（2）苗期即可选择，这对发育后期表达的性状尤其有益，由此非理想的基因型可很快剔除。

（3）可选择单株。利用传统方法鉴定许多性状时，需种植家系或小区，因为受环境因素的干扰单株选择不可靠。而借助 MAS，可基于基因型选择单株。对于大多数性状，通过传统的表现型鉴定不能区别纯合和杂合的植株。

（4）基因聚合（genepyramiding）或同时组合多个基因。

（5）避免了不利或有害基因的转移（连锁累赘，在进行野生物种的基因渐渗时尤其如此）。

（6）低遗传力性状的选择。

（7）不能进行表现型鉴定时的特定性状的测试（如检疫限制可阻止外来病原体用于筛选）。

植物育种中的 MAS 的研究和应用主要有以下四个方面：

（1）通过传统表现型选择难以处理的性状，这些性状鉴定过程较为复杂、代价较高，外显度低或遗传行为复杂。

（2）目标表现型的表达依赖特定的环境或发育阶段的性状。

（3）在回交过程中或为加快回交育种而需要保持隐性等位基因。

（4）聚合多个单基因性状（如抗病虫性或品质性状）或遗传复杂的单个目标性状的多个 QTL（如耐旱性或其他适应性状）。

3. 分子标记辅助育种的重要性

由分子标记育种的概念和特点可知，分子标记育种是在育种群体里对个体基因型的直接选择，在育种手段和方法上给作物育种带来了一场革命，这是吸引众多作物遗传育种家致力该方面研究的主要原因。归纳起来，分子标记辅助育种的主要作用有以下几方面：

（1）对育种材料特别是骨干亲本优异性状的遗传基础进行分子鉴定。通过分子鉴定了解骨干亲本含有的特异基因，分析这些基因传递与性状表达的关系，可为配制易出品种的优势组合奠定基础。

（2）对表现型测量在技术上难度很大或费用很高的质量性状进行分子标记检测，以节约时间、降低成本。例如，黄淮麦区小麦锈病、白粉病、赤霉病等主要病害，虽然都受寡基因控制，但由于致病生理小种多、变异快，大田控制费工费时，且不易准确鉴定。而分子标记辅助选择不仅效率高，而且可同时进行多个抗病基因 QTL 的鉴定。

（3）对表现型只能在生长发育后期才能调查的性状进行分子标记辅助选择。例如，小麦的单株成穗数、穗粒数和落黄性等产量性状；籽粒硬度、面团稳定时间和面包体积等品质性状都必须在小麦接近成熟或收获后才能测定，而对这些性状的基因 QTL 检测在苗期就可进行。

（4）对某些隐性或遗传力低的性状进行分子标记辅助选择。例如，品种单位面积的成穗数对产量结构来说非常重要，但遗传力较低，用分子标记辅助方法在 F_1 和 F_2 代就可对高成穗数进行选择，在早期保留尽量多的高分蘖成穗率株系，以便在后代选育出高成穗率品种。

（5）对控制同一数量性状的多个位点进行分子标记检测。多基因控制的数量性状由于表现型和基因型之间缺乏明确的对应关系，单个基因的分子标记（尽管是功能标记）或 QTL（尽管为效应值很高的主效 QTL）都很难在育种中有实际应用。但对于某个性状多个基因位点的有利基因的共同标记或聚合，分子标记辅助选择还是比较可行的。

（6）对生产上主推的优良品种进行优异基因的鉴定分析。生产上推广面积很大的主推品种一般都有优良的农艺性状，该类品种的遗传基础如何、是哪些基因的作用或聚合作用导致了优良的表现型性状，用分子标记进行多位点（或多基因）检测鉴定，不仅可以对该类品种成功选育进行总结，而且能为该类品种作为优异基因供体培育更高产品种提供参考。

总之，传统的常规育种是通过田间表现型进行基因型的选择，其盲目性和随机性不可避免。因此，育种家为了选育综合性状优良的个体，往往都是大量配置组合（较大的课题组一般每年配置 1 000 个以上），海量种植选择世代群体（每个课题组一般需要几公顷土地），尽量多地选留株系（担心材料丢失，组合或株系都存在难取舍的问题），导致工作量大且育种效率较低。据统计，大多数常规育种组选育出品种的组合与杂交组合的比率只有千分之一，形成品种的株系与各代选择株系的比例只有百万分之一，大大浪费了人力与物力。而分子标记育种利用目标基因可追踪的特点直接对基因型进行选择，在组合配置、F_1 选留及其后代种植规模上都会根据目标基因 QTL 的有无或聚合情况预先设计和具体实施。因此，分子标记辅助育种可大大提高育种效率，加快育种进程，一般可节省 50% 左右的人力、物力，缩短 1 ～ 2 年的育种年限。

3.1.2　分子标记辅助育种中标记的开发

在初步遗传作图研究中，所鉴定出的标记不进行进一步的测试或进一步的开发就很难适用于标记辅助选择。在用于 MAS 程序前不充分测试标记就不能可靠地预测基因型，因而是无效的。一般而言，用于 MAS 标记的开发包括高精度作图、标记的确认以及标记的转换（图 3-1）。Bohn 等在 2001 年提出用交叉验证（CV）和独立样本验证（IV）分析方法对 QTL 效应和标记 QTL 的遗传方差进行无偏估计。

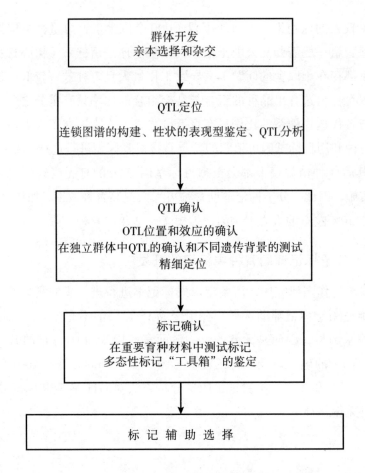

图 3-1　标记开发路线图

（资料来源：Bertrand C Y Collard and David J Mackill, 2008）

1.QTL 的精细定位

QTL 定位的初步目标是产生均匀覆盖整个染色体的综合的"框架"，以鉴定控制性状的那些 QTL 两侧的标记。不过还需要其他几个步骤，因为即使一个 QTL 两侧最近的标记也不一定与感兴趣的基因紧密连锁，这意味着标记与 QTL 间发生了重组，从而降低了标记的可靠性与有效性。利用较大的群体和较多的标记，可鉴定更紧密连锁的标记。该过程称为"高精度定位"（也称为精细定位）。因此，QTL 的高精度定位可用于开发 MAS 的可靠标记（标记与基因间至少 < 5 cM，理想的为 < 1 cM），也用于区别单个的基因或几个连锁的基因。

高精度定位所需的最适群体大小并无通用的量值，不过已经用于高精度定位的群体大小至少由 1 000 个个体组成，从而保证 QTL 与两侧标记间的距离 < 1 cM。

附加标记的作图可饱和框架图谱。每个引物组合产生多个位点的高通量技术（如 AFLP）常为增加标记密度的首选（图 3-2）。BSA 也可用于鉴定与特定染色体区段连锁的标记，但框架图谱的范围可根据构建图谱的群体大小进行饱和。在许多情形下，所用分离群体太小，不能进行高精度定位，因为较小的群体比较大的群体的重组体少。

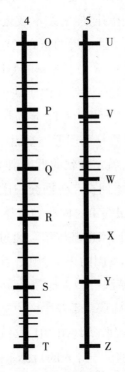

图 3-2　高精度连锁作图

（资料来源：Collard et al，2005）

图 3-2 利用其他的标记填补锚定标记间的缺口，在 QTL 附近（如 4 号染色体 Q、R 之间）鉴定其他的标记可用于 MAS。BAS 法也可用于靶标特定的染色体区段（5 号染色体的 V、W 间）。

特定染色体区段的高精度图谱也可利用 NIL 构建。NIL 与轮回亲本间表现多态性的标记表现为与目标基因连锁，可整合进入高精度图谱。

2.QTL 定位的确认

由于各种因素的影响，并且标记 – 性状关联（MTA）的大多数研究是基于两个自交系产生的分离群体，在这样的作图群体中检测到的遗传变异（尤其是在目标基因区域的重组模式）可能由于等位基因的多样性，在其他作图群体或育种群体中并不存在。因此，如果没有分子标记的进一步确认或精细定位，在单个作图群体中鉴定的 QTL 并不能自动地应用到与其并不相关的其他群体中。

QTL 定位研究应进行独立的确认或证实，这样的确认研究（即重复研究）使用 QTL 初步定位研究中所用的同样的亲本或近缘的亲本基因型构建独立的群体，有时使用更大的群体，而且最近的研究已经提出应在独立的群体中鉴定 QTL 的位置和效应，因为基于典型大小群体的 QTL 定位研究检测 QTL 的功效较低，QTL 的效应存在较大的偏离。然而由于缺少研究经费以及时间方面的限制，对需要确认的结果可能缺少理解，QTL 定位研究很少进行确认。

用于确认 QTL 的另一种方法是利用近等基因系（NILs）这种特殊类型的群体，NILs 通过供体亲本（如含有特定性状的野生亲本）与轮回亲本（如优良品种）杂交而获得，F_1 杂种与轮回亲本回交产生回交一代（BC_1），随后 BC_1 多次（如 6 次）与轮回亲本重复回交，最终 BC_7 除了包含感兴趣的基因或 QTL 的染色体区段外，实际上含有所有的轮回亲本基因组。通过 BC_7 植株的自交而获得纯合的 F_2 家系，同时为获得含目标基因的一个 NIL，在每个回交世代必须对其进行选择。利用标记对 NILs 进行基因分型，比较特定的 NIL 家系与轮回亲本的性状均值，QTL 的效应即可得到确认。番茄中的农艺性状、大麦抗叶锈病、大豆对线虫的抗性以及水稻中的磷吸收等均用 NILs 对 QTL 进行了确认。

NIL 作图的基本思路是鉴别位于导入的目标基因附近连锁区内的分子标记，借助分子标记定位目标基因。利用这样的品系可在不需要完整遗传图谱的情况下，先用一对近等基因系筛选与目标基因连锁的分子标记，再用近等基因系间的杂交分离群体进行标记与目的基因连锁的验证，从而筛选出与目标基因连锁的分子标记。近等基因系的基因作图效率很高，但一个近等基因系的培育耗费时间长。另外，许多植物很难构建其近等基因系，如一些林木植物既无可利用的遗传图谱，又对其系谱了解很少，几乎不可能产生近等基因系。

QTL 本质是一个统计意义上的座位，是以概率标准推测在基因组的哪些区段可能存在影响哪些数量性状的位点。而从遗传意义上阐明这些 QTL 包含哪些基因以及如何影响有关的数量性状仍有待验证。通常采用遗传互补测验或等位性测验来验证 QTL。若候选基因的不同基因型与相关 QTL 的表现型共分离，则可认为该候选基因就是该 QTL 的组分。例如，蔗糖酶基因与影响番茄果实中葡萄糖和果糖含量的一个 QTL Brix925 共分离，从而证实 Brix925 即 Lin5。另外，若候选基因的突变等位基因与相关 QTL 在功能上或数量上互补，则可推断其为非等位基因，若不能互补则为等位基因。比如，将携带 ORFX 基因的柯斯载体导入大果栽培番茄，转基因植株的果实重量显著降低，表明 ORFX 即番茄果重的 QTL $fw2.2$。以近年来不断涌现的模式生物单基因敲除系为测验种或直接分析其表现型，可为对应于 QTL 的候选基因或新基因提供较严格的遗传学证明。利用基因表达序列标签提供的信息也将有力地促进候选基因的发现和 QTL 的遗传鉴定。

目前，QTL 定位的方法适用于遗传基础狭窄的作图群体，如由两个近交系杂交而得的 F_2、BC、RI 和 DH 等群体。这类群体的每一座位上只可能有两种等位基因，遗传结构最为简单，但所得结果的局限性也最大，只可能发现双亲等位基因不同的 QTL。为了较全面地了解数量性状的遗传变异，必须扩大作图群体的遗传基础，如利用四向杂交、多系杂交构建作图群体和考虑复等位基因情形等。近年来，这些复杂群体的 QTL 定位方法已有了较大的发展。

3. 标记的确认

以前曾假设通过初步定位研究所获得的与 QTL 有关的标记可直接用于 MAS，现在已经广泛接受需要进行 QTL 确认或精细作图，尽管也有 QTL 初步定位数据通过随后的 QTL 定位研究后认为其具有很高的精确性。

一般而言，标记应通过测试其在具有不同遗传背景的另外的群体中决定目标表现型的有效性而确认，该过程称为标记确认，即标记确认包括测试标记预测表现型的可靠性。这决定了一个标记是否可以用于 MAS 常规筛选。

在大范围的品种和其他重要基因型中测试标记的存在而进行标记的确认，一些研究已经注意到假设在不同的遗传背景或不同的测试环境中存在标记 QTL 连锁的危险性，尤其是对于产量这样的复杂性状。即使是一个单一的基因控制某一特定的性状，也不能保证在一个群体中鉴定的 DNA 标记可用于不同的群体，尤其是当群体来自远缘的种质。对于在育种程序中最有用的标记，它们应能揭示大范围不同基因型亲本所衍生的不同群体中的多态性。

4. 标记转换

有两种情形的标记需要转换为其他类型的标记：再现有问题（如 RAPDs），标记技术复杂、费时或花费高（如 RFLPs 或 AFLPs）。再现问题可通过特定 RAPD 的克隆和测序而开发序列特异扩增区段（SCAR）或序列标签位点（STS）。SCAR 标记是稳健而可靠的，它们可检测单一的位点，有时表现为共显性。RFLP 和 AFLP 也可转换为 SCAR 或 STS 标记，利用由 RFLP 或 AFLP 标记转换而来的基于 PCR 的标记技术简单、花费时间少且费用低。STS 标记也可在近缘物种间转换。

3.2 分子标记辅助育种的设计

3.2.1 作物分子标记辅助育种须具备的条件

利用分子标记进行 MAS 育种可显著提高育种效率。但是要开展 MAS 育种，必须具备如下条件：

（1）分子标记与目标基因共分离或紧密连锁，一般要求两者间的遗传距离小于 5 cM，最好是 1 cM 或更小。

（2）具有在大群体中利用分子标记进行筛选的有效手段。目前，主要应用自动化程度高、相对易于分析、成本较小的 PCR 技术。

（3）筛选技术在不同实验室间重复性好，且具有经济、易操作的特点。

（4）应有实用化程度高并能协助育种家做出抉择的计算机数据处理软件。

由单基因或寡基因控制的质量性状的分子标记，更易用于 MAS 育种。对大多数数量性状遗传的重要农艺性状而言，若想利用 MAS 育种则必须具有精确的 QTL 图谱。这不仅需要将复杂的性状利用合适软件分成多个 QTL，并将各个 QTL 标记定位于合适的遗传图谱上，而且与是否有对该数量性状表现型进行准确检测的方法，用于作图的群体大小、可重复性、环境影响和不同遗传背景的影响，以及是否有合适的数量遗传分析方法等有关。这为筛选某一复杂农艺性状的 QTL 标记提出了更高要求，也增加了 MAS 付诸育种实践的难度。

3.2.2　分子设计育种

1.作物分子育种的发展步骤

传统育种过程中，育种工作者们潜意识地利用设计的方法组配亲本、估计后代的种植规模、选择优良后代。Peleman 等首先提出了"设计种"的概念，他认为以作物分子标记技术及生物信息学分析技术为支撑，作物分子育种的发展可分为以下三步。

第一步：定位有关农艺性状的所有位点。

为阐述主要的农艺性状的遗传基础，作图群体中的这些性状处于分离状态。为定位作物育种中所有的相关性状，人们更喜欢使用渐渗系（introgression line，IL）文库。近十年，在构建几种不同作物的渐渗系文库方面已经取得了相当多的进展，渐渗系文库在定位所有主要农艺性状的位点方面是一种特别有用的工具，主要优势在于可将复杂性状分成一组单基因位点，从而降低其复杂性。

在利用染色体单倍型鉴定感兴趣的每个位点的等位变异时，重要的是要确定那些位点的精确位置，IL 文库也提供了理想的起始材料：含有一个位点的各个系可与轮回亲本回交（如有必要可自交）以构建大的分离群体，借助该群体利用侧翼标记可鉴定渐渗片段内的重组体，通过鉴定这些重组体的表现型可高精度定位这些位点。

另一个精细定位的方法是借助模式植物种大量的序列信息，并与快速扩展的基因功能知识相结合，该知识通过利用植物种间的同线性（synteny）而与经济植物种联系起来，进可能开创出候选基因作图方法以及功能 SNP 标记。候选基因途径可为利用 IL 文库初定位的位点进行精细定位或图位克隆提供捷径。

连锁不平衡（LD）作图可对目的位点进行精细定位但风险较大，而且 LD 作图依赖表现型与位于性状位点附近中性多样性间的关联。由于该方法的复杂性以及存在一些风险，研究者更偏爱使用"靶标 LD 作图"，即一旦知道了每个位点的近似位置，LD 作图即可利用该位点所在区域的标记，鉴定与所研究表现型存在强烈关联的标记或单倍型，从而对目标位点进行精细定位。

第二步：目标位点等位变异的鉴定、评价。

目前，已有几种基于不同群体结构的策略揭示复杂性状的遗传基础，但由于这些位点存在等位变异，至今仍未能预测种质中这些基因所产生的表现型。一般而言，在一个分离群体中（F$_2$、BC、RIL、DH 和 IL 文库），每个位点仅有两个等位基因产生分离。所等位的理想表现型的基因仅能预测同一群体内或该位点分离出同样等位基因的群体内的表现型。为获得更为广泛的预测功效，人们应鉴别出目标位点所有的等位基因，并将表现型值与不同的等位基因相关联。

关联分析方法是同时定位基因与等位基因的捷径，不过确定目标位点等位变异更好的方法是利用标记单倍型。利用某个位点内的一组紧密连锁的标记，所有标记的组合理论上可以区别该位点上所有不同的等位基因。例如，莴苣的抗性表现型与最大抗性基因簇的标记单倍型间存在高度相关。

该方法推广至全基因组即可能产生完整的"染色体单倍型"。假如可利用标记使基因组达到高水平的饱和，则这些染色体单倍型可确定基因组中任何位置的等位变异。例如，在利用 IL 文库结合靶标 LD 作图对重要农艺性状基因进行精细等位后，这些染色体单倍型可用于确定那些位点的等位变异。

一旦鉴定出目标位点的等位变异，就有必要将表现型值归因于不同的等位基因。为达到此目的，在该位点携带不同等位基因的自交系需要进行完全的表现型鉴定。对于多基因性状，可预先选择携带不同位点等位基因组合的品系用于表现型鉴定。

简单作图群体的位点作图与利用家系的染色体单倍型确定等位基因、表现型鉴定相结合为最优开发利用种质提供了最有效的途径。

第三步：设计育种。

目标农艺性状所有位点的图谱位置、位点等位变异及其对表现型的贡献等方面的知识，使育种家有可能设计出在所有位点均含有利等位基因组合的优异基因型。因为所有重要的位点都已精确定位，利用侧翼标记就可精确地选择重组事件，以校对不同的有利等位基因。借助软件工具，通过品系杂交并利用标记选择特定重组体且最终结合全部有利等位基因确定组合基因型的。因为这是一个精确定义的过程，可省略表现型鉴定过程，只需对最终获得的优异品种进行大田表现的鉴定。

作物分子设计是以分子设计理论为指导，通过运用各种生物信息和基因操作技术，从基因到整体的不同层次对目标性状进行设计与操作，实现优良基因的最佳配置，从而培育出综合性状优良的新品种。通过分子设计育种策略，育种家可以对育种程序中的各种因素进行模拟筛选和优化，提出最佳的亲本选择和后代选择策略，大大提高育种效率，实现从传统的"经验育种"到定向的"精确育种"的转变。

在开展作物分子设计育种研究的同时，分子设计育种的内涵进一步明确，分子设计育种技术体系初步建立起来。概括来说，首先，分子设计育种的前提就是发掘控制育种性状的基因，明确不同基因的表现型效应、基因与基因及基因与环境之间的相互作用；其次，在 QTL 定位和各种遗传研究的基础上，利用已经鉴定出的各种重要育种性状基因的信息，包括基因在染色体上的位置、遗传效应、基因间的互作、基因与背景亲本及环境之间的互作等，模拟预测各种可能基因型的表现型，从中选择符合特定育种目标的理想基因型；最后，分析达到目标基因型的过程，制定生产品种的育种方案，利用设计育种方案开展育种工作，培育优良品种。

近年来，主要作物的基因组学研究，特别是水稻、玉米、高粱、小麦基因组学研究取得了巨大成就，基因定位和 QTL 作图研究为分子设计育种奠定了良好的基础，计算机技术在作物遗传育种领域的广泛应用为分子设计育种提供了有效的手段。

2. 分子设计育种应具备的基本条件

顾铭洪等[①]认为开展作物分子设计育种，必须具备以下 5 个方面的基本条件：

（1）高密度的分子遗传图谱和高效的分子标记检测技术。近年来，通过基于 PCR 的 SSR 以及 SNP 的不断开发，主要作物的遗传图谱不断得到加密。在利用的 PCR 检测技术检测显性 SCAR 标记时，可将琼脂糖凝胶电泳检测步骤省去，直接在 PCR 反应管中加入 EB 染色，在紫外灯下观察扩增产物的有无或者测定 PCR 产物的浓度，鉴定是否有大量 DNA 存在，从而确定样品中是否含有目标基因。在改造染色系统时，可利用甲烯蓝染琼脂糖凝胶，直接在可见光下检测产物的有无。

减少 PCR 反应体积，可从 20 μL 减少到 15 μL，甚至是 10 μL，从而大大地

---

① 　顾铭洪，刘巧泉. 作物分子设计育种及其发展前景分析 [J]. 扬州大学学报（农业与生命科学版），2009,30(1):64-67.

降低费用。当同时筛选到两个或以上的分子标记与目标性状连锁时，如果扩增产物具有不同长度但引物复性温度相匹配，则可以在同一 PCR 条件下同时进行反应，这种多重 PCR 法的应用可显著地降低选择成本和减少筛选时间。

（2）对重要基因 QTL 的定位与功能有足够的了解。近十余年来，我国利用分子标记在水稻、小麦、玉米等主要作物中开展了大量的基因 QTL 定位研究，积累了大量的遗传信息。但是这些信息还处于零散的状态，缺乏归纳和总结；对不同遗传背景和环境条件下 QTL 效应、QTL 的复等位性以及不同 QTL 之间的互作研究还不够系统全面，不利于 QTL 定位的成果转化为实际的育种效益；重要农艺性状的遗传基础、形成机制和代谢网络研究还很欠缺，而这些正是分子设计育种的重要信息基础。

（3）建立并完善可供分子设计育种利用的遗传信息数据库。我国虽然已全面启动了水稻等主要作物主要经济性状的功能基因组研究，但在现有的生物信息数据库中，已明确功能和表达调控机制的基因信息比较匮乏；在种质资源信息系统中，能被分子设计育种直接应用的信息还很有限。同时，缺乏拥有自主知识产权的计算机软件限制了将已有的生物信息应用到实际育种中去。

（4）开发并完善进行作物设计育种模拟研究的统计分析方法及相关软件，用于开展作物新品种创制的模拟研究。目前，国内对作物分子设计育种研究大多停留在概念上，分子设计育种的理论建模和软件开发工作尚处于起步阶段，缺乏拥有自主知识产权的计算机软件。

（5）掌握可用于设计育种的种质资源与育种中间材料。包括具有目标性状的重要核心种质或骨干亲本及其衍生的重组自交系、近等基因系、加倍单倍体群体、染色体片段导入 / 替换系等。

目前，开展分子设计育种最具条件的首推水稻。开展水稻分子设计育种研究具有以下优势：①水稻是二倍体物种，基因组较小，性状的遗传相对比较简单。②水稻的籼稻（9311）和粳稻（日本晴）亚种均已完成测序工作，为分子标记的设计和基因型提供了得天独厚的条件。③籼、粳亚种性状差异明显，等位变异普遍存在，通过亚种间基因的交流已经预示出很高的价值。④高密度的水稻遗传图谱已经建立。⑤我国在水稻遗传育种研究方面具有很好的基础，多个实验室比较系统地选育和积累了丰富的重组自交系、近等基因系、染色体单片段代换系等遗传材料，可直接用作设计育种的基础材料。

3.3 连锁标记筛选技术

MAS 育种不仅可以通过与目标基因紧密连锁的分子标记在早世代对目的性状进行选择，还可以利用分子标记对轮回亲本的背景进行选择。目标基因的标记筛选（gene tagging）是进行 MAS 育种的基础。用于 MAS 育种的分子标记需具备以下 3 个条件：

第一，分子标记与目标基因紧密连锁（最好是 1 cM 或更小，或共分离）。

第二，标记适用性强，重复性好，而且能经济简便地检测大量个体（当前以 PCR 为基础）。

第三，不同遗传背景选择有效。遗传背景的 MAS 需要有某一亲本基因型的分子标记研究基础。

3.3.1 连锁标记的分析

两点测验是最简单，也是最常用的连锁分析方法。然而，在构建分子标记连锁图中，每条染色体都涉及许多标记座位。遗传作图的目的就是要确定这些标记座位在染色体上的正确排列顺序及彼此间的遗传图距。所以，这里涉及一个同时分析多个基因座之间连锁关系的问题。这个问题看似简单，其实很复杂，因为对于 m 个连锁座位，就有 $m!/2$ 种可能的排列顺序。例如，若 $m=10$，则共有 1 814 400 种可能。要从这么多种可能中挑选出正确的顺序，确实没那么容易。这项工作用两点测验方法是难以完成的，因为它每次只能分析两个座位间的连锁关系。由于两点测验估计的重组率存在误差，因此根据比较不同座位之间重组率大小来确定座位的排列顺序是不可靠的，很可能出现错误。

为了解决这个问题，就必须同时对多个座位进行联合分析，利用多个座位间的共分离信息来确定它们的排列顺序，也就是进行多点测验。在事先未知各基因座位于哪条染色体的情况下，可先进行两点测验，根据两点测验的结果将这些基因座分成不同的连锁群，然后对各连锁群（染色体）上的座位进行多点连锁分析。

与两点测验一样，多点测验通常也采用似然比检验法。首先对各种可能的基因排列顺序进行最大似然估计，然后通过似然比检验确定出可能性最大的顺序。在每次多点测验中，不能包含太多的座位，否则可能的排列数会非常大，即使使用高速的计算机，也要花费很长的时间。在一条染色体上，经过多次多点测验，就能确定出最佳的基因排列顺序，并估计出相邻基因间的遗传图距，从而构建相应的连锁图。

对于在两点测验中没能归类到某个连锁群（染色体）的基因座，可在各连锁群的连锁图初步建成之后，再尝试定位到某个连锁群上。但在构建分子标记连锁图的实际研究中，总有一些标记往往无法定位到染色体上。造成这种现象的原因可能是在标记基因分型时出现错误。

在完成作图群体多态性鉴定获得 DNA 标记在群体中每个单株的编码数据后，即可利用计算机程序进行连锁分析，如图 3-3 所示。作图程序可以接受缺失的标记数据。标记数少时可进行人工的连锁分析，但在利用大量的标记构建遗传图谱时就不适宜用人工方法分析和确定标记间的连锁，此时可借助计算机程序完成。标记间的连锁常常利用似然比计算（即连锁对不连锁的比），该比可更便利地表示为比的对数，称为机会率（LOD）值。构建连锁图谱时使用的 LOD 值 > 3，LOD 值为 3 表示两个标记间连锁比不连锁高 1 000 倍（即 1 000∶1）。人们可降低 LOD 值以便在较高水平上检测连锁，或在高 LOD 构建的图谱内添加另外的标记。常用的软件包括 Mapmaker/EXP 和 Map Manager QTX，这些软件可从因特网上自由获取。JoinMap 是另一个常用的构建连锁图谱的程序。

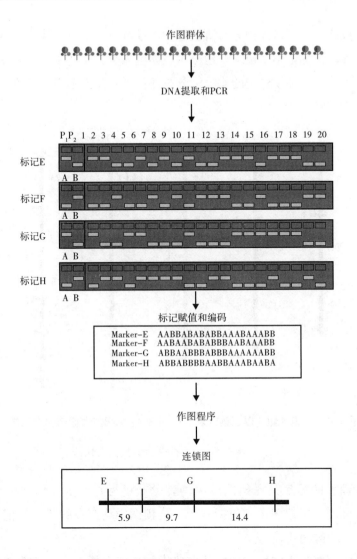

图 3-3 基于小的重组自交群体（20 个个体）构建的一张连锁图

（资料来源：Collard et al，2005）

图 3-3 中第一个亲本 P_1 取值为 A，第二个亲本 P_2 取值为 B，标记数据的编码依据所用的群体类型而不同。该连锁图谱利用 Haldane 作图函数通过 Map Manager QTX 而构建。

连锁图谱的典型输出如图 3-4 所示，在连锁的标记归类进相同的"连锁群"中，连锁群代表染色体片段或整个染色体。这与路图类似，连锁群代表路，标记代表指示牌或路标。通过连锁分析所获得的连锁群数与染色体数往往不一致，因为所检测的多态性标记不一定均匀地分布在染色体上，而是在一些区段成簇，在另一些区段则没有。除了标记的非随机分布外，染色体上不同位置的重组率也不相同。

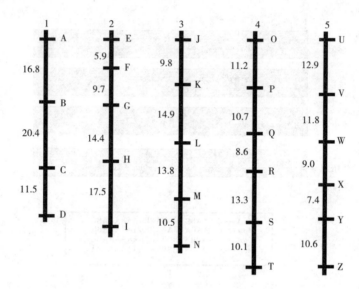

图3-4　条染色体（以连锁群表示）和26个标记的假想连锁框架图

（资料来源：Collardet al, 2005）

图3-4 理想的情形是框架图应由均匀分布的标记组成，以便随后的 QTL 分析；如有可能，框架图还应包括若干个连锁图中均存在的锚定标记，从而可以进行图谱间的区间比较。

测定遗传距离和确定标记顺序的精确性与作图群体中的个体数直接相关，最理想的是构建连锁图谱的作图群体至少包含 50 个个体。

3.3.2　重要农艺性状基因的连锁标记

1. 重要农艺性状基因的标记概述

通过建立分子遗传图谱，可同时对许多重要农艺性状基因进行标记。许多农作物上已构建了以分子标记为基础的遗传图谱。这些图谱在重要农艺性状基因的标记和定位、基因的图位克隆、比较作图以及 MAS 育种等方面都是非常有意义的。但是由于分子标记数目的限制，目前作图亲本的选用首先考虑亲本间的多态性水平，育种目标性状考虑较少，使遗传图谱的构建与重要农艺性状基因的标记筛选割裂开来。因此，根据育种目标选用两个特殊栽培品种作为亲本来构建作物的品种图谱，将作物图谱构建和寻找与农艺性状基因紧密连锁的分子标记有机结合起来。

遗传作图的原理与经典连锁测验一致，即基于染色体的交换与重组。在细胞减数分裂时，非同源染色体上的基因相互独立、自由组合，而位于同源染色体上的连锁基因在减数第一次分裂前期非姐妹染色单体间的交换而发生基因重组。

许多重要的农艺性状，如抗病性、抗虫性、育性、一些抗逆性（抗盐、抗旱）等都表现为质量性状遗传的特点。由于这些性状只受单基因或少数几个主基因控制，一般均有显隐性，在分离世代无法通过表现型来识别目的基因位点是纯合还是杂合，在几对基因作用相同时（如一些抗病基因对病菌的不同生理小种反应不同），无法识别哪些基因在起作用。特别是一些质量性状虽然受少数主基因控制，但其中许多性状的表现还受遗传背景、微效基因以及环境条件的影响。所以，利用分子标记技术来定位、识别质量性状基因，特别是利用分子标记对一些易受环境影响的抗性基因的选择就变得相对简单。

2. 近等基因系的培育与连锁标记的筛选

近等基因系的培育主要是通过多次的定向回交，它与原来的轮回亲本就构成了一对近等基因系。在回交导入目标性状基因的同时，与目标基因连锁的染色体片段将随之进入回交子代中，如图 3-5 所示。NIL 作图的基本思路是鉴别位于导入的目标基因附近连锁区内的分子标记，借助分子标记定位目标基因。利用这样的品系可在不需要完整遗传图谱的情况下，先用一对近等基因系筛选与目标基因连锁的分子标记，再用近等基因系间的杂交分离群体进行标记与目的基因连锁的验证，从而筛选出与目标基因连锁的分子标记。Param 等（1991）运用 212 个随机引物对莴苣抗感霜霉病（ Dm ）的近等基因系进行了 RAPD 分析，将 4 个 RAPD 标记定位在 Dm1 和 Dm3 连锁区域，6 个定位在 Dm11 连锁区。另外，他们利用近等基因系方法还筛选出燕麦锈病、大麦茎锈斑病、小麦的腥黑穗病、番茄的线虫、花叶病毒、烟草的黑根瘤等抗性基因以及很多其他的目标基因的分子标记。

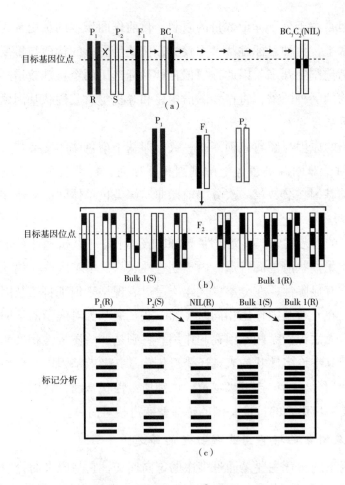

图 3-5　NIL 和 BSA 分析方法

（资料来源：Tanksley et al, 1995）

注：（a）近等基因系的创建；（b）F₂ 代极端群体的分离；（c）近等基因系
　　和群体分组分析两种方法的分子标记分析。

3. 群体分离分析法与连锁标记的筛选

近等基因系的基因作图效率很高，但一个近等基因系的培育耗费时间长，
既费工又费时。另外，许多植物很难建造其近等基因系，如一些林木植物既无
可利用的遗传图谱，又对其系谱了解很少，几乎不可能创造近等基因系。1991
年，Michelmore 等提出了群体分离分析法（bulked segregant analysis，BSA），

为快速、高效筛选重要农艺性状基因的分子标记打下了基础。下面以某一抗病基因为例说明构建 BSA 群体的方法。用某一作物的抗病品种与感病品种杂交，F_2 抗病基因发生分离。依抗病性表现将分离群体植株分为两组，一组为抗病的，另一组为感病的。然后分别从两组中选出 5 ～ 10 株抗、感极端类型的植株提取 DNA，等量混合构成抗感 DNA 池。对这两个混合 DNA 池进行多态性分析，筛选出有多态性差异的标记，再分析 F_2 所有的分离单株，以验证该标记与目标性状基因的连锁关系以及连锁的紧密程度。

利用 BSA 法，Michelmore 等（1991）从 100 个随机引物中筛选到 3 个与莴苣 *Dm*5/8 基因连锁，且遗传距离在 15 cM 内的分子标记。Giovannoni 等通过已知的 RFLP 遗传图谱，选择不同的 RFLP 基因型建立 DNA 混合库，筛选出与西红柿果实成熟及茎蒂脱落基因连锁的 RAPD 标记。目前，该法已广泛用于主要农作物重要农艺性状基因连锁的分子标记筛选中。

3.3.3 提高分子标记的筛选效率

1. 多重 PCR 方法

为了增加标记的筛选效率，当同时筛选到与两个或两个以上目标性状连锁的几个不同的分子标记时，如果这几个分子标记的扩增产物具有不同长度，则一对以上的引物可在同一 PCR 条件下同时进行反应，这称为多重扩增。需要注意的是，在设计或选择引物时，必须考虑各引物复性温度是否相匹配，且在扩增产物的大小上有无重叠。研究表明，多重扩增使用 Taq 酶量与一个引物扩增用量相同，这显著地降低了选择成本费用和筛选时间。比如，Ribaut 等将筛选到的与热带玉米抗旱基因 QTL 连锁的一个 STS，两个 SSR 标记使用多重扩增方法用于 MAS 选择，以改良其耐旱性，两人仅用了一个月就从 BC_2F_1 的 2 300 个单株中选出了 300 个目标单株。

2. 用相斥相分子标记进行育种选择

相斥相分子标记指与目标性状相斥连锁的分子标记，即有分子标记，植株不表现目标性状；无分子标记，植株表现目标性状。这些选择特别是在一些显性标记，如 RAPD 标记中，效果较为显著。Haley 等找到与菜豆普通花叶病毒隐性抗病基因连锁的两个 RAPD 标记，其中标记 –1 与 bc–3 相引，距离为

1.9 cM；标记 –2 与 bc–3 相斥，距离为 7.1 cM。用标记 –1 选择的纯合抗病株、杂合体、纯合感病株分别占 26.3%、72.5% 和 1.2%。而用标记 –2 选择的结果分别是 81.8%、18.2% 和 0。当两个标记同时使用时，相当于一个共显性标记。其选择效果与单独使用标记 –2 的选择效果一致。一般认为，在育种早代选择中，利用相斥相的 RAPD 标记与共显性的 RFLP 标记具有相似的选择效果。

3. 克服连锁累赘

回交育种是作物育种常用的育种方法，但其存在的问题是在回交过程中，目的基因与附近的非目的基因存在连锁，一起导入受体，这种现象称为连锁累赘（linkage drag）。利用与目标性状紧密连锁的分子标记进行辅助选择可以显著地减轻连锁累赘的程度。比如，在大约 150 个回交后代中，至少有一个植株在其目的基因左侧或右侧 10 cM 范围内发生一次交换的可能性为 95%，利用 RFLP 标记可以精确地选择出这些个体；在另一个有 300 个植株的回交群体中，有 95% 的可能在被选择基因另一侧 1 cM 范围内发生一次交换，从而产生目的基因大于 2 cM 的片段。这个结果用 RFLP 选择只需两个世代就能够得到；而传统的方法可能平均需要 100 代。随着分子标记图谱的更加密集，选择重组个体的效率将进一步提高。因此，高密度的作物分子遗传图谱的构建是加速作物育种进程所必需的。

4. 降低 MAS 育种的成本

进行 MAS 首先是要把与目标基因（性状）紧密连锁（或共分离）的分子标记（如 RFLP、RAPD 等）转化为 PCR 检测的标记，然后设法降低 PCR 筛选成本。研究人员可从以下几方面考虑。

（1）样品 DNA 提取。采用微量提取法，如利用小量组织或半粒种子且不需要液氮处理的 DNA 提取技术。而且在提取过程中不需要利用特殊化学药品，降低了提取缓冲液成本。

（2）减少 PCR 反应时的体积。例如，反应时的体积从 25μL 减到 15μL，甚至是 10μL。

（3）琼脂糖凝胶。实验表明同一琼脂糖凝胶可以多次电泳载样，而不会造成样品间互相干扰。

（4）扩增产物检测。通常 PCR 扩增产物用 EB 染色、LTV 观测，使用

Polaroidfilm 照相系统。利用这种观测方法不但需要有致癌诱导剂，而且 UV 射线对眼睛损害很大，照相系统花费也很高。在改造染色系统时，利用亚甲蓝（methylene blue）染琼脂糖凝胶，可直接在可见光下进行检测。若 PCR 扩增产物仅一种，则无须电泳，在反应管中加入 EB，紫外灯下直接根据反应即可鉴定出目标基因型，大大降低了标记辅助选择成本，非常有利于大规模育种。这在中国春小麦 *ph/b* 基因的 SCAR 标记筛选上已有成功尝试。

近十年来，分子标记的研究得到快速发展，在许多作物中定位了很多重要性状的基因，但育成品系或品种的报道还相对较少。究其原因主要有以下几方面：

第一，标记信息的丢失，即标记仍然存在，但重组使标记与基因分离，导致选择偏离方向。

第二，QTL 定位和效应估算的不精确性。

第三，上位性的存在。由于 QTL 与环境、QTL 与 QTL 之间存在互作，不同环境、不同背景下选择效率发生偏差。

第四，标记鉴定技术有待进一步提高。尽管近年来标记鉴定技术在实用性及降低成本方面都得到了很大发展，但对于大多数实验室来说，MAS 还是一项费时耗资的工作。

第五，尽管目前 MAS 的成功应用还存在诸多困难，但 MAS 在未来作物育种中的作用是毋庸置疑的。相信在不久的将来，随着分子生物技术的进一步发展以及各种作物图谱的日趋饱和，MAS 会发挥它应有的作用。

3.3.4　数量性状基因的定位

产量、成熟期、品质、抗旱性等大多数重要的农艺性状均表现为数量性状的遗传特点。这类性状的表现型差异是由多个 QTL 和环境共同决定的，子代常常发生超亲分离。筛选与多基因控制的 QTL 连锁的分子标记比筛选主基因控制的质量性状复杂得多。

用于 QTL 分析的群体最好是永久性群体，如重组近交系和加倍单倍体群体。

永久性群体中各品系的遗传组成相对稳定，可通过种子繁殖代代相传，并对目标性状或易受环境因素影响的性状进行重复鉴定以得到更为可靠的结果。从数量性状遗传分析的角度讲，永久性群体中各品系基因纯合，排除了基因间的显性效应，不仅是研究控制数量性状基因的加性、上位性及连锁关系的理想材料，还可在多个环境和季节中研究数量性状的基因型与环境互作关系。

永久性群体培育费用高，因此 QTL 的标记与定位也有用暂时性分离群体的。开始时，分离群体用单标记分析方法进行 QTL 的定位。例如，在一个 P_2 群体，给予任何一个特定的标记 M，如果所有 M_1M_1 同质个体的表现型平均值高于 M_2M_2 同质个体，就可以推断存在一个 QTL 与这个标记连锁。如果显著水平设置太低，就说明这种方法的假阳性高。此外，QTL 不一定与任一给定的标记等位，尽管它与最近的标记之间具有很强的联系，但它的准确位置和效应还不能确定。

若想解决上述问题，可采用以下方法：

第一种方法是引入区间作图。它沿着染色体对相邻标记区间逐个进行扫描，确定每个区间任一特定位置的 QTL 的似然轮廓。更准确地说，确定是否存在一个 QTL 的似然比的对数。在似然轮廓图中，那些超过特定显著水平的最大值处表明存在 QTL 的可能位置。显著水平必须调整到避免来自多重测验的假阳性，置信区间为相对于顶峰两边各一个 LOD 值的距离。它一直是应用最广的一种方法，特别是广泛应用于自交衍生的群体。其软件 Mapmaker/QTL 是免费提供的。尽管研究人员已对该方法进行许多精度和效率的研究，但都没有进行重要的修改。

第二种方法是 Haley 和 Knott（1992）提出的多元回归分析法。该方法相对 LOD 作图而言，在精度和准确度上与区间作图非常相似，它具有程序简单、计算快速的优点，适合处理复杂的后代和模型中包含广泛的固定效应的情形。例如，性别的不同和环境的不同。显著性测验和置信区间估计可利用 Bootstrapping 抽样方法。

第三种方法是同时用一个给定的染色体上的所有标记进行回归模型分析，利用加权最小平方和法或者模拟进行显著性测验。它具有计算速度快和在一个测验中利用所有标记信息的优点。如果一条染色体上只有一个 QTL，那么所有定位和测定标记两侧之间的 QTL 效应的必要信息都可以利用。尽管不知道哪些标记在 QTL 两侧或者每条染色体上只有一个 QTL，但无论 QTL 在染色体上如何分布，多重标记方法确实提供了模型的整个测试。

3.4　QTL 在基因育种的技术路线

3.4.1　QTL 优异等位基因小麦育种

1. 明确 QTL 加性效应正负值的含义

在使用 IciMapping 软件前，首先需要确定作图群体两个亲本的代号，常用 P_1 和 P_2 表示。例如，以亲本"花培 3 号"×"豫麦 57"衍生的小麦 DH 群体，即把"花培 3 号"记作 P_1，"豫麦 57"记作 P_2。

每个 QTL 的加性效应（A^a）的正负号都是针对 P_1 的，当加性效应为正值时，说明该 QTL 的加性效应来自 P_1，即 P_1 对性状起正向作用；当加性效应为负值时，说明该 QTL 的加性效应来自 P_2，即 P_2 对性状起正向作用，而 P_1 的效应为负方向。

2. 判断 QTL 有利基因的来源

确定每个 QTL 上有利等位基因的来源是把作图结果应用于分子育种元件创制的前提。在 QTL 作图中，常用 1、2 和 0 记载群体所有个体的 QTL 的基因型，其中 1 表示同亲本 P_1 的标记型，2 表示同亲本 P_2 的标记型，0 表示杂合型的标记型（DH 群体无杂合型）。

以亲本"花培 3 号"和"豫麦 57"衍生的小麦 DH 群体进行小麦籽粒硬度的 QTL 分析为例，亲本"花培 3 号"和"豫麦 57"的平均籽粒硬度指数分别为 54.97 和 25.81，在 QTL 作图时分别用 1 表示"花培 3 号"的标记型，2 表示"豫麦 57"的标记型。当某个 QTL（如 *QhdlBb*）加性效应值（A 值）为正值时，如表 3-1 所示，说明"花培 3 号"携带的等位基因起到增加硬度的作用，"豫麦 57"携带的等位基因则起到降低硬度的作用；反之，如果某个 QTL（如 *QhdlBb*）加性效应值为负值时，则说明"豫麦 57"携带的等位基因起到增加硬度的作用。

表 3-1　基于 DH 群体的籽粒硬度的 QTL 定位结果

性　状	QTL	标记区间	位置 /cM	加性效应[①]（A）	贡献率[②]（H^2）/%
硬度 HD	QhdlBa	$XGWM582 - XGPW7388$	50.7	−7.593 3	7.51
	QhdlBb	$XWMC766 - XSWES98$	129.3	4.411 8	0.33
	Qhd4B	$XWMC48 - XBARC1096$	18.3	−4.447 5	6.43
	Qhd5A	$XBARC358.2 - XGWM186$	47.3	4.020 7	4.34
	Qhd6A	$XGWA459 - XGWM334$	38.8	3.465 0	2.36

　　注：①加性效应，正值表示增加性状值的等位基因来自"花培 3 号"，负值表示增加性状值的等位基因来自"豫麦 57"。

　　②加性 QTL 所能解释的表现型变异率。

　　5 个被检测到的控制籽粒硬度的 QTL 中有两个为负的加性效应，说明这两个 QTL 增加籽粒硬度的等位基因来源于亲本"豫麦 57"，其他 3 个 QTL 上增加籽粒硬度的等位基因来源于"花培 3 号"。育种中高籽粒硬度一般来说是理想性状，因此在利用籽粒硬度 QTL 作图结果开展单标记或区间标记辅助选择时，QhdlBa、Qhd4B 应该选择"豫麦 57"的标记类型，其他 QTL 应该选择亲本"花培 3 号"的标记类型，这样才能选到所有增加籽粒硬度的等位基因。

3. 育种元件的创制

　　当利用 IciMapping 进行 QTL 定位完成后，接下来就是选择聚合了所有优异 QTL 的极端个体（育种元件）。下面以亲本"花培 3 号"和"豫麦 57"衍生的小麦 DH 群体的株高性状为例进行说明。

　　首先运行 IciMapping 软件进行 QTL 定位，然后定位结果从 .qic 文件得知，如表 3-2 所示。在 DH 群体中，QTL 位点有 2 种可能的基因型，分别用 QQ、qq 表示，QQ 表示来自亲本 1（P_1）的基因型，qq 表示来自亲本 2（P_2）的基因型。由表 3-2 可知，定位出 3 个 QTL，QPH2 来源于亲本 2，QPH1、QPH3 来源于亲本 1，所以聚合了优势等位基因的极端个体的 QTL/ 基因型应该为 QQ、qq、QQ。

表 3-2　QTL 分析结果

QTL	染色体	位置/cM	左端标记	右端标记	LOD	贡献率（PVE）/%	加性效应（A）
QPH1	7	138	Xwmc264	Xcfa2193	3.063 8	8.964 7	4.768 7
QPH2	11	18	Xwmc657	Xwmc48	3.288 2	7.264 7	−4.282 4
QPH3	12	0	Xbarc334	Kwmc331	4.748 1	10.466 6	5.153 5

3.4.2　常规育种全程、多位点分子标记辅助选择技术路线

小麦常规育种的程序一般包括亲本选择和配置杂交组合、F_1 杂优鉴定和选留、$F_2 \sim F_5$ 各世代中株系选择、品系出圃、依次参加课题组的新品系比较试验等主要步骤。在常规育种中完成这些步骤一般需要 6 年时间，加上参加省（或国家）预试 1 年、区试 2 年和生产试验 1 年，从配制组合到品种审定推广至少需要 10 年左右的时间。在这个漫长的过程中，为了增加选育好品种的机遇，育种家不得不每年都大量配制组合，海量种植、选择世代群体，但每年又难取舍过多组合和当选单株，致使育种群体和种植面积像滚雪球一样越来越大。正是由于组合配制的随机性和系谱选择过程中的不准确性，选出品种的组合与配制组合的比例一般不到千分之一，发展成品种的株系与各代选留选株系的比例一般只有百万分之一，因此有人把常规育种称为"运气加艺术"的过程。分子标记辅助选择技术的运用主要是增加配制组合和株系选择的准确性，减少群体种植面积，节约大量人力、物力，与常规育种结合的分子标记辅助选择技术路线。

1. 依据基因 /QTL 有无和重组预测——选择亲本和配制组合

在坚持常规亲本选择必须考虑血缘、地理和性状差异的基础上，根据育种目标（包括高产、抗逆、优质）确定一批遗传背景清晰的育种元件，按照目标基因 /QTL 有无选择配制组合的父本和母本，根据重组交换的基因 /QTL 的数目和分离规则，确定杂交穗子的数目。

以基因型差异和目标基因 /QTL 有无作为亲本选择标准，并根据拟重组基因 /QTL 的数目确定杂交组合配制和杂交穗子的数量，达到减少组合数量、提

高组合质量的目的，同时又为后代基因/QTL 的检测和株系选择奠定良好的基础。

2. 依据目标基因/QTL 有无和聚合情况——选留 F$_1$ 组合和确定 F$_2$ 种植规模

在 F$_1$ 分蘖期或拔节前后提取叶片 DNA，进行目标基因 QTL 的检测，根据目标基因/QTL 有无或聚合情况，结合生长后期产量结构的杂种优势表现，确定 F$_1$ 组合的淘汰或选留及种植规模。

淘汰没有目标性状基因/QTL 且表现型无明显杂种优势的组合；将含有目标性状基因/QTL 且表现型有显著杂种优势的组合列为重点组合，F$_2$ 代种植 30 ～ 60 行（行长 3 m），1 000 ～ 2 000 株；将含有目标性状基因 QTL 但表现型杂种优势不突出，或不含有目标性状基因 QTL 但表现型杂种优势突出的组合列为一般组合，只种 3 ～ 5 行，100 ～ 150 株。

F$_1$ 是否存在可遗传的杂种优势是后代选出好品种的前提。虽然小麦的 F$_1$ 杂种优势不如玉米等作物大，但一般在株高、抗逆等表现型上都有明显可见的优势。通过表现型选择很难确定哪些杂种优势性状可以遗传给后代，因此常规育种者一般都是尽量多地保留杂交组合，甚至种植所有组合，致使 F$_2$ 代种植组合多、面积大。后代分离频率低、变异差的组合比例一般在 50% 以上，既大大浪费人力、物力，又给各世代的种植造成累赘。根据目标基因/QTL 的有无和聚合情况，确定 F$_1$ 组合选留和 F$_2$ 种植规模的方法，一般可减少 1/3 ～ 1/2 组合的种植，F$_2$ 的种植面积可减少 50% 以上，在保证选留和选择准确性的基础上，大大降低了育种成本。

3. 依据目标基因/QTL 的追踪和表现型鉴定——在分离世代株系选择中选优淘劣

F$_2$ ～ F$_5$ 代是性状分离和选择的关键世代，利用分子标记追踪目标基因 QTL 的方法如下：于冬前分蘖或拔节或抽穗期，选择重点组合的生长健性植株的主茎穗（蘖）挂牌标记，提取挂牌茎叶片的 DNA，进行目标性状基因 QTL 的标记跟踪；在生长中后期，依据目标性状基因 QTL 的有无及表现型好坏进行田间选优淘劣。对一般组合则是先选优株挂牌，后对优选株进行目标性状基因/QTL 检测。单株（系）收获后详细考种，进行目标基因/QTL 和相应性状的相关分析，根据基因型和表现型的综合结果，最后决定单株或株系的选留及下代种植群体的大小。

常规育种者在担心漏选优良株系的心理下，通常会在 $F_2 \sim F_5$ 代往往大量选留单株，造成种植群体越来越大，用地多、工作量大、选株精准性差、效率低。在各代生长早、中期就鉴定目标基因 /QTL 是否存在，在确定含有目标基因 /QTL 的前提下，再选择理想的表现型，或在选择理想株系中再进行目标基因 /QTL 的验证；优良基因型和理想表现型的结合大大提高了选择的准确性，世代之间根据目标基因 /QTL 的追踪情况，确定来年种植群体的大小，大大减少了育种用地和人力、物力投入。近几年的育种实践证明，利用分子标记辅助育种方法，$F_2 \sim F_5$ 代的种植面积比同样规模的常规育种节约育种用地面积 50% 以上，而且大大提高了育种效率。

4. 鉴定、品比世代——验证目标基因 /QTL 的作用

F_5 代田间整齐度达标的株系，即可以出圃的品系参加课题的新品系鉴定和新品系比较试验。根据某品系所含有的目标基因 /QTL 的类型及其效应，将其分别归于产量鉴定、品质鉴定、旱地鉴定和抗病鉴定区组。在继续用分子标记跟踪目标基因 /QTL 的同时，重点进行这些目标基因 /QTL 存在对目标性状影响的研究。选择株型优良、产量高、抗逆强的品系参加省或国家区域试验，进入品种审定程序。

传统育种的系谱选择一般至 F_5 代或 F_6 代出圃，依次参加课题组的鉴定区和品比区试验。在未实行分子标记辅助选择前，一个课题组一般将所有出圃品系放在同一条件下进行产量鉴定，这个过程虽然也对抗病和品质的表现型性状进行评价，但选留的指标主要是小区产量，这样可能会淘汰某些产量不突出但抗性突出、稳产性好的品系，造成育种过程中的很大浪费。而鉴定、品比阶段的分子标记辅助选择，在基因型分组的基础上，严格进行产量和综合性状的鉴定，更易选育出符合品种设计目标的突破性小麦新品种。同时，在育种品种水平上，有利于总结目标基因 /QTL 与表现型性状表达的关系，创造新的育种理论和方法，提高我国小麦育种的整体水平。

3.4.3　借助 MAS 实施基因 /QTL 转移的技术路线

通过有限回交，将某些育种材料（地方品种、国外品种、远缘种质）中的

有利基因转移到现代的高产小麦新品种中，是扩大现代小麦的遗传基础、选育出更高产优质小麦品种的有效方法。以 QTL 定位为主要内容的连锁分析和使用 DarT 标记和 SNP 方法进行的关联分析，已获得大量有利基因 /QTL 及其分子标记，为借助 MAS 方法实施基因转移提供了良好条件。近几年，在 QTL 定位和获得含有目标基因 /QTL 的大量育种元件的基础上，笔者构建了以国内外核心种质为供体亲本的大量渗透系群体。许多群体都有性状突出的优异变异，从中选育的 BC_2F_5 代品系已经作为新品系出圃，可以参加课题组的鉴定和品比试验。

借助 MAS 实施基因 /QTL 转移主要有以下几个步骤。

第一，根据培育品种的目标，选择实施转移的基因 /QTL（1 个或几个）及供体亲本和受体亲本。其供体亲本一定含有已知目标基因 /QTL，并有用于目标基因 /QTL 追踪的分子标记，即保证在各世代都可对目标基因 /QTL 进行前景选择。其受体亲本一定是当前生产上大面积推广的优良品种，最好也是通过分子标记鉴定已知其遗传基础的品种，以便对其主要性状的基因 /QTL 进行背景选择。

第二，一般进行 2～3 代回交，建立一套（数百个）BC_2 或 BC_3 渗入系，即供体亲本的染色体理论上占 1.25%～6.25%。

第三，杂交和回交早代主要进行前景选择，每代都以含有目标基因 QTL 植株作为回交的母本，以保证目标基因 /QTL 的连续转移。

第四，BC_2F_2 代及以后的自交群体主要进行背景选择，即确保轮回亲本中重要农艺性状的保持及减轻连锁累赘。

第五，在实施 MAS 的同时，各选择世代都不应忽视个体表现型的选择。育种家要重视目标基因 /QTL 的作用，仔细观察植株特性、产量结构和抗逆性等表现型性状，这样才能选育出理想的超级小麦新品种，如图 3-6 所示。

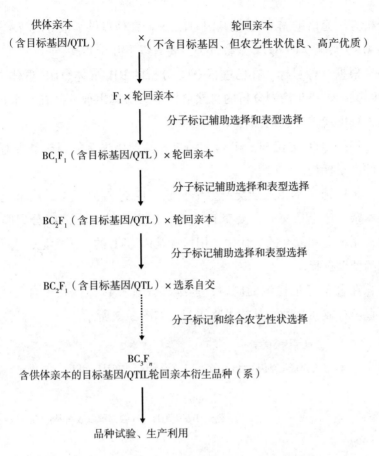

供体亲本　　　　　　　　　　　　　轮回亲本
（含目标基因/QTL）　　×　（不含目标基因、但农艺性状优良、高产优质）

F₁×轮回亲本

分子标记辅助选择和表型选择

BC₁F₁（含目标基因/QTL）×轮回亲本

分子标记辅助选择和表型选择

BC₂F₁（含目标基因/QTL）×轮回亲本

分子标记辅助选择和表型选择

BC₂F₁（含目标基因/QTL）×选系自交

分子标记和综合农艺性状选择

BC₃Fₙ
含供体亲本的目标基因/QTIL轮回亲本衍生品种（系）

品种试验、生产利用

图 3-6　借助 MAS 实施基因 /QTL 转移的技术路线

多年来传统的常规育种采用有限回交方法培育新品种，但亲本的选择只是考虑亲缘的远近，后代的选择也只是通过表现型来选择基因型。由于选择的盲目性，最后选出的品系很可能已丢失目标基因；或有目标基因，但由于连锁累赘，最终不能成为生产上可利用的品种，借助 MAS 实施基因 /QTL 的转移始终可保证目标基因 /QTL 的传递和存在。有条件的单位加上轮回亲本的背景选择，可大大加快品种选育过程，选育出符合育种目标的新品种。

3.4.4　借助 MAS 实施的基因 /QTL 聚合育种的技术路线

基因 /QTL 的聚合育种（breeding by gene/QTL pyramiding）是指将分散在不同种质中的有利基因聚合到一个品种中的过程。以基因—性状的连锁分析方法和关联分析方法为借助 MAS 实施基因 QTL 聚合育种提供了很好的技术支持。

借助 MAS 实施基因 /QTL 聚合育种主要有以下几个步骤：

第一，根据育种目标，在已进行 QTL 分析的 RIL 群体、DH 群体中，或已经过 DarT 标记或 SNP 检测分析的自然群体中，筛选出彼此间在几个目标性状上表现最大程度遗传互补的品种（系）。

第二，根据 QTL 定位和 SNP 检测结果，确定要聚合的目标基因 QTL 及其用于跟踪的分子标记。

第三，将中选亲本相互杂交产生单交 F_1，单交 F_1 间复交，或单交 F_1 再用第三个亲本杂交产生顶交 F_1，复交 F_1 自交，产生数目较大的 F_2 分离群体。

第四，在单交和复交的后代中，用目标基因 QTL 的分子标记，大规模开展分子检测的辅助选择。

第五，在分子标记检测的同时，连续多代选择目标性状聚合的优良品种（系），直至育成新品种。其技术路线简图如图 3-7 所示。

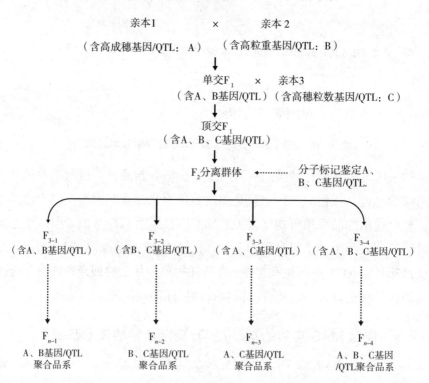

图 3-7　借助 MAS 实施基因 /QTL 聚合的技术路线简图

多品种复交或三品种顶交的方法在常规育种中也经常使用。但由于亲本多、后代稳定时间长，且基因 /QTL 聚合的程度不同，仅根据表现型选择很难选出目标基因 /QTL 有效组合的株系。由于已知亲本含有的目标基因 /QTL 及其标记，借助 MAS 实施的基因 /QTL 聚合技术，通过分子标记跟踪，就可容易地鉴定出目标基因 /QTL 的聚合情况，选育出不同基因聚合型的理想品种。例如，常规育种一直用分别为高成穗、高粒重和高穗粒数的 3 个品种（系）杂交，但至今仍没选育出产量三要素的 3 个高值聚合在一起的品种（系）。另外，有些基因虽然聚合了，但表现型很难鉴定。例如，小麦的白粉病或条锈病有许多生理小种，多个生理小种的聚合对小麦的垂直抗性有重要作用，借助 MAS 方法，则可选育出多个生理小种基因 /QTL 聚合、田间抗病表现为免疫或高抗的优良品种。

需要注意的是，虽然目标性状的有利等位基因来源于两个或多个遗传互补的亲本，没有供体和受体之分，但其亲本之一，特别是第三个亲本最好是农艺性状优良的品种（系），这样在基因聚合的同时，可以实现优良品种不断改良和提升。

3.4.5 借助 MAS 实施品种设计的技术路线

高产、优质、广适、多抗是育种家选育优良品种的最终目标，这样一个近乎完美的品种是多个优异表现型性状的聚合体。近几年随着基因组学和功能基因组学研究的重大理论和技术突破，品种分子设计（breeding by design）已成为未来作物遗传改良的主流技术。品种设计是比利时科学家 Peleman 和 Vander Voort 最早提出的概念，其是以生物信息学为平台，以基因组和蛋白组学的数据库为基础，综合作物育种学流程中的遗传、生理生化和生物统计学等学科的有用信息，根据具体作物的育种目标和生长环境，先设计最佳方案，然后开展育种试验的分子育种方法。其主要内容包括以遗传群体为基础的 QTL 定位、QTL 的功能分析和品种的设计组合三个方面。

品种设计是最高层次的分子育种技术，其概念提出十多年来，在国家重点基础研究 "973" 项目的支持下，我国的科技工作者在多种作物上开展了品种设计研究和实践。在刚刚完成的 "973" 课题 "小麦高产品种分子改良和超高产分子育种元件创制" 支持下，我国的科技工作者从遗传图构建、QTL 定位、功能分析、育种元件创制等多方面为品种设计的实施奠定了基础。而且提出了借助 MAS 实施"三层次"组装的超级小麦品种（super variety）分子设计的技术体系，如图 3-8 所示。

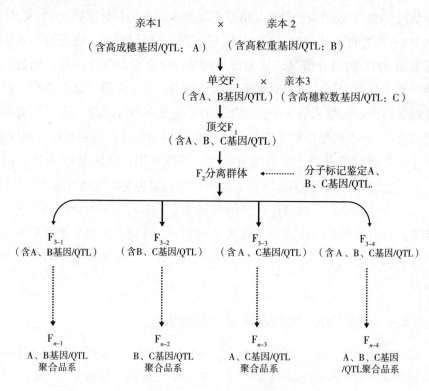

图 3-8　品种定向组装技术路线

1. 第一层次：单个性状的多个有利基因 /QTL 的组装

小麦的主要产量、品质性状都是多个基因控制的数量基因性状。本层次组装就是把控制单个性状（如穗粒数）的多个基因 /QTL 聚合于一个品种，创造单个性状突出的育种元件，如小麦高穗粒数（含多个决定穗粒数的 QTL，每穗 70～80 粒）的育种元件；强筋小麦（在 *gludl* 的 3 个位点上均为优质亚基）育种元件等。具体组装方法同借助 MAS 实施的基因 /QTL 聚合育种的技术路线。

2. 第二层次：多性状有利基因 /QTL 的组装

该层次就是把已聚合多个基因 /QTL 的各个有关联的单个性状再通过有性杂交聚合于一个品种（系），创造常说的"高产品种""优质品种"或"广适抗逆品种"。例如，人们常说的小麦产量三结构，即单位面积穗数、每穗粒数和千粒重就是与产量有关联的 3 个单个性状，用单个性状突出的材料作亲本把产量三结构的大多数有利基因聚合于一个品种，就可培育出通过 MAS 的"高产品种（育种元件）"；同样，优质小麦的品质指标也有穗粒蛋白质含量和面粉筋力（强筋或弱筋）等关联性状，用高籽粒蛋白质与强筋小麦杂交，结合 MAS，同样也可培育出高蛋白、强筋性状聚合的"优质品种（育种元件）"。再如，小麦的白粉病、条锈病、纹枯病等都是与抗病性有关的各个性状，用已经聚合多个抗白粉病生理小种基因的抗白粉病品种与聚合多个抗叶锈病生理小种基因的抗叶锈病品种杂交，同样可通过 MAS 方法，把两种抗病生理小种的基因聚合于一个品种，培育出"广适抗逆品种（育种元件）"。

3. 第三层次：品种层面的多个有利基因 /QTL 的组装

品种层面的组装就是把第二层次产生的"高产品种""优质品种"或"广适抗逆品种"中的多个有利基因 /QTL 再组装为一个"高产优质多抗品种"。这是"品种设计"提出的理想超级小麦品种（superior variety）的目标。当然，理想的"superior variety"是一类品种，不同的品种累积的有利基因 /QTL 的类别和数目都会不同，即品种的高产、优质和多抗性状也会不断改进，产量水平也会不断提高。这需要熟悉更多的基因 /QTL 的功能和相互作用，利用更多的育种原件进行更多的阶梯杂交组装和 MAS。

生产上利用的品种也有"高产品种""强筋品种""抗旱品种"等分类，但随着生产水平和育种水平的提高，人们对品种的要求越来越高。如果一个品种产量水平较高，但品质较差或有些年份病害发生，就不会成为生产上大面积推广的品种。因此，借助 MAS 实施"三层次"组装，培育聚合"高产、优质、多抗"综合性状的理想超级小麦品种（superior variety）十分必要。过去常规育种也有多品种依次阶梯杂交，培育多个优良性状聚合的小麦新品种的尝试。但由于不清楚各个优质性状基因 /QTL 的数目、作用及其相互作用机理，特别是不能从基因型上对这些性状进行选择，因此杂交后代稳定时间长、效果差。现在提出的分子设计育种则是在充分了解小麦主要性状的基因作用及其相互作用机理的基础上，首先在计算机上模拟实施，考虑的性状和因素更多、更周全，因而所选用的亲本组合、育种途径更有效，特别是自始至终都可以用 MAS 检测跟踪，可以培育出将高产、优质、多抗和稳产广适的各种性状聚合一体的近乎完美的小麦新品种。

第4章　分子标记辅助选择

4.1　影响分子标记辅助选择的因素

借助分子标记对目标性状基因型的选择包括对目标基因跟踪，即前景选择或正向选择，以及对遗传背景进行的选择，也称负向选择。背景选择可加快遗传背景恢复速度，具有缩短育种年限和减轻连锁累赘的作用。理论和实践表明，影响 MAS 效率的因素非常复杂。标记基因与其连锁 QTL 间的距离、选用的分子标记数及其效应大小、群体性质和大小、性状的遗传率等都是影响 MAS 效率的主要因素。

4.1.1　标记基因与其连锁 QTL 间的连锁程度

前景选择的准确性主要取决于标记与目标基因的连锁强度，标记与基因连锁得愈紧密，依据标记进行选择的可靠性就愈高。若只用一个标记对目标基因进行选择，则标记与目标基因连锁必须非常紧密，才能达到较高的正确率。理论上，在 F_2 代通过标记基因型 MM 选择目标基因型 QQ 的正确概率 P 与标记的基因间重组率 r 有如下关系：$P=(1-r)^2$。若要求选择 P 达到 95% 以上，则 r 不能超过 2.5%；当 r 超过 10% 时，则 P 降至 81% 以下。如果用两侧相邻标记对目标基因进行跟踪选择，则可大大提高选择正确率。在单交换间无干扰的情况下，在 F_2 代通过标记基因型 M_1M_1 和 M_2M_2 选择目标基因型 QQ 的 P 和 r 有如下关系：

$$P = (1-r_1)^2 (1-r_2)^2 / \left[(1-r_1)(1-r_2) + r_1 r_2 \right]^2$$

即使 r_1、r_2 均达 20% 时，同时使用两个标记 P 仍然有 88.6%。潘海军等[①]在水稻 *Xa*23 的 MAS 中，使用单标记 RpdH5 和 RpdS1184 的准确率分别为 91.10% 和 87.13%，同时使用这两个标记 MAS 准确率则达 99.0%。可见，双标记选择效率比单标记高。当标记与 QTL 松散连锁时，两侧标记比单侧标记效率提高 38%；当标记与 QTL 紧密连锁时，两侧标记的优势明显下降。

如果 M_1 是与有利 QTL 等位基因 T_1 连锁的标记等位基因，那么在回交过程中，用 MAS 可使群体中 M_1M_1 染色体频率始终保持 0.5，但与 M_1 连锁的 T_1 的频率将随着 M_1 与 T_1 间连锁程度的不同而不同。当 r =0.5 时，具 M_1 标记的 BC_1 群体中，具 T_1 等位基因的个体比率只占 50%；当 r =0.01 时，此比率上升到 99%。回交次数越多，r 值就显得更为重要，如图 4-1 所示。

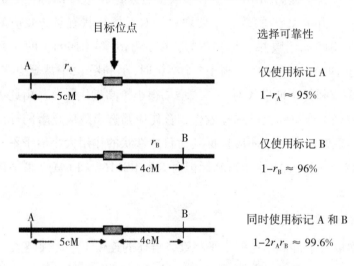

图 4-1　利用单一标记和侧翼标记选择的可靠性

（资料来源：Liu B, 1998）

另外，r 值也会影响由该标记位点等位基因分离产生的遗传方差的大小。据推算，$M_1M_1T_1T_1 \times m_1m_1t_1t_1 F_2$ 群体与 t_1t_1 群体测交，后代由标记等位基因分离产生的遗传方差为 $V_{BC} = 4(a+d)2\left[0.25(1-2r)\right]^2$（$a$、$d$ 分别为 T_1T_1 和 t_1t_1 的基因

---

① 潘海军. 水稻抗白叶枯病基因 *Xa*23 分子标记定位和标记辅助选择 [D]. 南京：中国农业科学院,2003.

型值，r 为重组率）。V_{BC} 越大，利用该标记（M_1）选择的效率就越高；此式还表明，V_{BC} 随 r 值的减小而增大。因此，缩小 r 值有利于 MAS 效率的提高。随着分子标记技术的发展及 QTL 作图技术的改进，相信可以找到与数量性状每一 QTL 等位基因均紧密连锁的标记基因，这样对标记的选择就可与对 QTL 本身的选择相等价了。

4.1.2　影响分子标记辅助选择的主要因素

1. 分子标记总数和选用的分子标记数

理论上，标记数越多，从中筛选出对目标性状有显著效应的标记的机会就越大，因而有利于提高 MAS 效率。事实上，MAS 的效率随标记数的增加表现为先增后减。由于 MAS 的效率主要取决于对目标性状有显著效应的标记，因而选择时所用的标记数并非越多越好。Gimelfarb 等（1994）的研究表明，利用 6 个标记时的 MAS 效率明显高于 3 个标记时，但利用 12 个甚至更多个标记时，MAS 的效率或降低（低世代时），或增幅很小（高世代时）。由此可见，为节约成本、减轻工作量和提高选择效率，首先应筛选出效应显著的标记，并且在计算选择指数时，各标记还应根据其对目标性状的作用大小给予不同的权重。Zehr 等（1992）利用 15 个 RFLP 标记对玉米 BS1167×FRM17 群体的选择结果证实了这一点。

2. 群体性质和大小

这主要取决于群体的连锁不平衡性，群体的连锁不平衡性越大，MAS 的效果就越好。由于两个自交系杂交产生的 F_2 群体的连锁不平衡性往往最大，因而对其实施 MAS 的效率就较高；同样，MAS 对用其他杂交方法产生的低世代也有较好的效果。但连锁不平衡性较大的群体对检测和筛选"优良"标记是不利的。同时，连锁不平衡性的利用效果还依赖于标记与 QTL 间的连锁程度。

群体大小是制约 MAS 选择效率的重要因素之一。一般情况下，MAS 群体大小不应小于 200 个。选择效率随着群体增加而加大，特别是在低世代和遗传率较低的情况下尤为明显。所需群体数的大小随 QTL 数目的增加呈指数上升。计算机模拟表明，当遗传率为 0.1 时，转移 5 个 QTL 较两个所需群体将增加 8 倍。

在 QTL 位置和效应固定的情况下，MAS 的重要优势之一是能显著降低群体的大小。Knapp（1998）分析了用 MAS 选择一个或多个优良基因型的概率，并将其用于推断 MAS 与 PS（表现型选择）的相对效益，他指出如欲获得相同数目的优良基因型，表型选择测验的后裔个体数比 MAS 增加 1 ~ 16 倍。

3. 性状的遗传率

性状的遗传率极大地影响 MAS 的效率。遗传率较高的性状根据表现型就可较有把握地对其实施选择，此时分子标记提供的信息量较少，MAS 效率随性状遗传率增加而显著降低。Lande 等（1990）指出，MAS 的最大理论效率为 1/h。在群体大小有限的情况下，低遗传率的性状 MAS 相对效率较高，但存在一个最适大小，在此限之下 MAS 效率会降低，如在 0.1 ~ 0.2 时，MAS 效率会更高，但出现负面试验频率也高一些，如 QTL 检测能力下降等。因此，利用 MAS 技术所选性状的遗传率在中等（0.3 ~ 0.4）会更好。

4. 世代的影响

在早期世代（BC_1），变异方差大，重组个体多，中选概率大，因此背景选择时间应在育种早期世代进行，随着世代的增加，背景选择效率会逐渐下降。在早期世代，分子标记与 QTL 的连锁非平衡性较大；随着世代的增加，效应较大的 QTL 被固定下来，MAS 效率随之降低。

5. 控制性状的基因（QTL）数目

理论上讲，与 QTL 紧密连锁的所有标记都可用于 MAS。然而，由于选择数个 QTL 的费用问题，使用的与 QTL 紧密连锁的标记数不超过 3 个。模拟研究发现，随着 QTL 增加，MAS 效率降低。当目标性状由少数几个基因（1 ~ 3）控制时，用标记选择对发掘遗传潜力非常有效；然而当目标性状由多个基因控制时，由于需要选择世代较多，加剧了标记与 QTL 位点重组，降低了标记选择效果，在少数 QTL 可解释大部分变异的情况下，MAS 效率更高。

6. 选择强度与 QTL 的遗传方式和相位

在高选择强度下，常规选择更易丢失有利基因，MAS 效率随着选择强度升高而增加。显性作用随着世代增加而降低，因此显性遗传 QTL 的 MAS 效率高。当对多个 QTL 进行选择时，相引连锁比相斥连锁 MAS 效率高。此外，Chen 等（2000）发现用标记消除连锁累赘时，两代单交换选择效率比一代双交换高，且成本较低。在低遗传率（0.3）下，一类错误（假阳性）提高对 MAS 效率反而有利。在中等或较低选择强度下，目标基因 /QTL 周围染色体区段由较远端标记控制更有效。

4.2   分子标记辅助选择方法

筛选与质量性状基因紧密连锁的分子标记用于辅助育种可免受环境条件影响。Deal 等将普通小麦 4D 长臂上的抗盐基因转移到硬粒小麦 4B 染色体上，利用与该抗盐基因连锁的分子标记进行选择，大大提高了选择效率。研究表明，在一个有 100 个个体数的回交后代群体中，借助 100 个 RFLP 标记选择，只需 3 代就可使后代的基因型恢复到轮回亲本的 99.2%，而随机挑选则需要 7 代才能达到。利用 MAS 技术在快速基因垒集方面也表现出巨大的优越性，国际水稻研究所（IRRI）的 Mackill 等已将抗稻瘟病基因 $Pi-1$、$Pi-z5$、$Pi-ta$ 精确定位，并建立了分别具有这 3 个基因的等基因系。通过 MAS 聚合杂交获得 3 个抗稻瘟病基因垒集到一个材料中的个体。在水稻 RFL 基因的 MAS 育种方面也已有成功范例。

4.2.1   回交育种

由单基因或寡基因等质量性状基因控制的主要农艺性状，若利用分子标记辅助选择，则主要应用回交育种分析方法。针对每一回交世代结合分子标记辅助选择，筛选出含目标基因的优异品系，进一步培育成新品种。若利用分子标记跟踪选择回交后代中的 QTL，常由于该数量性状在后代中处于分离状态的 QTL 数目增加，需扩大回交群体，以增加使所有 QTL 的有利基因同时整合在一个个体中的机会。另外，对多个 QTL 进行回交转育，可能会将较大比例的与这些 QTL 连锁的供体基因组片段同时转移到轮回亲本中去。因此，该法不是利用分子标记辅助育种选择 QTL 性状的最优方法。

在回交育种过程中，尤其是野生种做供体时，尽管有一些有利基因成功导入，但同时也带来一些与目标基因连锁的不利基因，成为连锁累赘。利用与目标基因紧密连锁的分子标记可直接选择在目的基因附近发生重组的个体，从而避免或显著减少了连锁累赘，加快了回交育种的进程。Young 等研究发现，利用番茄高密度 RFLP 图谱对通过回交育种育成的抗病品种所含 *Lperu* 抗 TMV 的 *Tmv*$_2$ 渗入片段大小进行检测,最小 4 cM,最大超过 51 cM,可见常规育种对抗性基因附近的 DNA 大小选择效果不大;模拟结果显示,利用分子标记通过二次回交所缩短的渗入区段,在不用标记辅助时需 100 次回交才可达到同样效果。

1996 年,Tanksley 提出了 QTL 定位和 AB 分析方法(advanced backcross analysis),即利用野生种或远缘的材料与优良的品种杂交,再回交 2 ~ 3 代,利用分子标记同时发现和定位一些对产量或其他性状有重要贡献的主效 QTL,这种方法已在番茄和水稻中被证实是行之有效的。例如,通过 AB 分析方法,发现 *O.rufipogon* 水稻野生种(图 4-2)中有两个可显著提高我国杂交稻产量的 QTL。和原杂交稻相比,每个 QTL 大约可提高 17% 的产量;而且这两个 QTL 没有与不良性状连锁。因此,它们有很大的利用潜力。

图 4-2 水稻 *O.rufipogon* 野生种(左)和中国现代品种(右)

4.2.2 标记辅助聚合

聚合(pyramiding)是将数个基因共同导入某一基因型的过程,通过常规育种方法也可进行基因聚合,不过在超过一个基因后不易进行植株的鉴定。利用传统的表现型选择必须进行单株所有性状的鉴定,因而从某些群体类型(如 F$_2$)或需进行破坏性生物测定的性状来评定植株就显得很困难。DNA 标记非常便于选择,因为 DNA 标记检验是非破坏性的,利用单一的 DNA 样品就可检测多个基因的标记而无须进行表现型鉴定,如图 4-3 所示。

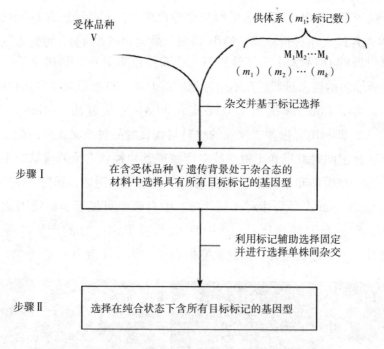

图 4-3　来自 k 个供体系基于标记的基因聚合程序

（资料来源：Ishii and Yonezawa，2007）

基因聚合广泛应用于聚合多个抗病基因，其目的在于培育作物的持久抗性。有证据表明，多基因的聚集可提供持久广谱的抗性，与单基因控制的抗性相比，病原菌通过突变而克服两个或更多个基因的能力较低。过去聚合多个抗性基因相当困难，因为尽管基因不同，但是表现型却一般相同，所以需要后代测试以确定哪个植株拥有更多的抗性基因。而借助 DNA 标记就很容易确定植株中抗性基因的数量。同时聚合由 QTL 所控制的数量抗性则是开发持久抗病性的又一理想策略。Castro 等指出数量抗性可以作为质量抗性打破后的一种保险策略，结合数量抗性的例子之一是抗条锈病的单一基因与两个 QTL 的聚合。

聚合也可以结合两个以上亲本的基因，如 Hittalmani 等和 Castro 等分别聚合了 3 个亲本的抗水稻稻瘟病基因和大麦条锈病基因。有人提出利用 MAS 聚合方法生产禾谷类作物，即具有持久抗性的三重 F_1 杂交种。Servin 等评价了连锁目标基因的 MAS 聚合策略，对于多个连锁的目标位点连续多个世代的聚合对最小化标记基因分型而言更适合。

理论上，MAS 可用于聚合来自多个亲本的基因，禾谷类作物中的一些 MAS 聚合的例子如表 4-1 所示。将来可用 MAS 聚合结合耐逆 QTL，尤其是在不同生长期均有效的 QTL。另外，MAS 可用于聚合与其他 QTL 存在互作效应的单个 QTL，这在水稻黄斑病毒病的两个互作抗性 QTL 已得到实验证实。

表 4-1　禾谷类作物中基因 /QTL 聚合实例

作　物	性　状	亲本 1 基因	亲本 2 基因	选择期	DNA 标记
大麦	黄花叶病毒病	*rym*1	*rym*5	F_2	RFLP,CAPS
	黄花叶病毒病	*rym*4,*rym*9,*rym*11	*rym*4,*rym*9,*rym*11	F_1衍生的双单倍体	RAPD,SSR
	条锈病	Rspx	QTLs4,7	F_1衍生的双单倍体	SSR
		Rspx	QTL5	F_2	
水稻	白叶枯病	xa5,*xa*l3	*Xa*4,*Xa*21	F_2	RFLP,STS
	白叶枯病，三化螟，螟虫，纹枯病	*Xa*21,Bt	RC7，几丁质酶基因，Bt	F_2	STS
水稻	稻瘟病	*Pi*l,*Piz* − 5	*Pi*l,*Piz*	F_2	RFLP,STS
	褐飞虱	Bph1	Bph2	F_4	STS
	抗虫性和白叶枯病	*Xa*21	Bt	F_2	STS
小麦	白粉病	Pm2	Pm4*a*	F_2	RFLP

4.2.3　SLS—MAS

在典型的植物育种过程中，标记可在任何时期使用，但早代 MAS 却具有

分子标记在品种培育中的应用研究

很大的优势，因为非优良基因组合的植株在早代即可被淘汰，育种家便可将注意力集中于随后世代的少数重点品系。当标记与所选 QTL 间连锁不太紧密时，由于增加了标记与 QTL 间重组的可能性，MAS 的效率在早代达到最高。

对于自花授粉作物而言，选择的一个重要目标是尽可能早地在其纯合时固定等位基因。例如，在混选（bulk）和单粒传育种方法中，筛选常常在 F_5 或 F_6 代进行，此时大多数位点均已纯合。利用共显性 DNA 标记，最早可在 F_2 代固定特定的等位基因至纯合态，但是这需要很大的群体，而实际上每个世代仅能固定少量的位点。因此可以通过丰富而不是固定等位基因，即在一个群体内通过选择目标位点的纯合体和杂合体减少所需育种群体的数量。

由于高的选择压，群体规模很快就可以变得很小，从而在非目标位点存在遗传漂变的机会，因而建议使用大群体。

SLS—MAS 是 Ribant 等在 1999 年提出的。基本原理是在一个随机杂交的混合大群体中，尽可能保证选择群体足够大，保证中选的植株在目标位点纯合，而在目标位点以外的其他基因位点上保持大的遗传多样性，最好仍呈孟德尔式分离。这样，分子标记筛选后仍有很大遗传变异供育种家通过传统育种方法选择，选出新的品种和杂交种。这种方法对于质量性状或数量性状基因的 MAS 均适用。本方法可分为四步：

第一，利用传统育种方法结合 DNA 指纹图谱选择用于 MAS 的优异亲本，特别对于数量性状而言，不同亲本针对同一目标性状要具有不同的重要的 QTL，即具有更多的等位基因多样性。

第二，确定该重要农艺性状 QTL 标记。利用中选的亲本与测验系杂交，将 F_1 自交产生分离群体，一般 200 ～ 300 株，结合 $F_{2:3}$ 单株株行田间调查结果，以确定主要 QTL 的分子标记。

表型数据必须在不同地区种植获得，以消除环境互作对目标基因表达的影响。标记的 QTL 不受环境改变的影响，且占表型方差的最大值（即要求该数量性状位点必须对该目标性状贡献值大）。确定 QTL 标记的同时将中选的亲本间杂交，其后代再自交 1 ～ 2 次产生一个很大的分离群体。

第三，结合 QTL 标记的筛选，对上述分离群体中单株进行 SLS—MAS。

第四，根据中选位点选择目标材料，由于连锁累赘，除中选 QTL 标记附近外，其他位点保持很大的遗传多样性，通过中选单株自交，基于本地生态需要进行系统选择，育成新的优异品系，或将此与测验系杂交产生新杂种。若目标性状位点两边均有 QTL 标记，则可降低连锁累赘。

4.2.4　MAS 聚合育种

在实际育种工作中，通过聚合杂交将多个有利目标基因垒集到同一品种材料中，培育成一个包含多种有利性状的品种，如多个抗性基因的品种，在作物抗病虫育种中保证品种对病虫害的持久抗性将有十分重要的作用。但是，导入的新基因表现常被预先存在的基因掩盖或者许多基因的表现型相似难以区分、隐性基因需要测交检测或接种条件要求很高等，导致许多抗性基因不一定会在特定环境下表现出抗性，造成基于表现型的抗性选择无法进行。而 MAS 可利用分子标记跟踪导入新的有利基因，将超过观测阈值外的有利基因高效地累积起来，为培育含有多抗、优质基因的品种提供重要的途径。

利用 MAS 技术在快速垒集基因方面表现出巨大的优越性。农作物有许多基因的表现型是相同的，通过经典遗传育种研究无法区分不同基因效应，从而也就不易鉴定一个性状的产生是由于一个基因还是多个具有相同表现型的基因的共同作用。借助分子标记可以先在不同亲本中将基因定位，然后通过杂交或回交将不同的基因转移到一个品种中，通过检测与不同基因连锁的分子标记有无来推断该个体是否含有相应的基因，以达到聚合选择的目的。

南京农业大学细胞遗传研究所与扬州市农科院合作，借助于 MAS 完成了 $Pm4a+Pm2+Pm6$ 、$Pm2+Pm6+Pm21$ 、$Pm4a+Pm21$ 等小麦白粉病抗性基因的聚合，从而拓宽了现有育种材料对白粉病的抗谱，提高了抗性的持久性。利用具有单个不同抗性基因的四个亲本，通过 MAS 三个世代即可获得同时具有四个抗性基因的个体。国际水稻研究所的 Mackill 利用 MAS 对水稻稻瘟病抗性基因 $Pi-1$ 、$Pi-z5$ 、$Pi-ta$ 进行垒集，获得了抗两种或三种小种的品系。

利用 RAPD 与 RFLP 标记，Yoshimura 等已将水稻白叶枯抗性基因 $Xa1$ 、$Xa3$ 、$Xa4$ 、$Xa5$ 与 $Xa10$ 等基因进行了不同方式的聚合。在水稻中已将含有抗白叶枯基因沿刀的材料与抗虫基因材料杂交，利用的 STS 标记获得了具有和抗虫基因的材料。通常应用 MAS 聚合不同基因时，F_2 分离群体大小应以 $200 \sim 500$ 株为宜，先对易操作的分子标记进行初选，再进行复杂的 RFLP 验证，可提高聚合效率。

随着育种目标的多样性，为了选育出集高产、优质、抗病虫等优良性状于一身的作物新品种，应考虑目标性状标记筛选时亲本选择的代表性，即最好选择与育种直接有关的亲本材料，所构建群体最好既是遗传研究群体，又是育种群体。在此基础上，多个目标性状的聚合需通过群体改良的方法实现。毋庸置疑，分子标记技术赋予了群体改良新的内涵，借助分子标记技术可快速获得集多个目标农艺性状于一身的作物新品种。

南京农业大学棉花研究所在多目标性状聚合的修饰回交方法育种的基础上，提出了 MAS 的修饰回交聚合育种方法。修饰回交是将杂种品系间杂交和回交相结合的一种方法，即回交品系间的杂交法。将各具不同优良性状的杂交组合分别和同一轮回亲本进行回交，获得各具特点的回交品系，再把不同回交品系进行杂交聚合。目前，用分子标记技术可对目标性状进行前景选择，对轮回亲本的遗传背景进行背景选择，从而达到快速打破目标性状间的负相关，获得聚合多个目标性状新品系的目的，如图 4-4 所示。

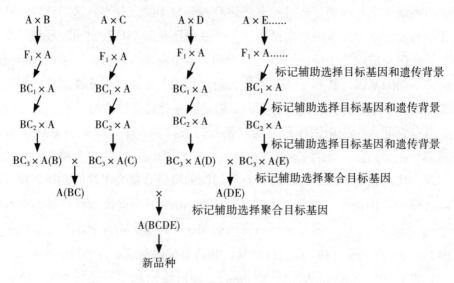

图 4-4 分子标记辅助选择的修饰回交聚合育种示意图

注：A 为轮回亲本；B、C、D、E 分别代表各自不同目标性状基因的品系或种质系。

4.3　目标性状育种中的标记辅助选择

理论上讲，常规育种中必须选择的产量、品质、抗病、株型和生理等性状都可作为分子标记辅助选择的目标性状，这些性状可分为质量性状和数量性状两大类。

分子标记辅助选择的核心是将常规育种中表现型的评价、选择转换为分子标记基因型的鉴定、选择，选择效果除了受分子标记与目标性状之间连锁程度的影响外，还与目标性状的性质即质量性状和数量性状有关。尽管质量性状和数量性状分子标记选择的原理是一致的，但是采取的策略有所不同。

4.3.1　质量性状与选择

1. 质量性状

质量性状是由单基因或一个主效基因和少数微效基因共同控制的性状。质量性状的表现型与基因型之间通常存在清晰区分的对应关系。因此，对典型的质量性状（如小麦的叶耳色），可以用常规方法选择，而不须借助分子标记。但对表现型测量比较困难和复杂的性状（如小麦的白粉病）或作物生长后期才能调查的性状（如小麦株高），就可以实施分子标记辅助选择，以便在实验室内考种时或田间播种前早期选择。

质量性状可用相应的标记对目标基因进行直接选择，通常称为前景选择（foreground selection）。对目标基因选择的可靠性主要取决于目标基因与标记间连锁的紧密程度，连锁越紧密，分子标记的正确率就越高。对目标基因的分子标记选择可用一个标记（单侧标记）或目标基因两侧相邻的两个标记跟踪选择，分别称为单标记选择和双标记选择。在同样情况下，双标记选择的正确率远远大于单标记选择。

在育种过程中，特别是在对小麦骨干亲本或主推品种进行遗传基础鉴定时，除对一些主要目标基因进行选择外，还常常对除目标基因外的基因组其他部分进行选择。对基因组中除了目标基因之外的遗传背景的选择称为背景选择（background selection）。背景选择的对象几乎包括了整个基因组，因此涉及一个全基因组选择的问题。近二十年来，通过分子连锁图的构建，当各个个体覆盖全基因组的所有标记的基因型都已知时，就可以推测各个标记座位上等位基因来自哪个亲本，由此可以推测出该植株中所有染色体的组成。近几年开发的 DArT 标记和 SNP 检测则摆脱了必须用杂交衍生的遗传群体的限制，可在自然群体间对单个品种（系）进行遗传背景的全面分析鉴定，由此开发的分子标记将对分子标记辅助育种带来实质性的帮助。

2. 质量性状选择

传统的表现型选择方法对质量性状而言多数是有效的，因为质量性状通常受一个或几个主效基因控制，不易受环境的影响，一般具有显隐性。但对许多重要的农艺性状，如抗病性、抗虫性、条件育性等性状通过表现型进行选择往往受到一定的限制，如在以下三种情况下，采用标记辅助选择可提高选择效率：

第一，当表现型的测量在技术上难度较大或费用太高时。

第二，当表现型只能在个体发育后期才能测量，但为了加快育种进程或减少后期工作量，希望在个体发育早期就进行选择时。

第三，除目标基因外，还需要对基因组的其他部分（即遗传背景）进行选择时。

另外，有些质量性状不但受主基因控制，而且受一些微效基因的修饰作用，易受环境的影响，表现出类似数量性状的连续变异（如植物抗病性）。这类性状的遗传表现介于典型的质量性状和典型的数量性状之间，所以有时又称之为质量—数量性状。而育种习惯上把它们作为质量性状来对待。这类性状的表现型往往不能很好地反映其基因型，如果仍按传统育种方法进行，那么依据表现型对其进行选择的效率就很低。因此，分子标记辅助选择对这类性状就特别有用。

质量性状标记辅助选择的基本方法主要有前景选择和背景选择。其中前景选择是标记辅助选择的主要方面。前景选择的可靠性主要取决于标记与目标基因间连锁的紧密程度。若只用一个标记对目标基因进行选择，则要求标记与目标基因间的连锁必须非常紧密才能够达到较高的正确率。若要求选择正确率达到 90% 以上，则标记与目标基因间的重组率不大于 5%。当重组率超过 10% 时，选择正确率就已降到 80% 以下。如果不要求中选的所有单株都是正确的，而只要求在选中的植株中至少有一株是具有目标基因型的，那么即使标记与目标基因只是松弛连锁的，也会对选择有较大帮助。即使重组率高达 30%，只需选择 7 株具有标记基因型的植株，就有 99% 的把握保证其中有 1 株为目标基因型；而如果不用标记辅助选择（相当于标记与目标基因间无连锁，重组率为 0.5），则至少需选择 16 株。

同时用两侧相邻的两个标记对目标基因进行跟踪选择，可大大提高选择的正确率。需要指出的是，在实际情况中，单交换间总是存在相互干扰的，这使双交换的概率更小，因而双标记选择的正确率要比理论期望值更高。孟金陵等认为，通过分子标记辅助选择技术，借助饱和的分子标记连锁图，对各选择单株进行整个基因组的组成分析，可以选出带有多个目标性状而且遗传背景良好的理想个体。

由于目标基因是选择的首要对象，因此一般应首先进行前景选择，以保证不丢失目标基因，然后再对中选的个体进一步进行背景选择，以加快育种进程。

4.3.2　数量性状与选择

1. 数量性状

小麦单位面积产量、单位面积成穗数、穗粒数及千粒重等产量性状，面包、面条、馒头等加工品质性状都是由多基因控制的，这类由多个基因控制的性状称为数量性状。数量性状的主要遗传特点是表现型与基因型之间缺乏清晰的对应关系，且易受环境的影响。小麦数量性状在田间条件下的选择准确度差，因此，人们更希望用分子标记辅助选择来提高这类性状的选择效率，特别是实现某性状的多个基因 /QTL 聚合，培育单个性状突出的育种材料，或用分子标记辅助选择的方法，实现多个优良性状优势等位基因聚合，培育超级小麦新品种（superior variety）。

然而，小麦数量性状的分子标记辅助选择并不像质量性状的辅助选择那样简单。目前，数量性状分子标记辅助选择主要存在以下几个方面的问题。

第一，由于数量性状是多基因控制的，单个基因 /QTL 标记（尽管有些为功能标记）并不能对该类性状进行有效的鉴别和区分。例如，Su 等（2011）参考水稻的粒重（*GWZ*）基因在小麦中克隆了一个同源基因 *TaGWZ-6A*，并开发了理想的共显性 CAPS 标记，其产生的 167 bp 和 218 bp 两种 DNA 片段分别对应高粒重（*Hap-6A-A*）和低粒重（*Hap-6A-G*）两种等位基因变异。韩利明利用 *TaGWZ-6A* 位点的这两个标记，分析了 21 个国家的小麦品种 745 份，肯定了 *TaGWZ-6A* 为千粒重辅助选择的有效位点。但用此位点的两个单倍型标记进行千粒重辅助选择时发现，两个单倍型标记与高粒重和低粒重的对应关系与前面两人的研究结果相反，即 *Hap-6A-G* 对应高粒重而 *Hap-6A-G* 应低粒重，而且用含有 134 个家系的 RIL 群体进行了标记鉴定，33 个家系含有 167 bp 片段，千粒重范围为 39.91 ～ 65.12 g，101 个家系含有 218 bp 片段，千粒重范围为 40.1 ～ 73.40 g，尽管两组家系的粒重平均值分别为 52.70 g 和 60.79 g，但仍达到极显著水平，这说明在统计学上这个位点确实可用于粒重的分子标记选择。在株系选育中，含有小粒重标记的株系千粒重最高可达 65.12 g，而含有大粒重标记的株系千粒重最低只有 40.12 g，这说明小麦的千粒重确实是一个多基因 / QTL 控制的性状，仅用一个位点的分子标记选择不可能像质量性状那样把高粒重和低粒重的株系明显区分。

第二，尽管到目前为止大约构建了几十个小麦分子遗传图，但还没有哪个图谱能把全部 QTL/ 基因精确定位出来。因此，还无法对某个数量性状进行全面的分子标记辅助检测。

第三，同一数量性状的多个 QTL/ 基因之间，还存在着普遍的上位效应，不同数量性状间也可能存在着复杂的遗传关系，这些都给数量性状的分子标记带来了很大难度。

数量性状的分子标记辅助育种尽管目前还存在很多问题，但由于数量性状特别重要，其常规育种选择的盲目性更应该加强该方面的研究和应用。针对分子标记育种效率低的问题，Bemacchi 等采取了高代回交同时进行 QTL 分析的 AB-QTL 策略；Li 等提出了在 BC$_2$ 或 BC$_3$ 代进行高强度选择后构建导入系，同时开展 QTL 研究和高效分子标记辅助育种工作；Podic 等提出了 MYG 策略，认为在 QTL 定位过程中，应充分考虑育种群体的具体情况；Heffiier 和 Cavanagh 等提出了全基因组选择技术（genome-wide comparative diversity），从 SNP 水平上全面开发更多的性状标记，用全基因组标记来准确估计育种值，从而提高育种效率，加快育种进程，解决多基因控制的低遗传力性状改良问题。

在小麦品种培育过程中，各世代需要选择的性状很多，这些性状都可以利用分子标记辅助选择的方法来提高选择准确度。目前，质量性状的分子标记已有成功的例子，数量性状的选择尽管还有些困难，但这些性状更需要分子标记辅助选择。就像"综合性状"是一个生产大面积品种的基本条件一样，在育种过程中能实际应用也是分子标记辅助育种的基本条件，不宜过分区别选择的是质量性状还是数量性状。近十几年来，相关学者在遗传群体构建和 QTL 定位等有关分子标记辅助选择研究的基础上，紧密结合大田常规育种的实际要求，开展了不少小麦分子标记辅助选择的工作。

2. 数量性状选择

作物育种的目标性状（如产量、品质等）多为数量性状，因此对数量性状的遗传操纵能力决定了作物育种的效率。数量性状的表现型与基因型之间往往缺乏明显的对应关系，表现型不仅受生物体内部遗传背景的影响，还受外界环境的影响。从理论上来说，运用分子标记辅助选择，育种者可以在不同发育阶段、不同环境中直接根据个体基因型进行选择，既可以选择单个主效 QTL，又可以选择所有与性状有关的微效基因位点，从而避开环境因素和基因间互作带来的影响。

原则上讲，对质量性状适用的分子标记辅助选择方法也同样适用于数量性状的选择，然而数量性状的选择要比质量性状的选择复杂得多，数量性状往往涉及多个 QTL，每个 QTL 对目标性状的贡献率不一样，性质也会有差异。因此，首先要确定最佳的技术路线，将各个 QTL 分类排列，在充分考虑各个 QTL 之间互作的基础上，画出图示基因型，然后根据图示基因型决定选材。在比较复杂的情况下，先针对少数主效 QTL 实施选择更容易在短期内取得较为理想的效果。目前，QTL 定位的基础研究还不能完全满足育种的需要，这是因为多数 QTL 还停留在初级定位，只有少数 QTL 被精细定位和克隆。另外，上位性效应也可能影响选择的效果，使选育结果不符合预期的目标。不同数量性状间还可能存在遗传相关，对一个性状选择的同时还要考虑对其他性状的影响。

数量性状的选择通常采用表型值选择、标记值选择、指数选择和基因型选择几种方法。表型值选择是传统育种的选择方法，标记值选择和指数选择都是依据个体的基因型值中的加性效应分量，而非个体的基因型本身，所以表型值选择、标记值选择及指数选择都没有做到对基因型的直接选择。因此，更有效的方法是采取基因型选择，像质量性状的标记辅助选择一样，利用其两侧相邻的标记或单个紧密连锁标记的基因型进行选择。

Hospital 和 Charcosset 建议，对每个目标 QTL 最好用三个相邻的连锁标记进行跟踪选择。这三个标记的最佳位置应根据目标 QTL 的位置置信区间来决定。一般而言，中间一个标记最好处于非常靠近或正好位于估计的 QTL 位置上，而另外的两个标记则近乎对称地位于两侧。研究表明，在回交育种中，若用最佳位置的标记来跟踪目标 QTL，则一个包括几百个个体的群体就足以将 4 个互相独立的 QTL 的有利等位基因从供体亲本转入受体亲本。若 QTL 间存在连锁、QTL 定位精确或使用更大的群体，则可同时转移更多的 QTL。在选择 QTL 的同时，同样也可以利用分子标记进行背景选择，使背景更快地回复到轮回亲本的基因组，加快育种进程。

目前，在育种实践中，数量性状的分子标记辅助选择应以针对单个性状遗传改良的回交育种计划为重点，理论和操作上相对比较简单，因为这只涉及将有利的 QTL 基因从供体亲本转移到受体亲本的过程。在选育策略上，针对育种的目标性状，选择拥有多个有利基因的材料作为供体亲本，而以改良的优良品种作为受体亲本，在选育过程中可以在回交一代对目标性状进行定位，然后以该定位指导各世代中的个体选择，这样 QTL 定位和分子标记辅助选择就能够有机结合起来。Tanksley 和 Nelson 提出了高代回交 QTL 分析的策略，通过回交 2 代或 3 代，建立一套受体亲本的近等基因系，其遗传背景来自受体亲本，其中某个染色体片段来自供体亲本。通过分子标记分析，借助饱和的分子标记连锁图谱，可以确定各个近等基因系所拥有的供体亲本染色体片段。这样可以对有关的 QTL 进行精细定位，根据精细定位的结果可以提高标记选择的可靠性。在这些近等基因系中，有些优良的改良品系有可能直接被应用于生产实践。而且，不同近等基因系的进一步杂交选择、聚合有利基因可能培育出新的优良品系。

数量性状的标记辅助选择技术还可以同时应用于改良多个品种的更为复杂的育种计划。这可以通过三个阶段来完成。

第一阶段：针对育种目标，通过双列杂交或 DNA 指纹等方法，从优良的品种中选出彼此间在目标性状上表现为最大遗传互补的亲本系。

第二阶段：将中选的亲本系与测交系杂交，建立一个作图群体和分子标记连锁图，并进行田间试验，定位目标性状的 QTL。同时将中选的亲本互相杂交，建立一个较大的 F_2 代育种群体。然后根据 QTL 的定位结果，在 F_2 代育种群体中进行大规模的分子标记辅助选择，选出目标染色体上彼此互补的有利基因，得到纯合的个体，目标个体自交建立 F_3 代株系。

第三阶段：在标记辅助选择得到的 F_3 代株系的基础上，进一步应用常规育种方法培育出新的品系。

影响数量性状分子标记辅助选择的因素很多，关键是 QTL 定位的基础研究，包括分子标记与目标性状连锁程度、不同等位基因的遗传效应以及不同 QTL 之间的互作关系。因此，对数量性状的选择难度要比质量性状大得多，尤其是对多个 QTL 进行选择。

4.4　分子标记辅助选择的应用及发展策略

4.4.1　分子标记辅助选择的应用

1. 单个主基因的回交转移

$Xa21$ 是一个来自长药野生稻（ $O.longistaminata$ ）的广谱高抗白叶枯病的主基因，它对菲律宾全部 7 个白叶枯病小种以及我国 4 个白叶枯病主要菌系（Ⅲ、Ⅳ、Ⅴ、Ⅵ）均有很强的抗性。我国科学家以含有 $Xa21$ 的水稻品种 $IRBB_{21}$ 为供体亲本，通过回交育种途径，并应用分子标记辅助选择技术，成功地将 $Xa21$ 转入大面积推广应用的优良杂交稻恢复系"明恢 63"和"密阳 46"中。该研究采用了与 $Xa21$ 紧密连锁的 SCAR 标记，正向引物 PB_7 和反向引物 PB_8 均含有 24 个碱基。用该标记对杂交后代的 243 个株系进行检测，筛选出纯合抗性系 46 个。用人工接种对这 46 个株系的抗性进行鉴定，发现有 43 个系表现为抗病，选择符合率达 93.5%。对两个转入的新恢复系 T_{71} 和 T_{81} 进行人工接种，结果表明，它们都达到了供体亲本 $IRBB_{21}$ 的抗性水平，平均病斑长度皆小于 2 cm，而原受体亲本"明恢 63"和"密阳 46"的平均病斑长度分别为 10.48 cm 和 16.18 cm；用 T_{71} 和 T_{81} 配置的杂交稻组合"协优 T_{71}"和"协优 T_{81}"的平均病斑长度分别为 3.72 cm 和 4.35 cm，而对照"汕优 10"和"汕优 63"的平均病斑长度分别为 19.27 cm 和 23.84 cm。可见，$Xa21$ 的转入确实显著提高了恢复系"明恢 63"和"密阳 46"及由其配组的杂交种的白叶枯病抗性。

2.QTL 的定向选择

美国科学家用玉米自交系组合 CO159/Tx303 的 F_2 大群体（约 1 900 株）研究了产量等数量性状的标记辅助定向选择的效率。该研究共使用了 15 个同工酶标记，标记区覆盖玉米基因组的 30% ~ 40%。采用标记值选择法，各标记的加性效应不是用偏回归系数来估计，而是令其等于各标记两种纯合基因型（MM和 mm）之间均值差的一半。另外，为了比较，同时进行了传统的表型值选择。结果如表 4-2 所示，就 3 个被研究的性状而言，标记值选择的遗传进度基本上与表型值选择相当，这一结果与计算机模拟研究的结果是吻合的（但在负向选择中，标记值选择的遗传进度却明显大于表型值选择，其原因在此不做探讨）。对标记座位上有利等位基因的频率进行分析，发现在标记值选择中正向选择和负向选择后代中的等位基因频率平均相差为 0.38，而在表型值选择中则为 0.13，只及前者的 1/3。

表 4-2　玉米 CO159 × Tx303 F_2 群体不同方式定向选择的比较

选择方式		标记值正向	标记值负向	表型值正向	表型值负向	无选择对照
后代性状均值和遗传进度	单株产量 /g	151.2	107.7	151.7	122.4	127.2
	遗传进度	24.0	−19.5	24.5	−4.8	
	穗位高 /cm	73.5	47.1	68.5	57.8	59.2
	遗传进度	14.3	−12.1	9.3	−1.4	
	穗数	1.48	1.20	1.43	1.28	1.35
	遗传进度	0.13	−0.15	0.08	−0.07	

（资料来源：Stuber，1994。）

可见，在标记值选择中，已标记的染色体区域具有强烈的选择响应，但未标记的区域基本上没有选择响应。表型值选择的响应则分布于整个基因组，虽然它在已标记区低于标记值选择，但在未标记区则高于标记值选择，从而其总的选择响应（遗传进度）与标记值选择相当。因此，虽然这里表型值选择和标记值选择的遗传进度是相近的，但它们引起遗传进度的原因（选择的基因组区域或 QTL）却是大不相同的。如果所用的标记座位能均匀地覆盖整个基因组，那么两种方法所选择的基因组区域也许会比较接近。

3.QTL 的回交转移

美国科学家对分子标记在玉米杂种优势遗传改良上的应用进行了研究。该研究分两步进行。第一步是对控制玉米产量杂种优势的 QTL 进行定位鉴定。为此，科学家设计了两套杂交，如图 4-5 所示。第一套是以两个优良自交系 B73 和 Mo17 为亲本，建立单粒传 F_3 株系（共 264 个）群体，然后将所有 F_3 株系分别与两亲本回交，建立两个回交株系群体。第二套杂交是以另外两个优良自交系 Oh43 和 Tx303 为亲本，同样建立单粒传 F_3 株系（共 216 个）群体，然后将所有 F_3 株系分别与 B73 和 Mo17 测交，建立两个测交株系群体。接着，将两套杂交建立的群体一起种植在 6 个差异很大的环境中进行产量试验。同时，用 76 个标记（67 个 RFLP 标记，9 个同工酶标记，可覆盖玉米基因组的 90% ~ 95%）对表型数据进行分析，定位有关的 QTL。

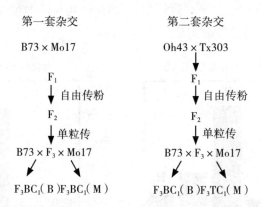

第一套杂交　　　　　第二套杂交

B73 × Mo17　　　　Oh43 × Tx303

F_1　　　　　　　　F_1

自由传粉　　　　　　自由传粉

F_2　　　　　　　　F_2

单粒传　　　　　　　单粒传

B73 × F_3 × Mo17　　B73 × F_3 × Mo17

F_3BC_1（B）F_3BC_1（M）　　F_3BC_1（B）F_3TC_1（M）

图 4-5　为分析控制玉米产量杂种优势的 QTL 而设计的两套杂交方案

研究结果如下。

第一，在第一套杂交中定位的 QTL，除了一个之外，其余都表现出超显性，对 B73 × Mo17 的杂种优势有明显的贡献，说明超显性是产生杂种优势的主要原因。

第二，尽管环境差异很大，环境效应很明显，但没有发现明显的基因型（QTL）与环境的互作。

第三，在第二套杂交中发现，Tx303 和 Oh43 各在 6 个 QTL 上具有有利等位基因，分别转入 B73 和 Mo17 后，均可提高 B73×Mo17 的杂种优势。

因此，第二步工作就是将 Tx303 和 Oh43 中的有利等位基因分别转入 B73 和 Mo17。将 B73 和 Tx303 杂交，然后与 B73 回交 3 代（BC_1、BC_2、BC_3），再自交两代（BC_3S_1、BC_3S_2）。从 BC_2 开始，每一代都进行标记辅助选择，包括前景选择（正向选择）和背景选择（负向选择）。在背景选择中，每一条染色体臂至少使用一个标记。最后，从 BC_3S_2 中鉴定出 141 个改良的 B73 株系，并与原始的 Mo17 测交。Oh43 中的基因向 Mo17 的转移采用相同的技术路线，最后获得了 116 个改良的 Mo17 株系，并与原始的 B73 测交。对这些测交后代进行产量测定，并以原始的 B73×Mo17 组合做对照。结果如图 4-6 所示，在 141 个改良的 B73×Mo17 测交后代系中，45 个（32%）比对照增产至少一个标准差，而比对照减产的仅 15 个（11%）；在 116 个改良的 Mo17×B73 测交后代系中，51 个（44%）比对照增产至少一个标准差，而比对照减产的仅 10 个（9%）。进一步以改良的 B73 和改良的 Mo17 进行配组的试验得到了更为可喜的结果。两年的试验结果如表 4-3 所示，一些改良的 B73× 改良的 Mol7 的组合比原始的 B73×Mo17 组合和一个高产推广组合 Pioneer hybrid 3165 皆增产 10% 以上。由此可见，标记辅助选择确实是十分有效的。

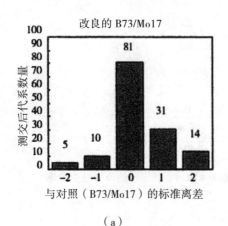

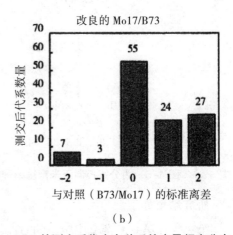

（a）　　　　　　　　　　（b）

图 4-6　改良的 B73×Mo17 及改良的 Mo17×B73 的测交后代中杂种系的产量频率分布

注：各杂种系的产量皆以与对照（原始杂种 B73×Mo17）产量的标准离差表示。（资料来源：Stuber，1994，并做修改）

当然，在该研究中，成功的频率还不是很高。这里可能有几个原因。

第一，回交的群体还不够大，以至于不能将所有 QTL 的有利等位基因同时转入受体亲本。事实上，每个系至多能转入 4 个 QTL 的有利等位基因。

第二，用于背景选择的标记不够，有的染色体臂只用了一个标记，因此受体亲本的遗传背景可能没有得到完全恢复，造成一些来自供体亲本的不利基因残留在回交后代的基因组中。

第三，标记与 QTL 间的连锁还不够紧密，使目标基因在回交过程中丢失，也可能带入一些来自供体亲本的不利基因。

表 4-3　B73×Mo17 改良组合与原始组合及对照高产组合的比较

株　　系	导入片段	每英亩产量 / 蒲式耳		
		1993 年	1994 年	平　　均
改良系				
B73（248-6）	5S，6L（Tx303）	178.7	170.9	174.8
Mo17（284-7）	3S，10S（Oh43）			
B73（257-1）	6L（Tx303）	178.1	169.5	173.8
Bo17（271-8）	3S，4S，10S（Oh43）			
B73（198-2）	1S，5S，6L（Tx303）	162.8	191.2	177.0
Bo17（41-27）	4S，9S（Oh43）			
B73（82-06）	3S，5S（Tx303）	160.8	189.3	175.1
Bo17（271-9）	4S，10S（Oh43）			
B73（198-2）	1S，5S，6L（Tx303）	173.5	185.5	179.5
Bo17（278-8）	3S，4S，10S（Oh43）			
对照				
B73×Mo17		154.8	165.8	160.3
Pioneer hybrid 3165		156.4	169.7	163.1
标准差		6.4	5.1	4.5

（资料来源：Stuber，1995。）

但不管怎么说，这项研究的结果都有力地显示了应用标记辅助选择方法在回交育种中转移 QTL 的有利等位基因的可行性，并且即使对于产量杂种优势这么一个十分复杂的性状也是有效的。而传统的回交育种方法要达到这样的效果是非常困难的。可以预见，在用传统的回交育种方法得到的后代株系中，测交产量高于和低于对照的频率将是相同的，尽管该研究并未进行这样的比较试验。事实上，有些农民曾经试图对 B73 的产量性状进行改良，但往往都以失败告终。另外，用传统的回交育种方法使后代株系遗传背景达到与标记辅助选择相同的纯合水平，所需的时间可能至少要多 1 倍。

4.4.2 标记辅助选择的发展策略

我们已经看到标记辅助选择在育种中应用的一些成功实例。然而，我们也应该看到，与已积累的大量的基因定位的基础工作相比，分子标记辅助选择技术在育种中的应用还很不够。一个重要原因是，人们最初普遍认为，开展标记辅助育种的第一步应该是先定位目标基因，第二步才是标记辅助选择。特别是对数量性状，人们认为只有在定位出所有的 QTL，将其复杂的遗传基础分解成一个个独立的孟德尔因子之后，才进行标记辅助选择。在这种思想的指导下，大多数研究的最初目的只是为了定位目标基因，在实验材料的选择上只考虑研究的方便，而没考虑与育种材料的结合。更遗憾的是，许多研究最终都只停留在目标基因的定位上，未进一步走向育种应用。调查显示，在 1995 ~ 1999 年发表的 400 多篇含有 "marker-assisted breeding"（标记辅助育种）或 "marker-assisted selection"（标记辅助选择）关键词的论文中，极少是真正有关标记辅助选择技术应用的，基本上都只是基因定位的研究。可见，最初指导思想的失误是造成目前这种基因定位研究与标记辅助选择应用相脱离局面的主要原因。因此，为了使基因定位的研究成果能够尽快地服务于育种，今后在研究策略上应重视将其与标记辅助选择相结合。特别是质量性状，其标记辅助选择的理论和技术都已比较成熟，今后研究的重点更应是实际应用。在选择杂交亲本上应尽量使用与育种直接有关的材料，所构建的群体也应尽可能做到既是遗传研究群体，又是育种群体，这样才能缩短基因定位研究与育种应用的距离。

另外，在聚合分散于多个育种材料中的抗病基因的时候，最好以一个优良品种为共同杂交亲本，以便在基因聚合的同时，也使优良品种在抗性上得到改良,既可直接应用于生产,又可作为多个抗病基因的供体亲本用于育种,如图4-7所示。

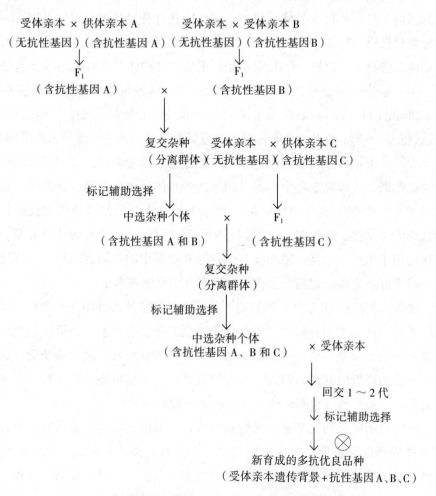

图4-7　标记辅助基因聚合与品种改良相结合的技术路线

注：受体亲本应为符合育种目标的优良品种。

对于数量性状的标记辅助选择,虽然难度较大,且理论上还不成熟,但这并不意味着目前这项技术无法为育种服务,关键是必须制定出合适的研究发展策略。从现有理论和技术的可操作性考虑,目前数量性状标记辅助选择应以针对单个性状遗传改良的回交育种计划为应用重点或突破口,因为这里只涉及将有关 QTL 的有利等位基因从供体亲本转移给受体亲本的一个遗传物质单向流动的过程，在技术上相对比较简单，容易获得成功。针对育种的目标性状，选择拥有较多有利等位基因的材料作为供体亲本，而以欲改良的（缺乏这些有利等位基因的）优良品种为受体（轮回）亲本。在育种过程中，可以在回交一代对目标性状进行 QTL 定位，然后以该定位结果指导各回交世代中的个体选择（即标记辅助选择）。这样，QTL 定位和标记辅助育种就能够有机地结合起来。

QTL 定位分析也可以推迟 1～2 代进行，这种策略称为高代回交 QTL 分析（advanced backcross QTL analysis）。该策略的好处是，通过 2～3 代回交，可以建立起一套（数百个）受体亲本的近等基因系，其遗传背景来自受体亲本，但其中某个染色体片段来自供体亲本。通过分子标记分析，参照已知的分子标记连锁图谱，可以确定各个近等基因系所拥有的供体亲本染色体片段。这样，就可以对有关 QTL 进行精细定位。对 QTL 精细定位的结果将大大提高标记辅助选择的可靠性。在这些近等基因系中，有的可能已经是新的优良品系，可以直接应用于生产。而且，散布在各个近等基因系中的不同有利等位基因还可以进一步通过杂交和标记辅助选择的方法聚合到受体亲本中。

这种回交高代 QTL 分析的策略不仅适用于传统的品种间回交育种，还对以近缘种为供体亲本的种间回交育种显得特别有效。事实上，该策略最初正是针对这一种情况而提出的，因为建立近等基因系可以有效解决远缘杂交引起的育性和生活力降低的问题。目前，应用该策略已成功地将番茄野生种中与果实性状有关的一些有利等位基因转入优良的番茄栽培品种中。

尽管目前应以回交育种作为数量性状标记辅助选择应用的研究重点，但回交育种毕竟效率较低，每次只能改良一个品种，因此从长远来看，还应将数量性状标记辅助选择技术应用于同时改良多个品种的、更为复杂的育种计划。Ribaut 和 Hoisington 提出了一个在对多个品种同时进行改良的育种计划中应用数量性状标记辅助选择的新策略，如图 4-8 所示。

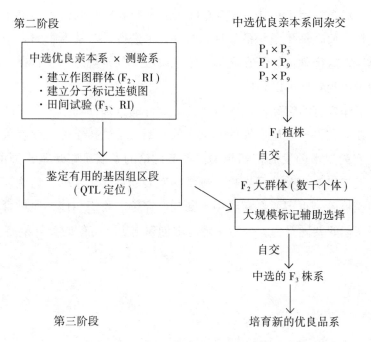

第一阶段　　　　　筛选优良亲本系 (Pp, P2,…, Pn)

·遗传实验设计 (如双列杂交)

·DNA 指纹分析

第二阶段　　　　　　　　　　　中选优良亲本系间杂交

中选优良亲本系 × 测验系
·建立作图群体 (F₂、RI)
·建立分子标记连锁图
·田间试验 (F₃、RI)

P₁ × P₃
P₁ × P₉
P₃ × P₉

F₁ 植株

自交

鉴定有用的基因组区段
(QTL 定位)

F₂ 大群体 (数千个体)

大规模标记辅助选择

自交

中选的 F₃ 株系

第三阶段　　　　　　　　培育新的优良品系

图 4-8　同时改良多个品系复杂性状的标记辅助选择策略

（资料来源：Ribaut and Hoisington, 1998）

该策略将育种计划分成三个阶段。

第一阶段：针对育种目标，通过双列杂交或 DNA 指纹等方法，从优良品种中筛选出彼此间在目标性状上表现为最大遗传互补的亲本系。

第二阶段：将中选的亲本系与测验系杂交，建立作图群体（F₂、F₃、RI 等）和分子标记连锁图，并进行田间试验，定位目标性状的 QTL。同时，将中选亲本彼此杂交，建立庞大的 F₂ 代育种群体。然后，根据 QTL 定位的结果，在 F₂ 代育种群体中进行大规模的分子标记辅助选择，选出目标染色体区段（QTL）上彼此互补的有利等位基因，得到固定（纯合）的个体，建立 F₃ 株系。

第三阶段：在标记辅助选择得到的株系的基础上进一步应用常规育种方法培育出新的优良品系。

该策略的主要特点（或优点）如下。

第一，目标性状的有利等位基因来源于两个或多个表现为遗传互补的优良亲本材料，而没有供体和受体之分。

第二，对在特定染色体区段（QTL）上有利等位基因得到固定（纯合）的个体的选择，放在遗传重组的早期世代（F_2）进行，对基因组的剩余部分没有施加选择压，这样就可保证在后续（第三阶段）的常规选育中，在非目标区上有很好的遗传变异性可以利用。

育种工作要有所突破，首先得设计一个好的育种计划。一个好的育种计划的诞生是建立在科学理论发展的基础上的，不仅与遗传学的发展有关，还与相关学科及实验技术的发展密切相关。本节讨论的发展策略是基于当前DNA标记技术的发展以及相关分子生物学领域的发展趋势提出来的。这些策略需要在实践中经受检验，也需要在实践中不断加以完善。我们相信，通过育种家和现代遗传学家们的共同努力，今后一定能够创建出更加有效的育种策略。

第5章 分子标记辅助技术在农作物育种中的应用

5.1 分子标记辅助技术在小麦育种中的应用

小麦是禾本科小麦属植物，代表种为普通小麦（Triticum aestivum L.）。小麦的发源地在亚洲西部。人类一开始是对野生一粒小麦、二粒小麦等进行驯化与栽培，而后随着时间的推移、自然环境的变迁，野生小麦发生了自然杂交及染色体加倍等变化，逐渐产生了普通小麦。普通小麦为异源六倍体，共有三个来源不同的基因组 A、B、D。据大量的科研工作者考究，A 基因组来自于乌拉尔图小麦（triticum urartu），D 基因组来自于粗山羊草（aegilops tauschii），而关于 B 基因组的起源目前仍有分歧，大多数科学家认为其来自于拟斯卑尔托山羊草（aegilops speltoides）。小麦适应性强、分布广、用途多，已逐渐成为世界上最重要的粮食作物。2019 年，我国小麦总产量达 13 359 万吨，占世界小麦总产量的 16.7%。保障小麦高产和稳产对国民经济发展和国家粮食安全至关重要。

本研究拟通过将抗病品种 Toni 与感病品种铭贤 169 杂交构建重组自交系，再利用小麦 SNP 芯片对其整个重组自交系群体进行扫描分型，通过结合基因分型的结果和田间病害调查的表型数据，对其抗条锈病基因进行定位，并评估这些基因 /QTL 在各环境中的稳定性，以及通过杂交将小麦抗病品系 P9897 中的两个抗条锈性 QTL QYr.nafu-2BL 和 QYr.nafu-3BS 导入三个中国主栽品种川麦42、襄麦 25、郑麦 9023 中，再结合分子标记辅助选择筛选出含有 P9897 中的抗性 QTL 位点且农艺性状优良的品系，从而通过 QTL 定位挖掘新的抗病基因以及选育新的抗病品种（品系），增加可利用的抗性基因以及实现抗病品种的合理布局，为我国小麦条锈病的防治提供物质支持和理论依据。

5.1.1　小麦品种 Toni 成株抗小麦条锈病基因物理图谱构建

由条形柄锈菌引起的条锈病是一种小麦真菌病害。[①] 在中国，该病害是最严重的小麦病害之一，严重威胁所有的冬小麦品种。新的条锈菌小种的出现导致目前主要应用的小麦抗病基因的抗性逐渐丧失，从而影响了小麦的产量，而培育抗病品种仍是目前控制条锈病最经济有效且环保的措施。

目前已有许多得到正式命名的抗病基因和抗病 QTL，并且它们已被大量运用于小麦育种中。但条锈菌的变异重组导致小麦的抗性丧失[②]，因此将抗病性更强更持久的抗性基因聚合到小麦品种中能有效降低条锈病的危害。[③]

分子标记常用于小麦成株期抗性基因和 QTL 的鉴定与定位。[④] 在育种过程中，通过分子标记辅助选择（MAS）可有效利用与抗性基因连锁的分子标记培育出抗病品种。[⑤] 这其中的关键步骤就是要开发出大量便于运用的分子标记，如单核苷酸多态性（SNP）分子标记。目前的 SNP 分析平台包括 Illumina BeadArray、Afymetrix GeneChip 和 Kompetitive Allele Specific PCR（KASP），可快速定位基因并运用于 MAS 中。[⑥] 目前已有许多运用 SNP 芯片进行全基因组

---

① WELLINGS C R. Global status of stripe rust: a review of historical and current threats[J]. Euphytica, 2011, 179 (1): 129−141.

② DEAN R, KAN J A L V, PRETORIUS Z A, et al. The Top 10 fungal pathogens in molecular plant pathology[J]. Molecular Plant Pathologr, 2012, 13(7): 414−430.

③ CHEN X M. Integration of cultivar resistance and fungicide application for control of wheat stripe rust[J]. Canadian Journal of Plant Pathology, 2014, 36(3): 311−326.

④ SINGH A, PANDEY M P, SINGH A K, et al. Identification and mapping of leaf, stem and stripe rust resistance quantitative trait loci and their interactions in durum wheat[J]. Molecular Breeding, 2013, 31(2): 405−418.

⑤ UMESH G, SARVJEET K, RAKESH Y, et al. Recent trends and perspectives of molecular markers against fungal diseases in wheat[J]. Frontiers in Microbiologr, 2015, 6(641): 861.

⑥ RASHEED A, WEN W, GAO F, et al. Development and validation of KASP assays for genes underpinning key economic traits in bread wheat[J]. Theoretical and Applied Genetics, 2016, 129(10): 1843−1860.

关联研究（GWAS）和对抗性基因进行 QTL 定位的研究报道。[1] 在 2018 年，国际小麦基因组测序组织（IWGSC）公布了普通小麦品种中国春的基因组参考序列的详细描述和分析[2]，新装配参考序列的质量是前所未有的，并证明了 BAC（bacterial artificial chromosome，细菌人工染色体）文库、物理图谱和基于染色体的资源的重要性，可使研究人员更容易结合所需的特性，如高产量和抗病性，培育出更优良的小麦品种。

Toni 是国际玉米小麦改良中心（CIMMYT）在 1981 年公布的小麦春性品种，是由 Car422/Ana 杂交所得。在我们的种质评估中，虽然 Toni 在苗期对中国主要的条锈菌小种均表现感病，但其在田间对条锈病表现出很高的抗病性。本研究拟使用 SNP 芯片对小麦品种 Toni 进行全基因组扫描，定位其抗条锈基因的位置，并评估这些基因 /QTL 在各环境中的稳定性。

1. 实验材料

（1）植物材料。抗病春小麦品种 Toni 由 CIMMYT 提供，中国感病品种铭贤 169、澳大利亚感病品种 Avocet S 由西南科技大学小麦所提供。选取铭贤 169、Avocet S 作为感病对照，铭贤 169 × Toni 产生的 F_7 代重组自交系（RIL）用于遗传图谱的构建。

（2）生理小种。小麦条锈菌采用 CYR29、CYR30、CYR32、CYR33、CYR34。这五个小种均由西南科技大学小麦所提供，由单孢分离扩繁，用于温室抗病性鉴定。毒性谱如表 5-1 所示。

表 5-1　五个条锈菌小种对各 Yr 基因单基因系品种和 Toni 的苗期毒性谱

小种名称	毒性谱
CYR29	V: *Yr1, Yr7, Yr8, Yr9, Yr17, Yr44, Yr Exp2* A: *Yr5, Yr6, Yr10, Yr15, Yr24, Yr27, Yr32, Yr43, YrSP, YrTr1, YrTye*

①　HOU L, JIA J, ZHANG X, et al. Molecular mapping of the stripe rust resistance gene *Yr69* on wheat chromosome 2AS[J]. Plant Disease, 2016, 100(8): 1717−1724.

②　贾继增. 小麦现代品种矮抗 58 参照基因组图谱绘制与分析 [R]. 烟台：第十届全国小麦基因组学及分子育种大会，2019.

小种名称	毒性谱
CYR30	V: *Yr1, Yr6, Yr7, Yr8, Yr9, Yr17, Yr43, Yr44, YrExp2, YrSP* A: *Yr5, Yr10, Yr15, Yr24, Yr27, Yr32, YrTr1, YrTye*
CYR32	V: *Yr1, Yr6, Yr7, Yr8, Yr9, Yr17, Yr27, Yr43, Yr44, YrExp2, YrSP* A: *Yr5, Yr10, Yr15, Yr24, Yr32, YrTr1, YrTye*
CYR33	V: *Yr1, Yr6, Yr7, Yr9, Yr17, Yr43, Yr44, Yr Exp2, YrSP, YrTye* A: *Yr5, Yr8, Yr10, Yr15, Yr24, Yr27, Yr32, YrTr1*
CYR34	V: *Yr1, Yr6, Yr7, Yr8, Yr9, Yr10, Yr17, Yr24, Yr27, Yr43, Yr44, YrExp2, YrSP, YrTye* A: *Yr5, Yr15, Yr32, YrTr1*

注：V 表示有毒性，A 表示无毒性。

（3）试剂。Solarbio DNA 提取酚试剂；Biowest regular agarose G–10 琼脂糖；TIANGEND2000 DNA Ladder；TIANGEN 10 000×GeneGreen Nucleic Acid Dye。

2. 实验方法

（1）温室抗病性鉴定。对使用单孢分离扩繁的 CYR29、CYR30、CYR32、CYR33、CYR34 五个生理小种进行温室抗病性的鉴定。这些小种的毒性谱已经通过 Avocet S 近等基因系确定。Toni、铭贤 169 和 Avocet S 均在苗期和成株期进行抗病性鉴定。在苗期测试中，Toni、铭贤 169 和 Avocet S 分别播种在三个 9×9×9 cm 的小花盆中，每个花盆播种 10～15 粒种子；在成株期测试中，三个品种分别播种于 20×20×15 cm 的大花盆中，每个花盆种 3 株植株。苗期在播种后 14 天左右进行接种，成株期在抽穗期进行接种。采用涂抹法接种，将条锈菌与滑石粉按 1 : 50 的比例混匀，使用棉签均匀涂布在小麦叶片上，之后将花盆放在低温温室中进行保湿（8℃，24 小时暗处理）并用喷壶喷洒水分确保湿度。24 小时之后将小麦取出放在 16℃的温室中生长。在接种后

18 ～ 21 天使用 0 ～ 9 级反应型（infection type，IT）进行记录[①]，如表 5-2 所示。反应型 0 ～ 6 的为抗病，7 ～ 9 的为感病，所有的测试均重复三次。

表 5-2　小麦条锈病反应型

反应型	症　状
0	叶片上无任何症状
1	叶片上有零星的褪绿，但不产生孢子
2	叶片上有坏死斑及褪绿，但不产生孢子
3	叶片上有少量的坏死斑和褪绿，且有零星的孢子
4	叶片上有部分坏死斑和褪绿，且产生少量的孢子
5	叶片上有连片的坏死斑和褪绿，且产生较少的孢子堆
6	叶片上有连片的坏死斑和褪绿，且产生较多的孢子堆
7	叶片有大片的坏死斑和褪绿，且产生大量的孢子堆
8	叶片有轻微褪绿，没有坏死斑，且产生大量的孢子堆
9	叶片没有褪绿和坏死斑，且布满大量的孢子堆

（2）田间抗病性鉴定。2015—2016 年度在甘肃天水（34° 27′ N，105° 56′ E，海拔 1100 m）和陕西杨凌（34° 17′ N，108° 04′ E，海拔 519 m），2016-2017 年度在四川绵阳（31° 33′ N，104° 55′ E，海拔 485 m）对 Toni、铭贤 169 和 Avocet S 以及铭贤 169 与 Toni 杂交产生的 F_7 代重组自交系（RIL）进行成株期抗病性鉴定。所有实验安排在完全随机区组中，重复两次。每行播种约 30 粒种子，行长 1 m，行间距 30 cm。每 20 行播种 Avocet S 作为感病对照。在实验田的四周播种铭贤 169 和 Avocet S 作为诱发行以保证充分发病。绵阳和天水分别为小麦越冬和越夏区，实验田自然发病，不需要人工接种。根据报道，目前甘肃省和四川省流行的主要条锈菌小种为

---

① 　LINE R F, QAYOUM A. Virulence, aggressiveness, evolution and distribution of races of Puccinia striiformis (the cause of stripe rust of wheat) in North America, 1968-1987[J]. Technical Bulletin(USA), 1992(1788): 44.

CYR32、CYR33、CYR34。[①] 在杨凌实验田中，使用 CYR32 和 CYR34 混合小种进行人工接种，利用液体石蜡悬浮液（1 ∶ 300）喷洒在铭贤 169 和 Avocet S 上。在感病对照的最大严重度达到 90%～100% 后调查待测品种和家系的反应型（IT）和严重度（disease severity，DS）（绵阳在 4 月 10 日—15 日，杨凌在 5 月 15 日—20 日，天水在 6 月 1 日—10 日）。反应型的记录使用 0～9 级的标准，严重度根据 Cobb 氏分级标准记录[②]，即记录患病叶面积的百分比，如 5%、10%、20% 等。对于纯合的家系，IT 和 DS 仅记录一次，杂合的家系需记录多个数据，之后再进行平均处理。

（3）统计分析。使用三个实验地点的每一个 F_7RIL 家系的平均 IT 和 DS 计算个体环境分析中的方差。使用 QTL IciMapping V4.1 软件中的 "AOV" 工具进行方差分析以及相关性分析。[③] 使用 $h_b^2 = \sigma_g^2 / \left(\sigma_g^2 + \sigma_{ge}^2 /e + \sigma_\varepsilon^2 /re \right)$ 计算条锈病抗性的广义遗传力。$\sigma_g^2 = \left(MS_f - MS_{fe} \right) / re$；$\sigma_{ge}^2 = \left(MS_{fe} - MS_e \right) / r$；$\sigma_\varepsilon^2 = MS_e$；其中，$\sigma_g^2$ 为遗传方差；σ_{ge}^2 为基因型 × 环境互作方差；σ_ε^2 为误差方差；MS_f 为基因型标准差；MS_{fe} 为基因型 × 环境互作标准差；MS_e 为误差标准差；r= 重复数；e= 环境数。

（4）基因组 DNA 提取及全基因组 SNP 基因型分型。使用 CTAB 法[④] 提取每个 RIL 家系的新鲜叶片的基因组 DNA。

①采取小麦新鲜叶片少量，装入 2.0 mL 离心管中。

②将装有叶片的离心管放入小液氮罐中速冻。

③从小液氮罐中取出离心管，将叶片捣碎至粉末状。

① QIANG Y, WANG J, YAN M, et al. Virulence and genotypic diversity of wheat stripe rust races CYR32 and CYR33 in China[J]. Journal of Plant Protection, 2018, 45(1): 46−52.

② PETERSON R F, CAMPBELL A B, HANNAH A E. A diagrammatic scale for estimating rust intensity of leaves and stem of cereals[J]. Canadian Journal of Research, 1948, 26(5): 496−500.

③ MENG L, LI H, ZHANG L, et al. QTL ici mapping: Integrated software for genetic linkage map construction and quantitative trait locus mapping in biparental populations[J]. The Crop Journal, 2015, 3(3): 269−283.

④ ANDERSON J A, CHURCHILL G A, AUTRIQUE J E, et al. Optimizing parental selection for genetic linkage maps[J]. Genome, 1993, 36(1): 181−186.

④向离心管中加入 900 μL 2×CTAB, 900 μL 酚：氯仿（1：1），震荡混匀。

⑤将离心管放入 65℃水浴锅中水浴 40 min,每间隔 5 min 将离心管取出震荡混匀。

⑥水浴结束后，将离心管取出置于冰上 10 min。

⑦离心 10 min（4℃，12 000 r/min）。

⑧离心结束后，取上清液 750 μL 于 1.5 mL 的离心管中，并加入等体积的氯仿：异戊醇（24：1），并震荡混匀。

⑨置于冰上 10 min。

⑩离心 10 min（4℃，12 000 r/min）。

⑪离心结束后，取上清液 500 μL 于另一个 1.5 mL 的离心管中，并加入等体积的异丙醇，并震荡混匀（这一步能看到白色絮状沉淀）。

⑫放入 –20℃冰柜中 15 min。

⑬取出离心 10 min（4℃，12 000 r/min）。

⑭将清液倒掉，在离心管底部能看到白色沉淀即为 DNA。

⑮加入 75% 酒精 600 μL，上下震荡。

⑯离心 10 分钟（4℃，12 000 r/min）。

⑰将酒精倒掉，风干（大约 1h）。

⑱加入 100 μL 去离子水溶解 DNA。

在 DNA 充分溶解之后，使用 NanoDrop ND–1000 分光光度仪（Thermo Fisher Scientifc, Wilmington, DE, USA）检测 DNA 的质量并将浓度稀释至 50 ng/μL。委托北京博奥晶典生物技术有限公司使用 35K iSelect 小麦 SNP 芯片对两个亲本和 171 个后代家系的 DNA 进行基因分型，以鉴定与抗性 QTL 相关的分子标记。

（5）连锁图谱的构建和 QTL 分析。在构建遗传连锁图谱之前，使用卡方检验（χ^2）检验基因型标记以排除具有异常分离比的标记（P > 0.001）。用 QTL IciMapping V4.1 中的 "BIN" 工具首先删除了具有大于 20% 缺失率或低 P 值的冗余非多态性标记。[①] 使用用于具有加性（和显性）效应的 QTL 的 ICIM

---

① QIANG L, JUAN G, KAIXIANG C, et al. High–density mapping of an adult–plant stripe rust resistance gene YrBai in wheat landrace Baidatou using the whole genome DArTseq and SNP analysis[J]. Frontiers in Plant Science, 2018(9): 1120.

的参数设置：基因组扫描的步移速率设定为 1.0 cM。在标记变量上表型的逐步回归中输入变量的最大 P 值设定为 0.00001。

（6）候选基因的生物信息学分析。为了鉴定与 Toni 含有的成株期抗病性 QTL 的物理位置相对应的靶基因，通过 BLAST 搜索将 SNP 探针定位到六倍体小麦的最新基因组参考序列上（IWGSC RefSeqv.1.0），以获得连锁的多态性的 SSR 标记在基因组中的位置。BLAST 命中标准包括 10^{-5} 的 e 值阈值以及查询和数据库序列之间的最小相似性阈值高于 95% 的。

3. 结果与分析

（1）抗病性鉴定。Toni、铭贤 169 和 Avocet S 三个品种在苗期对 5 个供试小种均表现高度感病（IT=9，DS ≥ 90%）。在成株期，铭贤 169 和 Avocet S 仍然表现高度感病（IT=9，DS ≥ 90%），而 Toni 则表现为抗病（IT=0 ～ 2，DS=0 ～ 5%）。铭贤 169 和 Toni 在田间的抗病性鉴定结果与温室相同，如图 5-1 所示。F$_7$RIL 群体的成株期抗病性显示出了显著的遗传变异，且平均反应型（IT）和严重度（DS）的频率分布是连续的，表明该成株期抗病性是数量遗传。两年间，RIL 群体的平均反应型在 0 ～ 9 范围内，平均严重度则在 5% ～ 100% 范围内。Toni 一直保持对条锈病的高抗性（IT=0 ～ 2，DS < 0 ～ 5%），铭贤 169 和 Avocet S 则一直表现高感（IT=9，DS ≥ 90%），如图 5-2 所示。

（a）铭贤 169　　　　　　　　　　　　（b）Toni

图 5-1　铭贤 169 和 Toni 的田间植株旗叶条锈病发病情况

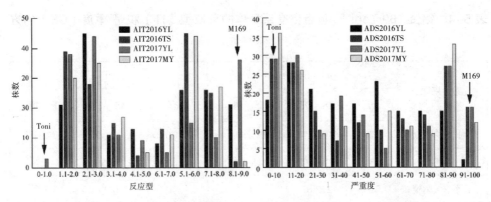

（a）平均反应型（IT）的频率分布　　　　（b）严重度（DS）的频率分布

图 5-2　在杨凌、天水以及绵阳种植的 171 个 F₇ 群体的 IT 和 DS 的频率分布

相关性分析显示三个地点的 F_7 群体的 IT 和 MDS（平均严重度）呈极显著相关（r=0.88 ～ 0.98，P＜0.01；r=0.84 ～ 0.99，P＜0.01），如表 5-3 所示。方差分析表明，表型 MDS 和 IT 在不同家系、环境、重复和基因型与环境互作中的差异呈显著水平（P＜0.05）。广义遗传力分别为 0.88 和 0.9，如表 5-4 所示，表明该成株期抗病性的表达是稳定的，且抗病基因起主要作用，并且易于转育到其他育种材料中。

表 5-3　2015—2016 年度和 2016—2017 年度铭贤 169/Toni F₇ 重组自交系群体在三个不同环境的反应型（IT）和平均严重度（MDS）的相关性分析

环　　境	YL[①]2016	TS2016	YL2017	MY2017
YL2016	1			
TS2016	0.846 8（0.9458）[②]	1		
YL2017	0.991 4（0.8793）	0.856 3（0.9076）	1	
MY2017	0.867 8（0.9779）	0.944 1（0.9760）	0.872 7（0.9121）	1

注：①YL、TS、MY 分别表示杨陵、天水、绵阳。
②r 值在括号中表述。所有 r 值均为极显著，P＜0.001。

表 5-4　铭贤 169/Toni F$_7$ 重组自交系群体的反应型（IT）和 严重度（DS）的方差分析

变异来源	DS			IT		
	df	均　方	F　值	*df*	均　方	F　值
F$_7$ 重组自交系	170	6 860.18	294.11[***]	170	42.49	177.81[***]
环境	3	5 017.03	215.09[***]	3	10.58	44.27[***]
家系 × 环境	510	212.67	9.12[***]	510	0.90	3.76[***]
误差	677	23.32		677	0.24	
广义遗传力	0.88			0.90		

注：[***] 极显著，在 P ＜ 0.001 水平。

（2）35K SNP 芯片扫描及遗传图谱的构建。在两个亲本之间共有 10 037 个 SNP 位点显示出纯合的多态性。使用 QTL IciMapping V4.1 的 "BIN" 功能过滤掉冗余的标记后，共获得已知染色体位置信息的分子标记 4 156 个，用于连锁分析。利用这 4 156 个 SNP 标记可以构建 21 个连锁群，如图 5-3 所示，相邻标记间的平均距离为 7.46 cM。单个染色体的图谱长度范围为 1 161.57 cM（染色体 1D）至 2 316.15 cM（染色体 5B），将该遗传图谱用于抗锈性 QTL 的定位。

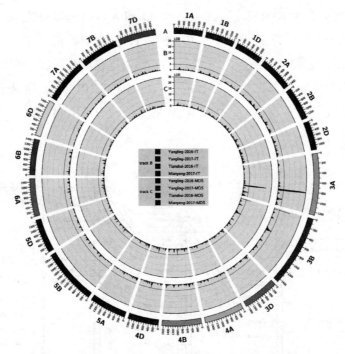

图 5-3 显示 21 条小麦染色体遗传图谱 LOD 值的 Circos 图

TrackA：染色体和遗传图谱的范围。

TrackB：根据 M169/Toni RIL 群体平均反应型，通过完备区间作图法在四个环境中检测到的抗条锈性 QTL。

TrackC：根据 M169/Toni RIL 群体平均严重度，通过完备区间作图法在四个环境中检测到的抗条锈性 QTL。

（3）QTL 定位。QTL 定位采用 QTL IciMapping V4.1 软件，使用单标记分析（SMA）和完备区间作图（ICIM）方法进行。在铭贤 169/Toni RIL 群体中，在染色体 3AS 和 3BS 中发现了两个抗条锈性 QTL，如图 5-3 所示。然后在 3AS 和 3BS 染色体的 QTL 区域上进行了 ICIM、SMA 和用于上位定位的 ICIM（ICIM-EPI）分析。在四种环境下，使用 IT 和 DS 数据检测 QTL，并结合基因型数据分析，我们认为这两个抗性 QTL 是稳定的。两个稳定的 QTL 被命名为 QYrto.swust-3AS，如图 5-4 所示，和 QYrto.swust-3BS，如图 5-5 所示。QYrto.swust-3AS 位于 SNP 标记 AX-95240191 和 AX-94828890 之间，遗传距离为 2.25 cM，分别解释了所有环境中 DS 和 IT 表型变异的 32.5% ～ 48.2% 和 21.9% ～ 56.3%。

QYrto.swust-3BS 位于 SNP 标记 AX-94509749 和 AX-94998050 之间，遗传距离为 0.91 cM，分别解释了所有环境中 DS 和 IT 表型变异的 31.6% ～ 46.3% 和 22.7% ～ 55.0%，如表 5-5 所示。与两个 QTL 紧密连锁的分子标记均具有较高的可以解释的表型变异率（phenotypic variation explained，PVE），这对于将来进行基因聚合等研究具有重要意义。利用 ICIM 的上位效应（ICIM-EPI）分析表明这两个 QTL 没有上位效应。

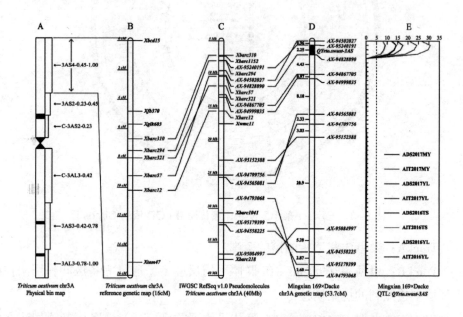

图 5-4　条锈病抗性 QTL QYrto.swust-3AS 的遗传图谱和比较基因组连锁图谱

注：不同图谱上的常用标记用彩色线条连接，如 SSR 标记用蓝线连接，SNP 标记用绿线连接。

对图 5-4 解释如下。

A：小麦 3A 染色体的缺失 bin 图；染色体的黑色区域代表突出的 C 带。右侧为片段长度测量值和缺失线。

B：小麦 3A 染色体 SSR 参考图谱；[①] 显示了 0 ～ 16 cM 区域；遗传距离在左侧以灰色字体显示。

---

① SONG Q J, SHI J R, SINGH S, et al. Development and mapping of microsatellite (SSR) markers in wheat[J]. Theoretical Applied Genetics, 2005(3), 110: 550-560.

C：在 IWGSC RefSeq v1.0 物理图谱上的 5 ～ 40 Mb 区域。本研究中鉴定出的 SNP 标记和该区域内的 SSR 标记显示在右侧。物理距离在左侧以灰色字体显示。

D：本研究定位的 QYrto.swust–3AS 的遗传图谱。左侧显示的是遗传距离，右侧显示的是分子标记。红色区域表示 QTL QYrto.swust–3AS。

E：在八个环境中鉴定的 3A 染色体遗传图谱上的数量性状位点（QTL）。x 轴表示 LOD 值，y 轴表示遗传距离（cM）。垂直虚线表示 LOD 阈值设为 5。

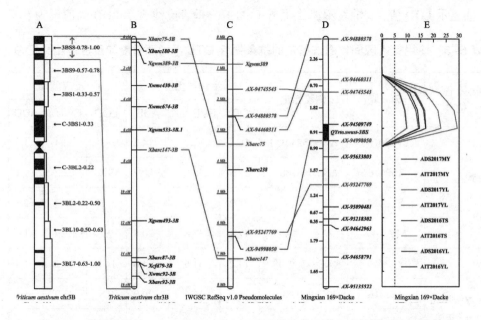

图 5-5　条锈病抗性 QTL QYrto.swust–3BS 的遗传图谱和比较基因组连锁图谱

注：不同图谱上的常用标记用彩色线条连接，如 SSR 标记用蓝线连接，SNP 标记用绿线连接。

对图 5-5 解释如下。

A：小麦 3B 染色体的缺失 bin 图；染色体的黑色区域代表突出的 C 带。右侧为片段长度测量值和缺失线。

B：小麦 3B 染色体参考图谱[①]，显示了 0 ～ 16 cM 区域，遗传距离在左侧

---

① SOMERS D J, ISAAC P, EDWARDS K. A high–density microsatellite consensus map for bread wheat (Triticum aestivum L.)wheat[J]. Theoretical Applied Genetics, 2004, 109(6): 1105–1114.

以灰色字体显示。

C：在 IWGSC RefSeq v1.0 物理图谱上的 0～8 Mb 区域。本研究中鉴定出的 SNP 标记和该区域内的 SSR 标记显示在右侧。物理距离在左侧以灰色字体显示。

D：本研究定位的 QYrto.swust-3BS 遗传图谱。左侧显示的是遗传距离，右侧显示的是分子标记。红色区域表示 QTL QYrto.swust-3BS。

E：在八个环境中鉴定的 3B 染色体遗传图谱上的数量性状位点（QTL）。x 轴表示 LOD 值，y 轴表示遗传距离（cM）。垂直虚线表示 LOD 阈值设为 5。

表 5-5　使用完备区间作图法鉴定的抗条锈性 QTL 平均严重度和反应型结果汇总

数量性状位点	环　境	侧翼标记	平均严重度			反应型		
			LOD[①]	PVE[②]/%	ADD	LOD	PVE/%	ADD
QYrto.swust-3AS	YL2016	AX-95240191	14.2	32.5	-14.5	14.4	32.4	-1.4
	TS2016	AX-94828890	17.5	38.0	-20.2	9.2	22.2	-1.1
	YL2017		24.2	48.2	-22.6	30.7	56.3	-2.1
	MY2017		17.4	37.6	-20.8	9.1	21.9	-1.0
QYrto.swust-3BS	YL2016	AX-94509749-	14.2	31.6	-14.6	14.6	32.2	-1.4
	TS2016	AX-94998050	16.9	36.6	-20.0	9.8	22.9	-1.1
	YL2017		22.9	46.3	-22.2	29.3	55.0	-2.1
	MY2017		17.0	36.8	-20.7	9.6	22.7	-1.0

注：铭贤 169/ToniF$_7$RIL 群体于 2015-2016 年和 2016-2017 年在杨凌、天水和绵阳进行测试。

① LOD，连锁系数。

② PVE，每个 QTL 可以解释的表型变异率。

③ ADD，抗性等位基因的加性效应。

（4）基于侧翼标记的 QTL 的表型效应。为了确定结合了 QYrto.swust-3AS 和 QYrto.swust-3BS 的单株对条锈病性状 IT 和 DS 的影响，使用 SPSS 19 的最

小显著性差异（least significant difference，LSD）比较具有一个或两个 QTL 的
RIL 群体的平均 IT 和 DS 值，如表 5-6，表 5-7 所示。基于潜在 QTL 的组合将
这些基因型分为四组：只含有 QYrto.swust-3AS 的家系、只含有 QYrto.swust-
3BS 的家系、同时含有这两个 QTL 的家系以及不含有这两个 QTL 的家系。根
据结果，只含有 QYrto.swust-3AS 的家系在 2016 年和 2017 年的平均 IT 分别为
2.5 和 2.6，平均 DS 分别为 18.0% 和 18.1%，相较于不含 QTL 的家系，其 IT 和
DS 分别降低了 68.7% ～ 69.9% 和 79.5% ～ 80.7%。只含有 QYrto.swust-3BS 的
家系在 2016 年和 2017 年的平均 IT 分别为 2.6 和 2.7，平均 DS 分别为 18.0%
和 18.3%。相较于不含 QTL 的家系，其 IT 和 DS 分别降低了 67.5% ～ 68.7% 和
79.5% ～ 80.9%。而含有两个 QTL 的家系在 2016 年和 2017 年的平均 IT 均为 2.0，
平均 DS 分别为 7.1% 和 5.4%，与抗病亲本相似，相较于不含 QTL 的家系，其
IT 和 DS 分别降低了 75.9% 和 91.9% ～ 94.3%。不含 QTL 的家系在 2016 年和
2017 年的平均 IT 均为 8.3，平均 DS 分别为 87.7% 和 94.7%，与感病亲本相似。

表 5-6　2016 年不同 QTL 类别的平均 IT 和 DS 的比较

序　号	QTL 基因型（n）	2016					
		杨凌平均 IT	杨凌平均 DS/%	天水平均 IT	天水平均 DS/%	两个地点平均 IT	两个地点平均 DS/%
1	M169（8）	8.6^A	80.6^A	8.0^A	95.6^A	8.3^A	88.1^A
2	no QTL（8）	8.5^A	80.9^A	8.0^A	94.4^A	8.3^A	87.7^A
3	3A（6）	2.5^B	19.4^B	2.6^{BC}	16.7^B	2.5^B	18.0^B
4	3B（9）	2.5^B	19.9^B	2.8^B	16.1^B	2.6^B	18.0^B
5	3A+3B（7）	2.0^C	8.4^C	2.0^{CD}	5.7^C	2.0^C	7.1^C
6	Toni（8）	1.9^C	8.1^C	1.9^C	5.6^C	1.9^C	6.9^C

注：使用 LSD 法对 2016 年天水、杨凌的统计数据进行多重比较。

表 5-7　2017 年不同 QTL 类别的平均 IT 和 DS 的比较

序　号	QTL 基因型（n）	2017					
		杨凌平均 IT	杨凌平均 DS/%	绵阳平均 IT	绵阳平均 DS/%	两个地点平均 IT	两个地点平均 DS/%
1	M169（8）	9.0^A	95.0^A	7.6^A	95.0^A	8.3^A	95.0^A
2	no QTL（8）	9.0^A	94.4^A	7.7^A	95.0^A	8.3^A	94.7^A
3	3A（6）	2.6^{BC}	23.3^B	2.6^A	13.3^B	2.6^B	18.3^B
4	3B（9）	2.7^B	21.7^B	2.8^B	14.4^B	2.7^B	18.1^B
5	3A+3B（7）	2.0^{BC}	5.7^C	2.1^C	5.0^C	2.0^C	5.4^C
6	Toni（8）	1.9^C	5.6^C	1.9^C	5.0^C	1.9^C	5.3^C

注：使用 LSD 法对 2017 年绵阳、杨凌的统计数据进行多重比较。

（5）成株期抗性 QTL 的物理图谱定位。这两个 QTL 区域被锚定在小麦 IWGSC RefSeq v1.0 序列上。QYrto.swust-3AS 定位的物理区段为 2.22 Mb，两侧 SNP 标记为 AX-95240191 和 AX-94828890，如图 5-4 所示。在该区域内 65 个高置信度（high confidence，HC）注释基因中，有 11 个（16.9%）含有 NB-ARC 结构域，9 个（13.8%）含有蛋白激酶结构域。QYrto.swust-3BS 定位的物理区段为 4.77 Mb，两侧 SNP 标记为 AX-94509749 和 AX-94998050，如图 5-5 所示。在该区域的 133 个 HC 注释基因中，有 14 个（10.5%）含有蛋白激酶结构域。这些结构域可能和条锈病抗性表达相关。这些连锁的 SNP 标记和物理位点信息对标记辅助选择育种具有重要意义和价值。

5.1.2　小麦品种 P9897 抗性 QTL 的分子标记辅助选择育种

本研究拟通过杂交将小麦品种 P9897 中的两个抗条锈性 QTL QYr.nafu-2BL 和 QYr.nafu-3BS 导入三个中国主栽品种（川麦 42、襄麦 25、郑麦 9023）中。先通过分子标记辅助选择筛选出聚合了两个或更多 QTL 的家系，再结合农艺性状和抗病性的评估，最终选出具有较高应用价值的家系。

1. 实验材料

（1）植物材料。抗病品系 P9897 由 CIMMTY 提供。经过多年多地测试，该品种一直对条锈病有良好的抗性，并且具有良好的农艺性状，符合生产需求。[①]中国主栽品种川麦 42 是 2004 年由四川省农作物品种审定委员会审定的春性品种，平均每公顷产量达 6 000 kg，对秆锈病和条锈病免疫，对叶锈病、白粉病和赤霉病高感。[②]中国主栽品种襄麦 25 是 2008 年由湖北省农作物品种审定委员会审定的弱春性品种，平均每公顷产量达 6 300 kg，对条锈病、白粉病、赤霉病、纹枯病中感。[③]中国主栽品种郑麦 9023 是 2001 年由河南省和湖北省作物品种审定委员会审定的弱春性品种，平均每公顷产量达 6 500 kg，条锈病、中抗叶锈病、中感白粉病、叶枯病、赤霉病、纹枯病。[④]这三个品种均由西南科技大学小麦所提供。以 P9897 作为父本分别与川麦 42、襄麦 25、郑麦 9023 杂交。产生的三个杂交组合的 F_5 代植株开始进行人工筛选，F_6 代家系进行分子检测。

（2）试剂。Solarbio DNA 提取酚试剂；TIANGEND2000 DNA Ladder；TIANGEN 10 000 × GeneGreen Nucleic Acid Dye；TIANGEN Taq DNA Polymerase 500U（2.5 U/ μL）；TIANGEN 10 × Taq Buffer；dNTPs（2.5 mM each）；聚丙烯酰胺凝胶：PAGE Pre-Solution（40%，19 : 1）（Acr/Bis）。

（3）仪器。离心机：Eppendorf Centrifuge 5415R；PCR 仪：Eppendorf Mastercycler nexus GSX1；电泳仪：Bio-Rad PowerPac 3000；电泳槽：北京市六一仪器厂 DYCZ-20E 型电泳仪。

① ZHOU X L, HAN D J, CHEN X M, et al. QTL mapping of adult-plant resistance to stripe rust in wheat line P9897[J]. Euphytica, 2015, 205(1): 243-253.

② TANG Y L, LI J, WU Y Q, et al. Identification of QTLs for yield-related traits in the recombinant inbred line population derived from the cross between a synthetic hexaploid wheat-derived variety Chuanmai 42 and a Chinese elite variety Chuannong 16 [J]. Agricultural Sciences in China, 2011, 10(11): 1665-1680.

③ 陈桥生，张道荣，汤清益，等．优质高产小麦新品种襄麦 25 的选育及应用 [J]. 湖北农业科学，2009(12): 2953-2955.

④ 许为钢，胡琳，王根松，等．小麦品种郑麦 9023 的选育策略及对小麦产量育种的思考 [J]. 河南农业科学，2009(9): 14-18.

2.实验方法

（1）杂交组合确定及其后代筛选。P9897 与川麦 42、襄麦 25、郑麦 9023 分别杂交，其中 P9897 为父本，三个优良品种为母本。获得 F_1 种子，并在田间种植。将每个杂交组合的 F_2、F_3、F_4 和 F_5 在田间进行播种。每个播种季（即每一代）共播 30 行，行长为 2 m，行间距为 30 cm，每行大约播 80 粒种子。在 F_5 代之前，我们对每个杂交组合分别进行混收，以保留所有可能的基因型，在经过几个世代的积累之后，我们对 F_5 代植株进行人工筛选，选择那些具有条锈病抗性、株高适中、穗子饱满的单株作为 F_6 家系。在 2018 年，我们从三个杂交组合的 F_5 代植株中总共获得了 114 个 F_6 家系。通过人工筛选获得的这些 F_6 家系的农艺性状已趋稳定。

（2）基因分型。使用与 P9897 中两个 QTL（QYr.nafu-2BL 和 QYr.nafu-3BS）连锁的分子标记检测三个杂交组合的亲本和 114 个 F_6 家系，成功聚合了两个目标 QTL 的家系，如表 5-8 所示。与 QYr.nafu-2BL 紧密连锁的 SSR 标记是 Xcfd73 和 Xgwm120，与 QYr.nafu-3BS 紧密连锁的 SSR 标记是 Xbarc87 和 Xbarc133，用于检测含有 QYr.nafu-2BL、含有 QYr.nafu-3BS，或同时含有两个 QTL 的 F_6 家系。使用与 Yr26 紧密连锁的两个 SSR 标记 WE-173 和 Xbarc181 检测川麦 42/P9897 杂交组合中含有 Yr26 的家系，如表 5-8 所示。

表 5-8　与 QYr.nafu-2BL、QYr.nafu-3BS、Yr26 连锁的简单重复序列标记（SSR）的序列和扩增信息

标　记	引物序列	退火温度 /℃
Xcfd73[①]	F:GATAGATCAATGTGGGCCGT R:AACTGTTCTGCCATCTGAGC	60
Xgwm120	F:GATCCACCTTCCTCTCTCTC R:GATTATACTGGTGCCGAAAC	60
Xbarc87[②]	F:GCTCACCGGGCATTGGGATCA R:GCGATGACGAGATAAAGGTGGAGAAC	55
Xbarc133	F: AGCGCTCGAAAAGTCAG R:GGCAGGTCCAACTCCAG	50

续　表

标　记	引物序列	退火温度 /℃
WE-173[③]	F:GGGACAAGGGGAGTTGAAGC R:GAGAGTTCCAAGCAGAACAC	55
Xbarc181	F:CGCTGGAGGGGGTAAGTCATCAC R:CGCAAATCAAGAACACGGGAGAAAGAA	58

注：① Xcfd73：Xgwm120 与 QYr.nafu-2BL 连锁。

② Xbarc87：Xbarc133 与 QYr.nafu-3BS 连锁。

③ WE-173：Xbarc181 与 *Yr26* 连锁

① DNA 提取。在 2019 年于四川绵阳实验田中采取 114 个 F_6 家系及 4 个亲本的新鲜叶片，使用 2×CTAB 法提取基因组 DNA。

② PCR。

a.PCR 体系：体系总体积 10 μL、加入 1 μL 10×PCR buffer、0.8 μL dNTP、0.2 μL Taq 酶、4 μL 去离子水、1 μL 正向引物、1 μL 反向引物、2 μL DNA 模板，离心，混合均匀后放入 PCR 仪内。

b.PCR 流程：

（a）94℃，4 min；

（b）35 个循环，94℃，30 s；两个引物退火温度的平均温度，30 s；72 ℃，30 s；

（c）72℃，8 min；

（d）16℃，持续不断。

③ 变性聚丙烯酰胺凝胶电泳。

a. 制胶：

（a）对平板和凹板的正反面做记号，以区分玻璃板的正反面；

（b）用喷壶将酒精均匀喷洒在玻璃板上，再用纸巾擦拭干净（注意不要留有纸屑在玻璃板上）；

（c）用 2 000 μL 酒精、20 μL 亲和硅烷原液、20 μL 冰醋酸；

（d）用移液枪将 2 000 μL 剥离硅烷打在凹板上，用纸巾涂布均匀，同样，将配制好的亲和硅烷倒在平板上，用纸巾涂布均匀；

（e）将红色胶条置于平板的左右两边，再将凹板以涂布剥离硅烷的一面放在平板上，之后用夹子固定；

（f）分别取 6% 聚丙烯酰胺凝胶溶液 50～55 mL（小板）、65～70 mL（大板）与 380 μL 10% 过硫酸铵、35 μL TEMED 混合均匀，配制聚丙烯酰胺凝胶；

（g）倒胶，将组合好的玻板倾斜 30° 左右，凹板在上，再将配置好的聚丙烯酰胺凝胶沿着两块玻板之间的缝隙倒入，注意不停补充左右两边的凝胶，待凝胶从上至下覆盖满玻板之后，把鲨鱼尺的背面插入，再夹好最后两个夹子。

b. 电泳：

（a）将玻板两侧的夹子以及鲨鱼尺取下，对玻板进行清洗；

（b）将玻板放于电泳槽中，安装好后倒入 1×TBE，用针筒清除残余的尿素和气泡；

（c）预电泳，电压 1 400 V，30 min；

（d）再次用针筒清除气泡，插入 67 孔鲨鱼尺；

（e）变性，向 PCR 完成后的样中加入 6×Loading Buffer 2 μL；

（f）上样，上样量为 4～5 μL，再点上 marker（2 μL）；

（g）电泳，以恒电压 1 200 V 进行电泳，小板大概 80 min 左右，大板大概 150 min 左右。

c. 染色与显影：

（a）将玻板取出，用刀片将两块玻板分开；

（b）将平板放在蒸馏水中清洗 10 s；

（c）染色，将清洗后的玻板放入硝酸银中进行染色，要注意避光，时间 30 min；

（d）将染色完成后的玻板再次放入蒸馏水中清洗 10 s；

（e）显影，将清洗后的玻板放入 NaOH 溶液中（注意加甲醛）震荡，直到有条带显出；

（f）再对显影结束后的玻板用蒸馏水清洗，除去残余的 NaOH；

（g）待晾干后进行扫描记录。

（3）田间抗病性鉴定。在 2017—2018 和 2018—2019 年度，我们对四川绵阳（31° 33′ N，104° 55′ E，海拔 485 m）的 F_5 植株、F_6 家系以及亲

本进行了成株期抗病性鉴定。每种杂交组合的 F_5 植株分别播种 30 行，行长 2 m，行间距 30 cm，每行大约播 80 粒种子；F_6 家系则按随机区组法排列，共三个重复，行长 2 m，行间距 30 cm，每行大约播 80 粒种子。在整个实验田中每隔 20 行播种一行感病品种铭贤 169。在实验田的过道及周围也播种了感病品种铭贤 169 作为诱发行，确保充分发病。绵阳是中国小麦条锈病的越冬区，实验田不需要人工接种也可以正常发病。四川省目前流行的小种主要有 CYR32、CYR33、CYR34，且 CYR34 逐渐成为优势小种。[1] 使用 Line 和 Qayoum 的 0 ～ 9 级反应型（IT）[2] 以及 Peterson、Campbell 和 Hannah 的严重度（DS）[3] 进行抗病性鉴定并记录数据。在两个年度的 4 月 1 日至 20 日，当绵阳实验田中铭贤 169 的条锈病严重度达到约 50 % 至 90% 时，调查并记录亲本、所有 F_5 植株以及 F_6 家系的 IT 和 DS，共计调查两次。IT=0 为免疫，IT=1 ～ 3 为高抗，IT=4 ～ 6 为中抗，IT=7 ～ 9 则为感病。DS 则是记录患病叶面积的百分比。[4]

（4）农艺性状评估。在 2017—2018 年度，对四川绵阳实验田中的 F_5 植株进行人工筛选，选择抗病、株高低于 1 m、分蘖数大于等于 4、穗子饱满的单株作为 F_6 家系。2018—2019 年度的 F_6 家系进行农艺性状评估。从每个家系随机挑选 10 株单株调查统计株高、分蘖数、小穗数等农艺性状。在乳熟期后，使用米尺测量从地面到穗顶（不包括麦芒）的高度作为株高，取平均值，单位为 cm；在成熟期后，调查统计小穗数和分蘖数。小穗数统计每个主穗上着生的所有小穗，包括不育的小穗，取平均值，单位为个。分蘖数统计所有的有效分蘖数，取平均值，单位为个。在收获后，称量千粒重，对每个家系采用随机 200 粒的方式进行称重，重复 3 次，取平均值乘以 5 作为千粒重，单位为 g。

① 刘博，刘太国，章振羽，等 . 中国小麦条锈菌条中 34 号的发现及其致病特性 [J]. 植物病理学报，2017，47（5）：681–687.

② LINE R F, QAYOUM A. Virulence, aggressiveness, evolution and distribution of races of Puccinia striiformis (the cause of stripe rust of wheat) in North America, 1968–1987[J]. Technical Bulletin(USA), 1992(1788): 44.

③ PETERSON R F, CAMPBELL A B, HANNAH A E. A diagrammatic scale for estimating rust intensity of leaves and stem of cereals[J]. Canadian Journal of Research, 1948, 26(5): 496–500.

④ YUAN F P, ZENG Q D, WU J H, et al. QTL mapping and validation of adult plant resistance to stripe rust in Chinese wheat landrace Humai 15[J]. Frontiers in Plant Science, 2018(9): 968–981.

3. 结果与分析

我们根据条锈病抗病性、适中的株高以及较高的分蘖数和穗子饱满程度，从三个杂交组合的 F_5 代植株中共筛选出了 114 个 F_6 家系。其中，川麦 42/P9897 杂交组合筛选出 19 个家系，襄麦 25/P9897 杂交组合筛选出 62 个家系，郑麦 9023/P9897 杂交组合筛选出 33 个家系。

（1）QTL 检测。根据 QTL 检测的结果，将三个杂交组合的 114 个 F6 家系分为含有 QYr.nafu-2BL、含有 QYr.nafu-3BS、含有这两个目标 QTL 以及不含有目标 QTL 四个类别，如表 5-9 所示。

表 5-9　F_6 家系中含有 QYr.nafu-2BL、含有 QYr.nafu-3BS、含有这两个目标 QTL 以及不含有目标 QTL 四个类别的统计数量

杂交组合	No QTL	2B QTL①	3B QTL②	2B+3B QTL	含有 QTL 的家系总数
川表 42/P9897	5	4	3	7	14
襄麦 25/P9897	13	25	9	15	49
郑麦 9023/P9897	10	8	10	5	23

注：① 2B QTL 表示 QYr.nafu-2BL。
　　② 3B QTL 表示 QYr.nafu-3BS。

QTL 检测结果表明，在川麦 42/P9897 杂交组合的 F_6 家系中，共计 4 个家系含有 QYr.nafu-2BL，3 个家系含有 QYr.nafu-3BS，7 个家系含有这两个 QTL，5 个家系不含有目标 QTL。这四个类别的所有家系的平均 IT 和平均 DS 分别为 1.5、1.7、1.6、2.8 和 4.3、3、3、40，如图 5-6 所示。此外，使用两个与 *Yr26* 连锁的分子标记（WE-173 和 Xbarc181）来检测川麦 42/P9897 的 F_6 家系，从而确定了 63.2%（总共 12 个）家系中含有 *Yr26*，所以共有 6 个家系将 *Yr26* 与来自 P9897 的两个目标 QTL 聚合在一起。在襄麦 25/P9897 的杂交组合中，共计有 25 个家系含有 QYr.nafu-2BL，9 个家系含有 QYr.nafu-3BS，15 个家系含有这两个 QTL，13 个家系不含有目标 QTL。这四个类别的所有家系的平均

IT 和平均 DS 分别为 2.1、1.8、1.6、3.6 和 8、6.7、5.5、34.3，如图 5-6 所示。在郑麦 9023/P9897 的杂交组合中，共计 8 个家系含有 QYr.nafu-2BL，10 个家系含有 QYr.nafu-3BS，5 个家系含有这两个 QTL，10 个家系不含有目标 QTL。这四个类别的所有家系的平均 IT 和平均 DS 分别为 2.3、1.7、1.6、3.4 和 8、6.3、4.8、23.3（图 5-6）。在这三个杂交组合的 F_6 家系中，有 27 个家系含有两个目标 QTL。除此之外，总共 86 个 F_6 家系中至少检测到一个 QTL，仅有 28 个 F_6 家系中未检测到 QTL。

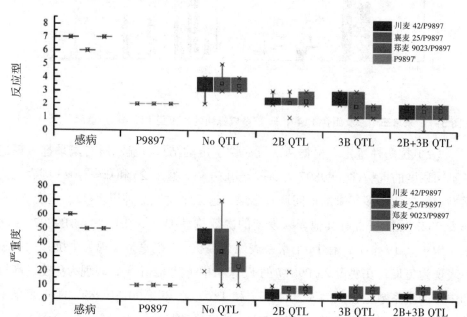

图 5-6　通过三种杂交组合的反应型（IT）和严重度（DS）来说明单个 QTL 及其各种组合对条锈病抗性的影响

注：大方框表示每种组合的 IT 和 DS 的范围，小方块表示中位数，叉表示最大和最小值。

检测到 QTL 的所有家系的表型均具有条锈病抗性，因为川麦 42、襄麦 25 和郑麦 9023 的反应型（IT）分别为 7、6 和 7，如图 5-7 所示，这些结果表明，将 P9897 中的抗性 QTL 导入三个主栽品种中显著增强了其后代的抗病性，诶图 5-6 所示。

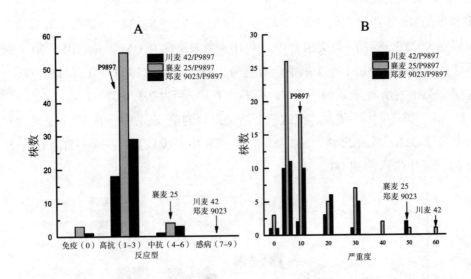

图 5-7　来自三个杂交组合 114 个 F_6 家系成株期的反应型（IT）和严重度（DS）分布

（2）抗病性鉴定。根据两次抗病性鉴定的结果，显示所有家系都表现出了不同程度的抗病性。P9897 为高抗，川麦 42、襄麦 25 和郑麦 9023 则表现为感病。根据我们多年来的田间调查结果，这三个主栽品种川麦 42、襄麦 25 和郑麦 9023 可能还含有其他尚未发现的次效抗性 QTL。在川麦 42/P9897 的 F6 家系中（共 19 个），有 18 个家系表现为高抗，1 个家系表现为中抗，没有家系表现为免疫；在襄麦 25/P9897 的 F_6 家系中（共 62 个），表现为免疫、高抗和中抗的家系数量分别为 3 个、55 个和 4 个；在郑麦 9023/P9897 的 F_6 家系中（共 33 个），表现为免疫、高抗和中抗的家系数量分别为 1 个、31 个和 1 个，如表 5-10，图 5-7 所示。三个杂交组合中没有表现为感病的家系。除襄麦 25/P9897-30 外，所有 F6 家系的 DS 均小于 50%。

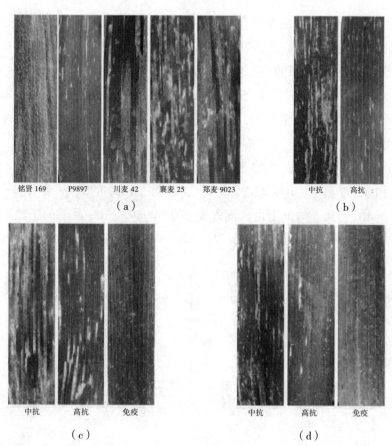

铭贤 169	P9897	川麦 42	襄麦 25	郑麦 9023		中抗　高抗

（a）　　　　　　　　　　　　　　（b）

中抗　　高抗　　免疫　　　　　　中抗　　高抗　　免疫

（c）　　　　　　　　　　　　　　（d）

图 5-8　（a）为 4 个亲本及感病对照铭贤 169 情况；（b）、（c）、（d）、川麦 42/ P9897F_6 家系、襄麦 25/P9897F_6 家系以及郑麦 9023/P9897F_6 家系的条锈病发病情况

表 5-10　三个杂交组合的 F_6 家系中反应型为免疫、高抗、中抗、感病的数量统计

杂交组合	免疫（IT=0）	高抗（IT=1~3）	中抗（IT=4~6）	感病（IT=7~9）
川麦 42/P9897	0	18	1	0
襄麦 25/P9897	3	55	4	0
郑麦 9023/ P9897	1	31	1	0

　　（3）农艺性状评估。P9897、川麦 42、襄麦 25 和郑麦 9023 这四个亲本的株高分别为 112 cm、100 cm、93 cm 和 91 cm，而川麦 42/P9897、襄麦 25/P9897

和郑麦 9023/P9897 三个杂交组合的 F_6 家系的株高主要分布在 71 ～ 100 cm 范围内；P9897、川麦 42、襄麦 25 和郑麦 9023 的小穗数分别为 15、17、19 和 17，三个杂交组合的 F_6 家系的小穗数基本上大于 16；P9897、川麦 42、襄麦 25 和郑麦 9023 的分蘖数分别为 4、6、4 和 6。其中，襄麦 25/P9897 的 F_6 家系的分蘖数主要集中在 3 ～ 5 范围内，而川麦 42/P9897 和郑麦 9023/P9897 的 F_6 家系的分蘖数主要集中在 4 ～ 7 范围内，如图 5-9 所示。

P9897、川麦 42、襄麦 25 和郑麦 9023 的千粒重分别为 40.47 g、41.03 g、44.37 g 和 42.37 g。在川麦 42/P9897 和襄麦 25/P9897 的 F_6 家系中，千粒重主要集中在 40 ～ 50 g 的范围内，而郑麦 9023/P9897 的 F_6 家系的千粒重则分布在 30 ～ 60 g 范围内，如图 5-9 所示。

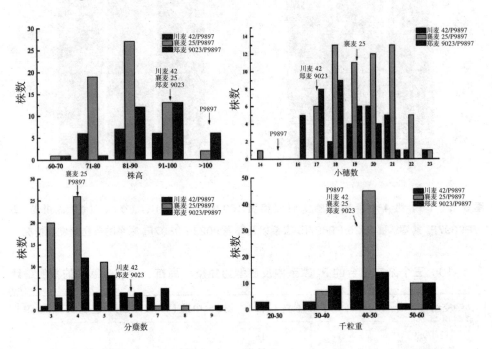

图 5-9　三个杂交组合的 114 个 F_6 家系的株高、小穗数、分蘖数、千粒重的分布情况

考虑到三个受体亲本川麦 42、襄麦 25、郑麦 9023 作为我国的主栽品种，具有优良的农艺性状，所以将其作为参考标准对 F_6 家系进行筛选。将株高位于 80 cm 到 100 cm 之间（抗倒伏以及便于收割）、小穗数大于等于 17、分蘖数大于等于 4 以及千粒重大于 40 g 作为筛选标准。最终，根据以上所有的标准，

筛选出了 13 个家系。

　　综上所述，我们利用 MAS 方法从三个杂交组合的 114 个 F₆ 家系中筛选出了 27 个聚合了两个目标 QTL 的家系，并且这些家系中还包含了一些结合了 *Yr26* 或一些未知的抗性 QTL 的家系。根据抗病性评估的结果，所有筛选出的家系均对条锈病具有抗性。之后，结合对农艺性状的评估结果，我们最终筛选出了 13 个家系，包括川麦 42/P9897-3、川麦 42/P9897-14、襄麦 25/P9897-25、襄麦 25/P9897-26、襄麦 25/P9897-27、襄麦 25/P9897-39、襄麦 25/P9897-40、襄麦 25/P9897-56、襄麦 25/P9897-59、襄麦 25/P9897-60、襄麦 25/P9897-78、郑麦 9023/P9897-92 和郑麦 9023/P9897-105，如表 5-11 所示。这些家系具有很强的条锈病抗性、适中的株高、较高的分蘖数和小穗数，并且它们的千粒重与亲本相近甚至超过亲本。这些最终筛选出的家系具有广阔的应用前景。

表 5-11　筛选出的家系及各亲本的抗病性鉴定和农艺性状评估以及 QTL 检测的结果

亲本 / 家系	性　状					所含 QTL[①]
	反应型	株高 /cm	小穗数	分蘖数	千粒重 /g	
铭贤 169	9	120	15	5	39.13	0
P9897	2	112	15	4	40.47	2BS+3BL
川麦 42	7	100	18	6	41.03	*Yr26*
襄麦 25	6	93	21	4	44.37	?[②]
郑麦 9023	7	91	15	6	42.37	?
川麦 42/P9897-2	2	74	21	5	44.93	2BS+3BL+*Yr26*
川麦 42/P9897-3[③]	2	81	20	7	45.37	2BS+3BL+*Yr26*
川麦 42/P9897-4	2	77	21	7	33.67	2BS+3BL
川麦 42/P9897-5	1	80	20	3	34.60	2BS+3BL+*Yr26*
川麦 42/P9897-7	2	80	23	6	33.37	2BS+3BL+*Yr26*
川麦 42/P9897-9	1	80	21	6	33.37	2BS+3BL+*Yr26*
川麦 42/P9897-14[③]	2	88	19	5	40.77	2BS+3BL+*Yr26*

续　表

亲本/家系	性　状					所含 QTL[①]
	反应型	株高/cm	小穗数	分蘖数	千粒重/g	
襄麦 25/P9897-25[③]	2	88	18	4	50.47	2BS+3BL
襄麦 25/P9897-26[③]	1	90	17	7	42.60	2BS+3BL
襄麦 25/P9897-27[③]	2	90	20	5	44.43	2BS+3BL
襄麦 25/P9897-34	0	117	21	5	41.03	2BS+3BL
襄麦 25/P9897-39[③]	1	90	21	4	49.27	2BS+3BL
襄麦 25/P9897-40[③]	2	94	21	4	43.20	2BS+3BL
襄麦 25/P9897-41	2	95	22	3	47.80	2BS+3BL
襄麦 25/P9897-42	2	95	17	3	36.50	2BS+3BL
襄麦 25/P9897-56[③]	2	80	21	4	43.03	2BS+3BL
襄麦 25/P9897-59[③]	2	83	20	4	47.80	2BS+3BL
襄麦 25/P9897-60[③]	0	80	18	6	42.80	2BS+3BL
襄麦 25/P9897-62	2	80	18	3	41.46	2BS+3BL
襄麦 25/P9897-63	2	75	18	3	43.48	2BS+3BL
襄麦 25/P9897-65	2	70	14	3	38.75	2BS+3BL
襄麦 25/P9897-78[③]	2	85	22	4	46.27	2BS+3BL
郑麦 9023/P9897-92[③]	1	95	17	6	51.00	2BS+3BL
郑麦 9023/P9897-96	2	90	19	6	39.93	2BS+3BL
郑麦 9023/P9897-102	1	86	20	5	39.87	2BS+3BL
郑麦 9023/P9897-105[③]	2	97	17	7	44.20	2BS+3BL
郑麦 9023/P9897-107	2	103	19	4	50.50	2BS+3BL

　　注：① QTL 表示家系中含有 QYr.nafu-2BL 和 QYr.nafu-3B、Yr26 或是含这三个 QTL。

　　②? 表示该品种中含有未知的抗性基因。

　　③表示最终筛选出的含有优良农艺性状及聚合了两个目标 QTL 的家系。

本研究将常规育种方法与分子标记验证相结合，成功将 P9897 的两个抗性 QTL 导入了川麦 42、襄麦 25 和郑麦 9023 三个国内主栽品种中。在 QTL 检测之后，我们筛选出了 27 个成功聚合了两个来自 P9897 的抗性 QTL 的家系。再结合抗病性鉴定和农艺性状评估的结果，最终选出了 13 个还具有优良农艺性状的家系。这些种质资源具有很高的应用价值。

　　在结果中，一些仅含有一个目标 QTL 的家系也显示出高水平的抗性，但考虑到更持久的抗性和更宽的抗性谱，聚合了两个目标 QTL 或一些未知抗性 QTL 的家系具有更长远、更高的应用价值。根据之前的研究，川麦 42 含有的 *Yr26* 抗病基因是全生育期抗病基因，但近年来随着 CYR34 的流行，逐渐 "丧失" 了抗病性。因此，将全生育期抗病基因（*Yr26*）与成株期抗病基因（QYr.nafu-2BL 和 QYr.nafu-3BS）结合可以形成互补作用，从而扩大抗性谱，提供更持久的抗病性。襄麦 25 和郑麦 9023 目前尚未定位出条锈病抗病基因，但根据田间抗病性鉴定的结果，推测它们含有未知的抗病基因。将这些未知的抗病基因与来自 P9897 的两个 QTL 结合在一起，可提供对条锈病更持久和更高水平的抗性。例如，襄麦 25/P9897-34 的抗性（IT=0，DS=0%）比抗病亲本 P9897（IT=2，DS=10%）更高，因此我们推测此家系聚合了来自襄麦 25 的未知抗性 QTL 和来自 P9897 的两个抗性 QTL。

　　在本研究中，某些家系未检测到 P9897 的抗性 QTL，但它们的田间表型仍显示出很强的抗病性。第一个可能的原因是，应用于 MAS 的分子标记应与目标性状（1 cM 或更小）共分离或紧密连锁，而本研究中使用的分子标记的遗传距离均大于 1 cM，这意味着标记与基因之间重组的可能性增加，因此检出率较低。第二个可能的原因是，本研究中使用的群体不同于 P9897 抗性 QTL 定位时使用的群体，因此抗性 QTL 和分子标记之间发生了不同的重组。结果，由分子标记检测到的含有 QTL 的家系数量少于实际存在的数量。

　　根据三个杂交组合 F_6 家系的千粒重分析结果，具有较高水平抗性（IT=0 ~ 2）家系的平均千粒重低于具有较低水平抗性（IT=3 ~ 6）家系的平均千粒重。该结果与主动的免疫反应会导致作物的产量相对降低的理论一致。因此，在育种过程中，我们需要将抗病性和其他农艺性状结合进行综合考量，以选择适合广泛应用的品种。

Boopathi 在 1986 年首次提出分子标记辅助选择[①]，但是由于分子标记的可靠性、QTL 定位研究的精确性以及标记与基因 /QTL 之间连锁不足等因素的限制，分子标记辅助选择对育种的影响一直较低。[②] 但是，随着分子标记可用性的提高以及基因组学的研究和数据库的快速发展，MAS 的应用越来越普遍，其影响也越来越大。例如，Singh 等人使用 MAS 聚合了小麦的叶锈病抗性基因 *Lr19* 和 *Lr24*[③]。Vishwakarma 等人使用 MAS 改善了面包小麦籽粒的蛋白质含量和粒重[④]。Varshney 等人使用 MAS 进行了抗性 QTL 的渗入，提高了三种优良花生品种的锈病抗性[⑤]。

  目前，使用分子标记验证筛选小麦育种中的目标基因的研究，为了消除不理想的供体特征，需要进行多次的回交和选择，使抗性基因的导入更加复杂。但是，由于本研究要导入的目标基因是位于不同染色体上的两个 QTL，因此我们在 F_5 代之前对三个杂交组合分别混收，保留了所有可能的基因型并减少了仍然高度杂合的理想基因的丢失。尽管本研究中的 F_6 家系只在单环境下测试，但是经过多个世代的积累以及对 F_5 植株及 F_6 家系的人工筛选，抗病性和农艺性状等表型已趋稳定。再结合分子标记检测抗病性 QTL，筛选出的目标家系具有广阔的应用前景。通过该方法，我们将两个抗性 QTL 成功渗入三个主栽品种中，使其在具有优良农艺性状的同时，条锈病抗性也得以增强，从而能继续进行商业化应用。

① BOOPATHI N M. Genetic Mapping and Marker Assisted Selection[M]. New Delhi: Springer India, 2020: 343—388.

② KAMALUDDIN, KHAN M A, KIRAN U, et al. Plant Biotechnology: Principles and Applications[M]. Singapore: Springer Singapore, 2017: 295—328.

③ SINGH R, DATTA D, PRIYAMVADA, et al. Marker—assisted selection for leaf rust resistance genes *Lr19* and *Lr24* in wheat (Triticum aestivum L.)[J]. Journal of Applied Genetics, 2004, 45(4): 399—403.

④ VISHWAKARMA M K, ARUN B, MISHRA V K, et al. Marker—assisted improvement of grain protein content and grain weight in Indian bread wheat[J]. Euphytica, 2016, 208(2): 313—321.

⑤ VARSHNEY R K, PANDEY M K, JANILA P, et al. Marker—assisted introgression of a QTL region to improve rust resistance in three elite and popular varieties of peanut (Arachis hypogaea L.)[J]. Theoretical Applied Genetics, 2014, 127(8): 1771—1781.

5.2　分子标记辅助技术在水稻育种中的应用

水稻是我国主要的粮食作物，种植面积广，产量高，且食用人口多。如今，人们早已解决温饱的问题，在生活质量方面的需要也不断提高，因此对水稻品质便提出了越来越高的要求，所以开发和研究功能性水稻成为目前实现"药食同源"最值得提倡的方法，人们可以通过适当摄入一些具有特殊生理功能的活性分子，从而达到预防或是治疗的效果。

本研究主要以宁农黑粳和高粱稻 –1 的杂交 F_4 代为试验材料，在实验室前期已获得的稻米籽粒中控制 γ– 氨基丁酸含量的 3 个 QTL 位点基础上，利用 SSR 标记对 F_4 代进行基因型检测，获得了不同基因类型，并进行基因组合类型分类，在此基础上利用高效液相色谱法，测定 F_4 代不同基因组合类型子粒中 γ– 氨基丁酸含量，结合 F_2 代分析不同世代组合与其 γ– 氨基丁酸含量之间的相关性；并通过检测 F_4 代籽粒性状，分析其含量与籽粒性状之间的相关性，筛选出富含 γ– 氨基丁酸的后代材料。

5.2.1　富 γ– 氨基丁酸后代材料的含量差异及遗传分析

1. 实验材料与方法

（1）实验材料。试验材料由宁夏大学农学院作物遗传育种实验室提供，包括宁农黑粳和高粱稻 –1 的杂交 F_2，筛选后的单株籽粒于 2017 年 10 月在海南三亚育种基地种植，成熟后单株收获。2018 年 5 月在宁夏大学水稻育种基地种植，采用育苗盘旱育苗，然后单株移栽，田间采取常规的管理方法，成熟后单株取样，收获 F_4 代单株籽粒 109 份。

（2）实验仪器与试剂。实验中所用仪器包括 JLGJ4.5 型砻谷机、JFSD–70 型磨粉机、FA2104 型电子天平、60 目筛、DHG–9123A 型恒温鼓风干燥箱、Ultra pure UVF 型超纯水机、真空泵、HZS–H 型水浴振荡器、离心机、旋转蒸发仪、梅特勒 – 托利多 FE–20 型 pH 计、XH–B 漩涡混合器、KQ5200DE 型数控超声波清洗器、1220LC 型安捷伦高效液相色谱仪、Waters AccQ·Tag™ 氨基酸分析柱等。

实验中所用试剂有：γ-氨基丁酸标准品，Waters AccQ Fluor 衍生试剂，超纯水，乙二胺四乙酸二钠（EDTA-2Na），分析纯的三乙胺、浓磷酸、无水乙酸钠，HPLC 级的乙腈、甲醇。

（3）实验方法。①水稻籽粒中 γ-氨基丁酸的提取方法。γ-氨基丁酸极易溶于水，所以本试验采用水提法提取水稻糙米中的 γ-氨基丁酸。参照王迎超等[①]的提取方法，并进行优化。具体操作如下。

60℃烘箱内烘干种子，砻谷机脱壳，磨粉机研磨，过 60 目筛，获得米粉；准确称取米粉 1.0000 g（±0.0002），每份重复 3 次，倒入 50 mL 离心管中，加 15 mL 超纯水，混匀，60℃、120 r/min 水浴振荡浸提 90 min，10 000 r/min 离心 20 min，将上清液移入圆底烧瓶中，重复上述操作，将两次离心好的上清液混合，再进行 10 000 r/min 离心 5 min，去除沉淀，96℃旋转蒸发浓缩至 5 mL，过 0.2 μm 的有机滤膜，即糙米中 γ-氨基丁酸的提取液放入 -20℃冰箱保存备用。

②水稻籽粒中 γ-氨基丁酸的测定方法。本研究利用高效液相色谱法进行水稻糙米中 γ-氨基丁酸含量的测定。具体操作如下。

a.衍生试剂的制备。先将烘箱打开进行预热，预热至 55℃备用，然后取出 2A 衍生试剂粉，轻弹，使得所有粉末落入瓶底，用移液枪吸取 1 mL 2B，清洗吸头，再吸取 1 mL2B 加入 2A 瓶内，盖上瓶盖，漩涡 10 s，烘箱加热 8 min 左右，使衍生试剂粉末充分溶解（加热不得超过 10 min），将配好的试剂放于干燥箱内，室温下可保存 1～3 周。

b.GABA 标准溶液的配备。GABA 标准品母液（1 mg/mL）的配制：称取 10 mg 标准品，用超纯水定容于 10 mL 容量瓶，摇匀备用。

GABA 标准品待测液的配制：准确吸取 GABA 标准品母液 50 μL、100 μL、200 μL、400 μL、600 μL 于 10 mL 定容瓶中，定容 10 mL，依次稀释为 0.005 mg/mL、0.01 mg/mL、0.02 mg/mL、0.04 mg/mL、0.06 mg/mL，摇匀备用。

c.流动相的配制。流动相 A：向 1 L 超纯水中加入 11.48 g 无水乙酸钠，使其溶解，用 50% 的稀磷酸调节 pH 至 5.20，加入 1 mL 的乙二胺四乙酸二钠溶

---

① 王迎超，王全兴，王浩，等 . 富 γ-氨基丁酸水稻种质筛选及与子粒性状相关性分析 [J]. 植物遗传资源学报，2016,17（6）：1116-1122.

液和 2.37 mL 的三乙胺溶液，用 50% 稀磷酸调 pH 至 4.95。水系滤膜过滤。

流动相 B：乙腈：水为 3 ∶ 2。有机滤膜过滤。

d. GABA 待测样品的衍生。将烘箱预热到 55℃，准确吸取 10 μL 待测样品，放于 1.5 mL 的离心管中，再加入 70 μL 衍生缓冲液 AccQ Fluor Buffer1 于离心管中，短暂漩涡 10 s 使其混匀，吸取 20 μL 已配好的 AccQ Fluor 衍生剂（2A），在旋涡状态下将其加入离心管中，再次漩涡混匀 10 s，用封口膜封口，放于预先设置好温度（55℃）的烘箱中 10 min，取出，10 μL 用于进样。

e. 梯度洗脱。洗脱条件：紫外检测波长 248 nm，柱温 37℃，进样量 10 μL。

梯度洗脱程序如表 5-12 所示。

表 5-12　梯度洗脱程序

时间 /min	流动相 /A%	流动相 /B%	流速 /mL · min⁻¹
0	100	0	1.0
17	93	7	1.0
21	90	10	1.0
32	66	34	1.0
34	66	34	1.0
35	34	66	1.0
37	0	100	1.0
49	0	100	1.0
51	100	0	1.0
56	100	0	1.0

f. γ-氨基丁酸标准曲线的绘制。根据高效液相色谱仪的使用说明进行操作，按照试验所需，设置好紫外波长、色谱柱温、梯度洗脱程序，进样前，先进行基线检查，基线平稳后，10 μL 进样。记录 GABA 标准品的出峰时间及相应的

峰面积，以 GABA 浓度为横坐标，峰面积为纵坐标，进行 γ-氨基丁酸标准曲线的绘制。

表 5-13　HPLC 法测定 γ-氨基丁酸标品峰面积数据

浓度 / (mg·mL⁻¹)	0.005	0.01	0.02	0.04	0.06
峰面积（A）	8 247	12 219	21 627	46 541	69 479

根据表 5-13 中的数据，绘制 γ-氨基丁酸浓度与峰面积的标准曲线，如图 5-10 所示。

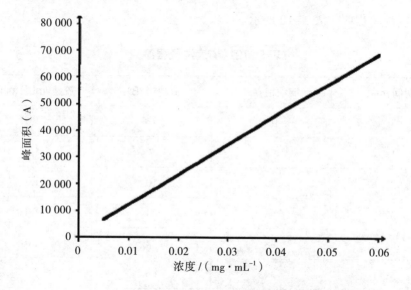

图 5-10　γ-氨基丁酸含量标准曲线

g. 糙米中 GABA 含量的测定。按照上述的衍生方法对待测样品进行柱前衍生，进行 γ-氨基丁酸含量的测定：根据出峰时间，记录这一时间的峰面积，然后根据拟合出的 γ-氨基丁酸标准曲线方程计算糙米的 γ-氨基丁酸含量。

（4）数据分析。对杂交 F₄ 代群体单株进行编号（1 ~ 109），用 Excel 软件对所得数据进行整理，用 SPSS 23.0 分析软件对水稻籽粒中 γ-氨基丁酸含量进行正态性检验，并绘制频率分布直方图。

2. 结果与分析

（1）宁农黑粳和高粱稻 -1 杂交 F₄ 代籽粒中 γ-氨基丁酸含量的差异分

析。由王迎超的研究结果可知，在宁农黑粳和高粱稻 –1 的杂交 F_1 代籽粒中，γ – 氨基丁酸的含量为 8.39 mg/100g，F_2 代单株籽粒 γ – 氨基丁酸含量平均值为 8.11 mg/100g，介于双亲之间。由表 5–14 可以看出，通过检测 F_4 代群体，发现籽粒中 γ – 氨基丁酸含量差异比较大，含量最高达到 12.89 mg/100g，含量最低则为 2.99 mg/100g，其平均含量为 6.82 mg/100g，也处于双亲之间。

表 5–14　宁农黑粳和高粱稻 –1 杂交 F_4 代单株籽粒 GABA 含量

编　号	GABA 含量 /（mg·100g⁻¹）	编　号	GABA 含量 /（mg·100g⁻¹）	编　号	GABA 含量 /（mg·100g⁻¹）	编　号	GABA 含量 /（mg·100g⁻¹）	编　号	GABA 含量 /（mg·100g⁻¹）
1	10.81	23	6.96	45	6.67	67	5.88	89	6.03
2	9.44	24	5.95	46	6.81	68	5.88	90	7.26
3	8.11	25	8.17	47	4.37	69	7.61	91	7.58
4	9.53	26	6.58	48	6.36	70	6.56	92	10.89
5	8.22	27	8.85	49	5.59	71	6.33	93	5.73
6	10.82	28	5.88	50	6.12	72	4.64	94	11.98
7	12.08	29	3.36	51	3.09	73	6.61	95	8.32
8	11.78	30	5.75	52	6.59	74	6.5	96	11
9	10.68	31	3.17	53	5.3	75	5.59	97	7.95
10	9.76	32	3.09	54	10.72	76	6.75	98	12.89
11	4.61	33	5.25	55	6.79	77	7.87	99	3.19
12	4.16	34	3.95	56	5.78	78	6.06	100	10.99
13	5.41	35	5.85	57	3.15	79	5.93	101	10.17
14	6.14	36	5	58	3.73	80	6.02	102	8.34
15	8.5	37	5.57	59	6.46	81	7.15	103	11.87
16	4.92	38	4.7	60	7.92	82	5.68	104	10.62
17	6.71	39	4.1	61	3.15	83	8.08	105	9.32

续　表

编　号	GABA含量/ (mg·100g^{-1})	编　号	GABA含量/ (mg·100g^{-1})	编　号	GABA含量/ (mg·100g^{-1})	编　号	GABA含量/ (mg·100g^{-1})	编　号	GABA含量/ (mg·100g^{-1})
18	11	40	3.04	62	5.26	84	7.56	106	10.3
19	7.95	41	3.05	63	3.09	85	5.55	107	6.7
20	3.57	42	2.99	64	7.18	86	6.66	108	7.85
21	8.51	43	4.35	65	4.49	87	5.37	109	7.14
22	7.2	44	7	66	4.73	88	7.26		

（2）水稻籽粒 γ – 氨基丁酸含量的遗传分析。通过对 F_4 群体 109 个单株籽粒的 γ – 氨基丁酸含量做频率分析，如图 5-11 所示，其 γ – 氨基丁酸含量呈连续性分布，且有 69 份后代材料的 γ – 氨基丁酸含量集中在 5 ～ 10 mg/100g，占总群体数的 63.3%。对 F_4 代单株籽粒的 γ – 氨基丁酸含量做正态分布检验，如表 5-15、图 5-11 所示，F_4 代单株籽粒的 γ – 氨基丁酸含量基本符合正态分布，且出现明显的超亲现象。

表 5-15　F_4 代籽粒 GABA 含量及正态性检验

性　状	亲　本		F_4					
	宁农黑粳♀	高粱稻 –1♂	平均值	标准差	偏　值	峰　度	变异系数	范　围
γ – 氨基丁酸含量/ (mg·100g^{-1})	5.57	10.47	6.82	2.434	0.478	−0.354	35.63%	2.99 ～ 12.89

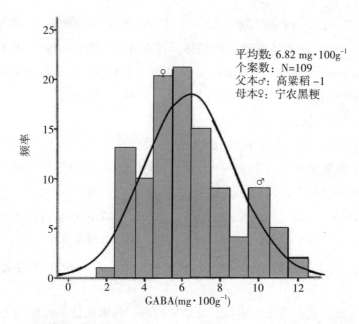

平均数: 6.82 mg·100g⁻¹
个案数: N=109
父本♂: 高粱稻 -1
母本♀: 宁农黑粳

图 5-11　宁农黑粳和高粱稻 -1 杂交 F₄ 代单株籽粒 γ – 氨基丁酸含量的频率分布

5.2.2　水稻籽粒 γ – 氨基丁酸含量与其基因组合类型的关联分析

1. 实验材料与方法

（1）实验材料。实验材料由宁夏大学农学院作物遗传育种实验室提供，包括宁农黑粳和高粱稻 -1 杂交 F₃ 代单株叶片，F₄ 代 109 份单株叶片，F₄ 成熟后收获 109 份单株籽粒。

（2）实验仪器与试剂。实验中所用仪器及耗材有 1.5 mL 离心管、镊子、Tocan 制冰机、DHG-9123A 型电热恒温鼓风干燥箱、Neofuge15R 型台式高速冷冻离心机、PCR 板、LDZX-50KB 型立式压力蒸汽灭菌器、TE212-L 型分析天平、微波炉、移液枪、Eppendorf AG 型 PCR 扩增仪、DYY-6C 电泳仪、XH-B 型漩涡混合器、恒温水浴箱、78HW-1 型恒温磁力搅拌器、DYCZ-30C 型垂直板电泳槽、WD-9405A 型脱色摇床、WD9406 型胶片观察灯。

实验中所用试剂有液氮、无水乙醇、SDS（十二烷基硫酸钠）、β- 巯基乙醇、氯仿、异戊醇、TE 缓冲液（10 mmol/L Tris-HCl，pH=8.0；1 mmol/L EDTA-Na₂，pH=8.0）、Tris-HCl、氯化钠、EB（溴化乙锭）、醋酸钾、

10×TBE（TrisBase 54 g、硼酸 27.5 g、EDTA3.72 g、NaOH 0.4 g 溶解，定容至 500 mL）、NaOH、液体石蜡、扩增体系（ddH$_2$O、10×Buffer、dNTP、Taq 聚合酶、10×Loading Buffer 指示剂）、琼脂糖、琼脂粉、亚甲基双丙烯酰胺、丙烯酰胺、硝酸银、硼酸、AP（过硫酸铵）、甲醛、冰乙酸。

（3）实验方法。

① DNA 的提取。实验采用 SDS 法从叶片中提取 DNA，具体操作如下。

a. 用泡沫箱盛装液氮，将一小段叶片放入 2 mL 离心管中，加入液氮，研磨棒研磨充分，扣上盖，放入液氮中。

b. 每 100 mL SDS（500 mmol/L NaCl；100 mmol/L Tris–HCl，pH=8.0；50 mmol/L EDTA–2Na，pH=8.0）加入 2 mLβ– 巯基乙醇，水浴锅预热（65℃）。

c. 每个 2 mL 离心管混入 900 μL SDS 提取液，放入 65℃水浴锅中 1 h，轻微振荡。

d. 取出离心管，冷却至室温，放通风橱内，加满氯仿：异戊醇（24：1），保鲜膜包好，用力摇晃，然后放入摇床剧烈振荡 1 h。

e. 12 000 r/min 离心 10 min。

f. 将上清液吸收到 1.5 mL 离心管中，加入 1 mL、–80℃的预冷无水乙醇，–20℃静置 10 min。

g. 8 000 r/min 离心 2 min，倒出无水乙醇，加 70% 无水乙醇清洗 DNA 2 次。

h. 自然风干后，加入 100 μL TE，溶解 DNA，储存于 –20℃（4℃备用）。

② DNA 的检测。提取的 DNA 溶解在 TE 缓冲液（10 mmol/L Tris–HCl，pH=8.0；1 mmol/L EDTA–2Na，pH=8.0）里，在 1% 的琼脂糖凝胶电泳检测提取的 DNA 质量。

③本实验所用相关引物。本实验以 γ– 氨基丁酸含量为 5.57 mg/100g 的"宁农黑粳"作为母本，以 γ– 氨基丁酸含量为 10.47 mg/100 g 的"高粱稻 –1"作为父本，杂交 F$_2$ 群体为基础，在实验室所拥有的 SSR 引物中，筛选出贡献率最高的三个 QTL 位点，对其进行优化，结果如表 5–16 所示，其中 qGABA-8-1 和 qGABA-8-2 来自母本宁农黑粳，qGABA-9 来自父本高粱稻 –1。引物由生工北京分公司合成，吸取上下游引物各 10 μL，加入 480 μL ddH$_2$O，获得母液，–20℃保存。

表 5-15 γ- 氨基丁酸扩增引物及扩增结果

染色体	标记位置	序 列	位 点	贡献率 /%	条带大小 /bp	带 型
Chr8	RM342	F:CCATCCTCCTACTCAATGAAG	qGABA-8-1	10	148	与母本带型一致记为 B, 与父本带型一致记为 A, 来自双亲记为 H
		R:ACTATGCAGTGGTGTCACCC				
Chr8	RM515K	F:GTTAATGTCCAGCCCGCATG	qGABA-8-2	11	165	
		R:GATCTCGTGAACAAGGTGGC				
Chr9	RM3600	F:TGCCCACACATGATGAGC	qGABA-9	9	91	
		R:AACGCXJCAAGAGATCTTCTG				

④ PCR 扩增。PCR 扩增在 PCR 仪上进行，反应体系如表 5-17 所示。

表 5-16 20 μL PCR 扩增反应体系

成 分	体积 /μL
DNA 模板（10 ng/ μL）	2
Mixed SSR primer（4 pmol/ μL）	1.5
10 × DNA Taq buffer	2
dNTP（2.5 mmol/L）	0.4
Taq enzyme（5 U/ μL）	0.2
ddH$_2$O	13.9
Total	20

扩增程序如下：

a.95℃预变性 5 min；

b.36 个循环
$\begin{cases} 95℃变性 & 30 \text{ sec}； \\ 58℃退火 & 30 \text{ sec}； \\ 72℃延伸 & 1 \text{ min}； \end{cases}$

c.72℃延伸　10 min 4℃保存。

⑤聚丙烯酰胺凝胶电泳和银染检测。本实验采用 8% 的聚丙烯酰胺凝胶电泳，参照郑景生[①] 的实验方法，具体操作步骤如下。

a.制板装板：用浓度为 2% 的胶进行封边，待冷却后，装入电泳槽中。

b.配制 20 mL 工作液：14 mL 蒸馏水，2 mL 10×TBE，4 mL 40% 的丙烯酰胺：亚甲基双丙烯酰胺储备液（19 : 1），10 μL TEMED，最后加 20 μL 10% 的过硫酸铵溶液，摇匀。

c.将准备好的工作液倒进玻璃板夹层中，排气泡，插胶孔梳子，检查是否漏胶。

d.胶凝后，将 0.5×TBE 电泳缓冲液缓慢倒入电泳池，没过点样孔，缓慢拔出梳子，整理样孔。

e.点样：10 μL 扩增产物加 1.5 μL DNA Loading Buffer，3 μL 进样。

f.在 220 V 电压下（电流调至最大）电泳 100 min。

接下来进行银染程序。

g.取出胶片，放入 100 mL 固定液（10 mL 乙醇和 0.5 mL 冰乙酸）中，摇床摇动 12 min，固定。

h.弃去液体，加入 100 mL 0.2%AgNO_3 溶液（0.2 g AgNO_3），继续摇动 12 min，进行染色。

i.倒掉 AgNO_3 溶液，加入 100 mL 蒸馏水，摇床摇动 30 s，进行漂洗。

j.倒掉蒸馏水，加入 100 mL 0.002% 硫代硫酸钠配置液，摇动 30 s，还原底色，弃液。

k.加入 100 mL NaOH 和甲醛混合液（1.5 g NaOH、1 mL 甲醛），摇动 10 min 左右，至看见清晰的 DNA 条带结束。

l.倒掉液体，用清水清洗两遍，包胶，然后在胶片灯下观察并记录。

⑥实验数据处理。根据电泳结果及胶片上的条带，读取与"宁农黑粳"带型位置一致的条带记录为 B，读取与"高粱稻 -1"带型位置一致的条带记录为 A，双亲杂合型即出现两条带的记录为 H，缺失的情况记录为"—"。对 F_2 代群体进行编号（1 ～ 182），在 Excel 表中整理统计带型数据，用 Microsoft Excel 完成实验数据的处理及绘图，用 SPSS 23.0 分析软件进行方差分析。

---

① 郑景生，吕蓓.PCR 技术及实用方法 [J]. 分子植物育种，2003，1（3）:381-394.

2. 结果与分析

（1）杂交后代群体基因型分析。先将实验所需的引物进行合成，并按照要求稀释，然后进行 PCR 扩增反应，再进行聚丙烯酰胺凝胶电泳检测。根据统计全部结果，其中有效条带占全部的 94.65%，数据可靠性较高，可用于下一步检测分析。

（2）杂交材料单株籽粒基因组合类型及其对应 γ – 氨基丁酸含量。

①杂交 F_2 代单株籽粒基因组合类型及其 GABA 含量。将王迎超检测的杂交 F_2 代基因型进行组合分类，三个基因型依次为引物 RM342、RM515、RM3600 的检测结果，其中 RM342、RM515 的贡献率来自母本宁农黑粳，RM3600 的贡献率来自父本高粱稻 –1，与母本带型一致记为 B，与父本带型一致记为 A，来自双亲记为 H，获得 12 种基因组合类型，并将与其对应的 γ – 氨基丁酸含量进行统计，结果如表 5–18 所示。

表 5–18　宁农黑粳和高粱稻 –1 杂交 F_2 代单株籽粒基因组合类型及其 GABA 含量

单位：$mg \cdot 100g^{-1}$

编　号	基因组合类型	GABA含量	编　号	基因组合类型	GABA含量	编　号	基因组合类型	GABA含量	编　号	基因组合类型	GABA含量
1	BBA	10.86	47	AAB	5.53	93	HAH	7.55	139	HHB	6.39
2	BBA	8.18	48	AAB	4.48	94	HAH	7.35	140	HHB	6.13
3	BBA	10.34	49	AAB	7.98	95	HAH	8.33	141	HHB	5.93
4	BBA	9.85	50	AAB	6.69	96	HHA	11.19	142	HHB	5.8
5	BBA	9.02	51	AAB	5.18	97	HHA	10.36	143	HHH	8.67
6	BBA	10.17	52	AAB	7.64	98	HHA	10.07	144	HHH	8.98
7	BBA	12.15	53	AAB	6.23	99	HHA	10.18	145	HHH	8.64
8	BBA	8.4	54	AAB	4.97	100	HHA	7.06	146	HHH	7.99
9	BBB	6.15	55	AAB	6.03	101	HHA	7.96	147	HHH	6.91
10	BBB	8.06	56	AAB	6.66	102	HHA	8.84	148	HHH	6.77
11	BBB	9.46	57	AAB	6.68	103	HHA	10.03	149	HHH	8.23

编　号	基因组合类型	GABA含量	编　号	基因组合类型	GABA含量	编　号	基因组合类型	GABA含量	编　号	基因组合类型	GABA含量
12	BBB	9.44	58	AAH	6.31	104	HHA	10.95	150	HHH	9.36
13	BBB	7.44	59	AAH	5.65	105	HHA	12.41	151	HHH	12.1
14	BBB	8.33	60	AAH	6.75	106	HHA	7.87	152	HHH	6.59
15	BBB	6.86	61	AAH	5.94	107	HHA	11.72	153	HHH	7.78
16	BBH	6.25	62	AAH	6.8	108	HHA	7.35	154	HHH	9.14
17	BBH	8.87	63	AAH	7.11	109	HHA	13.36	155	HHH	6.27
18	BBH	7.23	64	AAH	7.1	110	HHA	8.35	156	HHH	6.73
19	BBH	10.16	65	AAH	6.52	111	HHA	12.05	157	HHH	7.72
20	BBH	15.02	66	AAH	7.18	112	HHA	7.06	158	HHH	7.37
21	BBH	13.97	67	AAH	5.74	113	HHA	10.66	159	HHH	7.8
22	BBH	7.84	68	AAH	6.39	114	HHA	13.4	160	HHH	6.48
23	BBH	9.87	69	AAH	8.51	113	HHA	10.54	161	HHH	7.03
24	BBH	7.71	70	AAH	8.93	116	HHB	10.44	162	HHH	8.05
25	BBH	11.26	71	AAH	6.6	117	HHB	10.08	163	HHH	6.89
26	BBH	6.41	72	AAH	7.17	118	HHB	8.8	164	HHH	9.28
27	BBH	9.85	73	HBH	7.78	119	HHB	8.44	165	HHH	7.24
28	BBH	14.02	74	HBH	9.93	120	HHB	8.15	166	HHH	9.87
29	BBH	6.7	75	HBH	7.75	121	HHB	8.14	167	HHH	8.61
30	BBH	7.74	76	HBH	8.08	122	HHB	8.13	168	HHH	6.43
31	BBH	8.58	77	HBH	7.56	123	HHB	7.95	169	HHH	8.23
32	BBH	6.7	78	HBH	7.34	124	HHB	7.78	170	HHH	7.06
33	AAA	8.57	79	HBH	7.78	125	HHB	7.7	171	HHH	7.27
34	AAA	4.18	80	HBH	7.75	126	HHB	7.7	172	HHH	6.7

续　表

编　号	基因组合类型	GABA含量	编　号	基因组合类型	GABA含量	编　号	基因组合类型	GABA含量	编　号	基因组合类型	GABA含量
35	AAA	9.03	81	HBH	8.08	127	HHB	7.54	173	HHH	9.61
36	AAA	6.58	82	HBH	7.56	128	HHB	7.47	174	HHH	8.15
37	AAA	6.83	83	HBH	7.34	129	HHB	7.46	175	HHH	7.71
38	AAA	10.06	84	HBH	7.78	130	HHB	7.46	176	HHil	9.29
39	AAA	7.05	85	HBH	7.75	131	HHB	7.37	177	HHH	4.93
40	AAB	3.77	86	HBH	8.08	132	HHB	7.25	178	HHH	7.96
41	AAB	6.13	87	HBH	7.56	133	HHB	7.19	179	HHH	5.66
42	AAB	5.54	88	HBH	7.34	134	HHB	7.19	180	HHH	7.53
43	AAB	5.35	89	HAB	5.52	135	HHB	7.18	181	HHH	8.01
44	AAB	4.32	90	FiAB	5.76	136	IIHB	7.12	182	HHH	6.41
45	AAB	6.78	91	HAB	8.72	137	HHB	6.89			
46	AAB	7.61	92	HAH	7.28	138	HHB	6.57			

②杂交 F_4 代种植材料的筛选。通过统计 F_2 代材料，筛选出基因组合类型及 γ – 氨基丁酸含量均表现优良的材料进行海南 F_3 代的种植，收获 160 份单株叶片进行基因型检测，通过检测少量基因组合类型单株籽粒中 γ – 氨基丁酸含量，发现 F_3 代的检测结果与 F_2 代以及后续检测的 F_4 结果不一致，分析其原因可能是由于 F_3 代收获的种子成熟度不高且种子量少，所以造成检测结果不准确，遂通过 F_3 代基因组合类型进行 F_4 代种植材料的筛选，获得 109 份 F_4 代单株材料。

③杂交 F_4 代单株籽粒基因组合类型及其 GABA 含量。将 F_4 代材料单株籽粒基因型分类，获得 12 种基因组合类型，与其对应的 γ – 氨基丁酸含量进行统计，结果如表 5–19 所示。

表 5-19 宁农黑粳和高粱稻-1 杂交 F_4 代单株籽粒基因组合类型及其 GABA 含量

单位：$mg \cdot 100g^{-1}$

编号	基因组合类型	GABA含量	编号	基因组合类型	GABA含量	编号	基因组合类型	GABA含量	编号	基因组合类型	GABA含量
1	BBA	10.81	29	ABB	12.89	57	HBB	3.15	85	HHH	5.55
2	BBA	9.44	30	ABB	5.75	58	HBB	3.73	86	HHH	6.66
3	BBA	8.11	31	ABB	3.17	59	HBB	6.46	87	BBB	5.37
4	BBA	9.53	32	ABB	3.09	60	HBB	7.92	88	BBB	7.26
5	BBA	8.22	33	ABB	5.25	61	HBB	3.15	89	BBB	6.03
6	BBA	10.82	34	ABB	3.95	62	HBB	5.26	90	BBB	7.26
7	BBA	12.08	35	ABB	5.85	63	HAB	3.09	91	BBB	7.58
8	BBA	11.78	36	ABB	5.00	64	HAB	7.18	92	BBB	10.89
9	BBA	10.68	37	ABB	5.57	65	HAB	4.49	93	BBB	5.73
10	BBA	9.76	38	ABB	4.70	66	HAB	4.73	94	BBB	11.98
11	BBH	4.61	39	AAB	4.10	67	HAB	5.88	95	BBB	8.32
12	BBH	4.16	40	AAB	3.04	68	HAB	5.88	96	BBB	11.00
13	BBH	5.41	41	AAB	3.05	69	HHB	7.61	97	BBB	7.95
14	BBH	6.14	42	AAB	2.99	70	HHB	6.56	98	BBB	12.89
15	BBH	8.50	43	AHB	4.35	71	HHB	6.33	99	BBB	3.19
16	BBH	4.92	44	AHB	7.00	72	HHB	4.64	100	BBB	10.99
17	BBH	6.71	45	AHB	6.76	73	HHB	6.61	101	BBB	10.17
18	BBH	11.00	46	AHB	6.81	74	HHB	6.50	102	BBB	8.34
19	BBH	7.95	47	HBB	4.37	75	HHB	5.59	103	BBB	11.87
20	BBH	3.57	48	HBB	6.36	76	HHB	6.75	104	BBB	10.62
21	BAB	8.51	49	HBB	5.59	77	HHB	7.87	105	BBB	9.32

续　表

编　号	基因组合类型	GABA含量	编　号	基因组合类型	GABA含量	编　号	基因组合类型	GABA含量	编　号	基因组合类型	GABA含量
22	BAB	7.20	50	HBB	6.12	78	HHB	6.06	106	BBB	10.10
23	BAB	6.96	51	HBB	3.09	79	HHB	5.93	107	BBB	6.7
24	BHH	5.95	52	HBB	6.59	80	HHB	6.02	108	BBB	7.85
23	BHH	8.17	53	HBB	5.10	81	HHB	7.15	109	BBB	7.14
26	BHH	6.58	54	HBB	10.72	82	HHB	5.68			
27	BHH	8.83	55	HBB	6.79	83	HHB	8.08			
28	ABB	8.88	56	HBB	5.78	84	HHB	7.56			

由表 5-18 可以看出，在 F_2 群体中，单株 γ-氨基丁酸含量最高为 15.02 mg/100g，其基因组合类型为 BBH；含量最低为 3.77 mg/100g，其基因组合类型为 AAB；纯合基因组合类型材料中含量最高为 12.15 mg/100g，对应的基因组合类型为 BBA。由表 5-19 可以看出，在 F_4 群体中，单株 γ-氨基丁酸含量最高为 12.89 mg/100g，其基因组合类型为 BBB；含量最低为 2.99 mg/100g，其基因组合类型为 AAB，且最高、最低含量均来源于纯合基因组合类型。综上，在 F_2 和 F_4 中，最低含量材料基因组合类型均为 AAB，但最高含量来自不同基因组合类型。

（3）杂交后代籽粒中 γ-氨基丁酸含量与其基因组合类型的差异显著性分析。为了进一步分析 γ-氨基丁酸含量与其基因组合类型之间的关系，对杂交 F_2 代和 F_4 代籽粒中的 γ-氨基丁酸含量与其基因组合类型进行差异显著性分析，获得结果如图 5-12、图 5-13 所示。

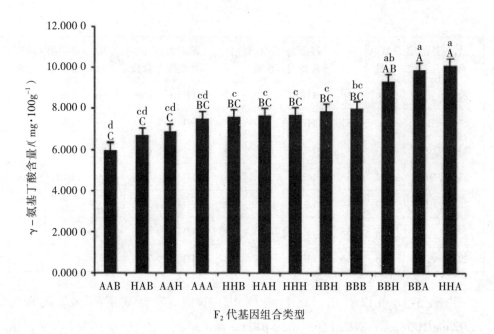

图 5-12　宁农黑粳和高粱稻 -1 杂交 F$_2$ 代单株籽粒基因组合类型与其 GABA 含量的差异显著性分析

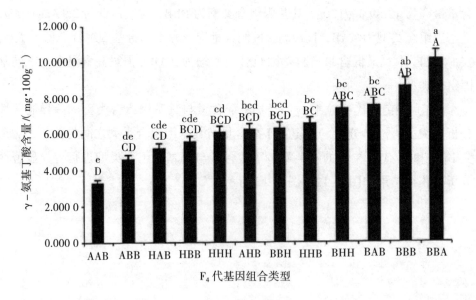

图 5-13　宁农黑粳和高粱稻 -1 杂交 F$_4$ 代单株籽粒基因组合类型及其 GABA 含量的差异显著性分析

图 5–12、图 5–13 中，不同小写字母表示基因组合类型和 γ – 氨基丁酸含量差异显著（P ＜ 0.05），不同大写字母表示差异极显著（P ＜ 0.01）。

由图 5–12 可以看出，HHA、BBA 组合类型 γ – 氨基丁酸含量高于其他组合类型，AAH、HAB、AAB 组合类型 γ – 氨基丁酸含量低于其他组合类型，且均呈极显著差异，其中 HHA、BBA 类型材料平均含量最高，分别为10.08 mg/100g 和 9.87 mg/100g，AAB 类型材料平均含量最低，为 5.98 mg/100g，且 HHA、BBA 类型材料的含量是 AAB 类型材料的 1.69 倍和 1.65 倍。从遗传学角度来看，杂合材料存在分离且稳定性不高，所以选择纯合的 BBA 组合类型材料进行后代遗传。由图 5–13 可以看出，BBA 组合类型 γ – 氨基丁酸含量高于其他组合类型，AAB 组合类型 γ – 氨基丁酸含量低于其他组合类型，也均呈极显著差异，其中 BBA 类型材料平均含量最高，为 10.12 mg/100g，AAB 类型材料平均含量最低，为 3.30 mg/100g，且 BBA 类型材料的 γ – 氨基丁酸含量是 AAB 类型材料的 3.07 倍。综上，在 F_2 代和 F_4 代中，最低平均含量均为AAB 类型材料，且含量有下降趋势；BBA 类型材料随着世代的增加变为平均含量最高的组合类型，并且平均含量也有所提高。

（4）不同基因组合类型间含量的比较。结合上述分析结果，进行不同基因组合类型间含量的分析，结果如表 5–20、表 5–21 所示。

表 5–20　宁农黑粳和高粱稻 –1 杂交 F_2 代不同基因组合类型间 GABA 含量的比较

基因组合类型	样本数	变异范围	均　值	方　差	标准差	变异系数 /%
AAB	18	3.77 ～ 7.98	5.98	1.41	1.15	19.30
HAB	3	5.52 ～ 8.72	6.67	3.18	1.46	21.83
AAH	15	5.65 ～ 8.93	6.85	0.83	0.88	12.85
AAA	7	4.18 ～ 10.06	7.47	3.76	1.79	24.02
HHB	27	5.80 ～ 10.44	7.56	1.14	1.05	13.84
HAH	4	7.28 ～ 8.33	7.63	0.23	0.42	5.47
HHH	40	4.93 ～ 9.87	7.67	1.26	1.11	14.46
HBH	16	7.34 ～ 9.93	7.84	0.37	0.59	7.52

续　表

基因组合类型	样本数	变异范围	均　值	方　差	标准差	变异系数 /%
BBB	7	6.15～9.46	7.96	1.56	1.16	14.51
BBH	17	6.25～15.02	9.30	7.87	2.71	29.17
BBA	8	8.18～12.15	9.87	1.75	1.24	12.56
HHA	20	7.06～13.4	10.08	4.03	1.96	19.40

表 5–21　宁农黑粳和高粱稻 –1 杂交 F_4 代不同基因组合类型间 GABA 含量的比较

基因组合类型	样本数	变异范围	均　值	方　差	标准差	变异系数 /%
AAB	4	2.99～4.10	3.30	0.29	0.47	14.11
ABB	11	3.09～5.88	4.69	1.23	1.06	22.51
HAB	6	3.09～7.18	5.21	2.00	1.29	24.82
HBB	16	3.09～10.72	5.65	3.94	1.92	34.01
HHH	2	5.55～6.66	6.10	0.62	0.56	9.09
AHB	4	4.35～7.00	6.23	1.58	1.09	17.48
BBH	10	3.57～11.00	6.30	5.27	2.18	34.59
HHB	16	4.64～8.08	6.56	0.86	0.90	13.69
BHH	4	5.96～8.85	7.39	1.82	1.17	15.82
BAB	3	6.96～8.51	7.55	0.70	0.68	9.02
BBB	23	3.19～12.89	8.64	6.05	2.41	27.85
BBA	10	8.10～12.08	10.12	1.83	1.21	11.96

由表 5–20 可以看出，在 F_2 代中，纯合 AAB 基因组合类型材料 γ – 氨基丁酸含量的平均值为 5.98 ± 1.41 mg/100g，变异范围为 3.77 ～ 7.98 mg/100g，变异系数为 19.30%；纯合 BBA 基因组合类型材料 γ – 氨基丁酸含量的平均值为 9.87 ± 1.75 mg/100g，变异范围为 8.18 ～ 12.15 mg/100g，变异系数为 12.56%。由表 5–21 可以看出，在 F_4 代中，纯合 AAB 基因组合类型材料 γ – 氨基丁

酸含量的平均值为 3.30 ± 0.29 mg/100g，变异范围为 2.99 ~ 4.10 mg/100g，变异系数为 14.11%；纯合 BBA 基因组合类型材料 γ－氨基丁酸含量的平均值为 10.12 ± 1.83 mg/100g，变异范围为 8.10 ~ 12.08 mg/100g，变异系数为 11.96%。综上，从 F_2 代到 F_4 代，纯合 AAB、BBA 基因组合类型材料的变异系数均有降低，其中 AAB 类型的降低幅度较大，且 AAB、BBA 基因组合类型材料的 GABA 均值都有向其最低和最高方向变化的趋势。由表 5-20、表 5-21 还可以看出，杂合基因组合类型材料的变异系数不稳定。

（5）纯合高含量基因组合类型与纯合低含量基因组合类型材料符合度的比较。为进一步探究最高含量基因组合类型 BBA 和最低含量基因组合类型 AAB 材料的稳定性，下面进行了符合度的统计（符合度即高于平均含量单株的比例），结果如表 5-22 所示。

表 5-22　F_2 与 F_4 极值基因组合类型符合度的统计

世　代	基因组合类型	符合度 /%	GABA 含量平均值 / (mg·100g^{-1})
F_2	BBA	50	9.87
F_2	AAB	53	6.11
F_4	BBA	50	10.12
F_4	AAB	75	3.30

由表 5-22 可以看出，在 F_2 代和 F_4 代中，BBA 基因组合类型材料的符合度均为 50%，AAB 基因组合类型材料的符合度分别为 53% 和 75%，相比高值纯合 BBA 基因组合类型材料，低值纯合 AAB 基因组合类型材料的符合度较高，且随着世代的提高，符合度有所提升。

5.2.3　水稻籽粒 γ－氨基丁酸含量与其籽粒性状的相关性分析

1. 实验材料与方法

（1）实验材料。利用宁农黑粳和高粱稻 -1 的 F_2 代，将其籽粒于 2017 年 10 月在海南三亚育种基地种植，成熟后单株收获，2018 年 5 月在宁夏大学水稻育种基地种植，采用育苗盘旱育苗，然后进行单株移栽，现场采取常规管理，成熟后收获 F₄ 代 109 份单株籽粒。

（2）实验仪器与试剂。实验中所用仪器有 DHG-9123A 型恒温鼓风干燥箱、JLGJ4.5 型砻谷机、JFSD-70 型磨粉机、FA2104 型电子天平、60 目筛、10 mL 离心管、Ultra pure UVF 型超纯水机、真空泵、HZS-H 型水浴振荡器、离心机、旋转蒸发仪、pH 计、XH-B 漩涡混合器、KQ5200DE 型数控超声波清洗器、1220LC 型安捷伦高效液相色谱仪、Waters AccQ·Tag™ 氨基酸分析柱、数显游标卡尺等。

实验中所用试剂有 γ-氨基丁酸标准品，Waters AccQ Fluor 衍生试剂，超纯水，分析纯的无水乙酸钠、三乙胺、浓磷酸，乙二胺四乙酸二钠（EDTA-2Na），HPLC 级乙腈、甲醇。

（3）测定方法。

①籽粒性状及相对胚重的测定。水稻籽粒粒形性状的测定：随机挑选 10 粒种子，用游标卡尺测量每粒种子的长、宽、厚。计算 10 粒种子的平均值及长宽比。

水稻籽粒千粒重的测定：挑选 500 粒饱满的种子进行称重，计算千粒重。

相对胚重的测定：随机选取 20 粒种子进行称重，去掉胚之后再进行称重，胚重占种子总质量的比例即为相对胚重。

②种皮颜色测定。本实验参照高颖银[①]的种皮颜色分级标准，分为五个等级，如表 5-23 所示。

表 5-23　水稻种皮颜色评级标准

等　级	标　准
白色（1）	种皮颜色与亲本高粱稻-1颜色一致
浅褐色（2）	种皮颜色接近白色亲本，略带黑色
褐色（3）	种皮颜色介于两亲本之间
深褐色（4）	种皮颜色接近黑色亲本，不全为黑色
黑色（5）	种皮颜色与亲本宁农黑粳颜色一致

---

① 高颖银. 黑稻果皮颜色性状的遗传分析及基因定位研究 [D]. 银川：宁夏大学，2013.

（4）数据分析。用 Excel 软件整理杂交 F_4 群体籽粒粒长、粒宽、粒厚、长宽比、千粒重、相对胚重及粒色的相关数据，用 SPSS 软件（IBM SPSS Statistic 23）对 F_4 群体籽粒中 γ – 氨基丁酸含量与籽粒性状进行相关性分析。

2. 结果与分析

（1）杂交 F_4 代籽粒 γ – 氨基丁酸含量与其籽粒性状的相关性分析。对宁农黑粳和高粱稻 –1 杂交 F_4 代籽粒中 γ – 氨基丁酸含量与其粒形性状及相对胚重进行相关性分析，结果如表 5–24 所示。

表 5–24　宁农黑粳和高粱稻 –1 杂交 F_4 代籽粒 GABA 含量与其粒形性状及相对胚重的相关性

性　状	粒　长	粒　宽	粒　厚	长宽比	千粒重	粒　色	相对胚重
GABA 含量	-0.151	-0.143	-0.199*	0.018	-0.170**	0.230*	0.338**
粒长		0.083	0.004	0.573**	0.265**	-0.052	-0.210*
粒宽			0.410**	-0.765**	0.306**	-0.113	-0.071
粒厚				-0.328**	0.502**	-0.476**	-0.147
长宽比					-0.063	0.064	-0.132
千粒重						-0.446**	-0.185*
粒色							-0.178*

注：相关性在 0.05 水平上显著用 * 表示，相关性在 0.01 水平上显著用 ** 表示。

由表 5–24 可知，γ – 氨基丁酸含量与籽粒的相对胚重呈极显著正相关，相关系数为 0.338；与粒色呈显著正相关，相关系数为 0.230；与千粒重呈极显著负相关；与粒厚呈显著负相关；与粒长、粒宽、长宽比相关性不显著。由表 5–24 还可知，水稻的千粒重与粒长、粒宽、粒厚呈极显著正相关；籽粒的相对胚重与粒长呈显著负相关；长宽比与粒长呈极显著正相关，与粒宽、粒厚呈极显著负相关。综上结果，选择相对胚重大、籽粒颜色较深且粒厚、千粒重适中的材料可获得 γ – 氨基丁酸含量较高的后代。

（2）杂交 F_4 代优良单株的筛选。根据 F_4 代籽粒 γ–氨基丁酸含量与其籽粒性状的相关分析，结合其基因型的分析结果，可筛选出如表 5-25 所示材料，为富 γ–氨基丁酸含量的后代单株。

表 5-25　宁农黑粳和高粱稻 –1 杂交 F_4 代优良单株的筛选

编　号	基因组合类型	GABA含量	种　色	粒长/cm	粒宽/cm	粒厚/cm	长宽比	千粒重/g	相对胚重
1	BBA	10.81	褐	5.08	2.90	2.09	1.75	19.66	2.68%
6	BBA	10.82	褐	4.94	2.44	1.77	2.02	15.2	2.51%
7	BBA	12.08	褐	5.82	2.76	1.84	2.11	21.86	3.12%
8	BBA	11.78	褐	4.83	2.71	1.76	1.78	16.11	2.87%

如表 5-25 所示，BBA 组合为 γ–氨基丁酸含量表现为高的基因组合类型，检测结果与其一致，结合籽粒性状筛选相对胚重较大，粒色较深且粒厚、千粒重适中的材料，获得编号 1、6、7、8 且基因组合类型均为 BBA 组合的单株为综合性状优良的后代材料。

5.3　分子标记辅助技术在大豆育种中的应用

5.3.1　基于 TRAP 分子标记的黄淮海及南方大豆育成品种遗传多样性与亲缘关系研究

1. 材料与方法

（1）材料。根据熊冬金对我国 1923—2005 年育成的 1 300 个大豆育成品种[①]的研究，我们采集了来自 13 个位于黄淮海和南方生态产区省份的共 158 份

---

① 熊冬金. 中国大豆育成品种（1923—2005）基于系谱和 SSR 标记的遗传基础研究 [D]. 南京：南京农业大学，2009.

大豆育成品种的 4～5 期幼嫩叶片。其中有 4 份为祖先亲本；各省份大豆育种水平不一，江苏省因地理位置特殊，同时占了两个生态区，该省提供的大豆育成品种数量最多，有 36 份；上海、浙江提供的材料品种各为 2 份；来自江西与河北的品种数最少，各 1 份。品种名称及相关信息如表 5-26 所示，样品按照采集顺序编号。材料采自南京农业大学国家大豆改良中心江浦种植基地。

表 5-26　158 份中国大豆育成品种

编 号	省 份	年 份	品种名称	产 区	编 号	省 份	年 份	品种名称	产 区
a1	北京	1995	中黄 8 号	HHH	d8	河南	2005	GS 郑交 9525	HHH
a2	河南	2003	周豆 11	HHH	d9	北京	2001	中黄 15	HHH
a3	湖南	1985	湘春豆 10 号	SC	d10	四川	2002	贡豆 10 号	SC
a4	江苏	2002	南农 99-10	SC	d11	安徽	1991	皖豆 10 号	HHH
a5	四川	2001	贡豆 11	SC	d12	四川	1996	川豆 4 号	SC
a6	山东	2003	滨职豆 1 号	HHH	d13	江苏	1974	徐豆 1 号	HHH
a7	河南	1998	豫豆 24	HHH	d14	湖北	1989	中豆 24	SC
a8	湖北	1987	中豆 19	HHH	d15	河南	1999	豫豆 27	HHH
a9	江苏	1983	淮豆 1 号	HHH	d16	北京	1992	早熟 18 号	HHH
a10	山东	1963	莒选 23	HHH	d17	江苏	2003	徐豆 12	HHH
a11	湖北	2000	中豆 29	SC	d18	江苏	1984	宁镇 1 号	SC
a12	河南	1992	豫豆 12	HHH	d19	四川	2002	成豆 9 号	SC
a13	湖北	1994	中豆 20	SC	d20	湖南	2004	湘春豆 23	SC
a14	四川	1998	贡豆 9	SC	d21	江苏	1998	徐豆 9 号	HHH
a15	江苏	2001	淮豆 6 号	HHH	d22	四川	2002	川豆 8 号	SC
a16	四川	1990	贡豆 2 号	SC	d23	河南	2002	地神 21	HHH

编 号	省 份	年 份	品种名称	产 区	编 号	省 份	年 份	品种名称	产 区
a17	江苏	1999	南农88-31	SC	d24	江苏	1982	苏7209	SC
a18	湖北	1990	鄂豆5号	SC	e1	安徽	1996	皖豆16	HHH
a19	上海	祖先亲本	上海六月白	SC	e2	河南	2002	滑豆20	HHH
a20	江苏	1987	泗豆11号	HHH	e3	河南	2002	商豆1099	HHH
a21	北京	1990	中黄3号	HHH	e4	湖北	2001	鄂豆7号	SC
a22	安徽	1974	蒙庆6号	HHH	e5	江苏	1962	南农493-1	SC
a23	河南	1995	豫豆19	HHH	e6	安徽	1988	皖豆6号	HHH
a24	河南	2004	周豆12	HHH	e7	四川	2002	川豆6号	SC
b1	安徽	1977	阜豆1号	HHH	e8	北京	1983	早熟6号	HHH
b2	湖南	2001	湘春豆20号	SC	e9	安徽	2003	合豆2号	HHH
b3	江苏	1996	淮豆3号	HHH	e10	河南	1975	郑州126	HHH
b4	江苏	1994	南农86-4	SC	e11	湖南	2001	湘春豆19	SC
b5	江苏	1981	苏协18-6	SC	e12	河南	1998	豫豆25	HHH
b6	湖南	1995	湘春豆15号	SC	e13	湖南	2004	湘春豆22	SC
b7	河南	1987	豫豆5号	HHH	e14	江苏	1994	南农88-48	SC
b8	安徽	1983	皖豆1号	HHH	e15	北京	1993	中黄7号	HHH
b9	河南	2000	豫豆29	HHH	e16	湖北	祖先亲本	猴子毛	SC
b10	江苏	1981	苏协19-15	SC	e17	江苏	1964	58-161	HHH
b11	河南	1985	豫豆2号	HHH	e18	四川	1997	贡豆8号	SC

编　号	省　份	年　份	品种名称	产　区	编　号	省　份	年　份	品种名称	产　区
b12	安徽	2003	合豆3号	HHH	e19	河南	2001	郑9007	HHH
b13	湖北	1994	早春1号	SC	e20	北京	2002	中黄24	HHH
b14	山东	1975	跃进5号	HHH	e21	北京	1990	中黄4号	HHH
b15	河南	2001	濮海10号	HHH	e22	北京	1994	诱变4号	HHH
b16	江苏	2002	徐豆11	HHH	e23	北京	1993	科丰35	HHH
b17	河南	1997	豫豆22	HHH	e24	山东	2003	齐黄29	HHH
b18	江苏	1978	徐豆3号	HHH	f1	湖南	1988	豫豆8号	HHH
b19	河北	2000	沧豆4号	HHH	f2	江苏	祖先亲本	邳县软条枝	HHH
b20	湖南	1996	湘春豆16	SC	f3	湖北	2002	中豆32	SC
b21	江苏	1997	淮豆4号	HHH	f4	山东	1996	鲁豆12号	HHH
b22	北京	1995	科新3号	HHH	f5	安徽	1994	皖豆13	HHH
b23	河南	1971	河南早丰1号	HHH	f6	安徽	1998	皖豆19	HHH
b24	江苏	1990	南农73-935	SC	f7	北京	1983	诱变31	HHH
c1	江苏	1989	南农茧豆1号	SC	f8	四川	1998	川豆5号	SC
c2	北京	2002	中黄25	HHH	f9	江苏	1985	灌豆1号	HHH
c3	四川	1993	贡豆6号	SC	f10	山东	1970	为民1号	HHH
c4	湖北	2001	中豆30	SC	f11	江苏	1981	苏协1号	SC
c5	江苏	1990	南农87C-38	SC	f12	北京	2009	中黄30	HHH
c6	山东	1999	跃进10号	HHH	f13	贵州	1995	黔豆4号	SC

编 号	省 份	年 份	品种名称	产 区	编 号	省 份	年 份	品种名称	产 区
c7	山东	1989	菏 84-5	HHH	f14	浙江	1994	浙春 4 号	SC
c8	河南	2000	豫豆 28	HHH	f15	江苏	2002	通豆 3 号	SC
c9	江苏	1986	徐豆 7 号	HHH	f16	北京	1994	诱处 4 号	HHH
c10	北京	1983	诱变 30	HHH	f17	北京	2006	中黄 37	HHH
c11	江西	1996	赣豆 4 号	SC	f18	江苏	1981	苏协 4-1	SC
c12	江苏	1973	南农 1138-2	SC	f19	湖北	1993	中豆 8 号	SC
c13	四川	2003	贡豆 12	SC	f20	江苏	1995	苏豆 3 号	SC
c14	四川	1992	贡豆 4 号	SC	f21	山东	1980	齐黄 33	HHH
c15	上海	祖先亲本	奉贤穗稻黄 529	SC	f22	江苏	1968	苏豆 1 号	SC
c16	江苏	2001	徐豆 10 号	HHH	f23	浙江	1987	浙春 1 号	SC
c17	北京	1994	中黄 6 号	HHH	f24	四川	2003	南豆 4 号	SC
c18	江苏	1986	淮豆 2 号	SC	g1	安徽	1989	皖豆 9 号	HHH
c19	河南	2002	地神 22	HHH	g2	北京	2007	中黄 40	HHH
c20	河南	1975	郑州 135	HHH	g3	安徽	2000	皖豆 21	HHH
c21	北京	2001	科丰 53	HHH	g4	河南	1996	豫豆 21	HHH
c22	河南	1994	豫豆 16	HHH	g5	安徽	1984	皖豆 3 号	HHH
c23	河南	1999	豫豆 26	HHH	g6	江苏	1996	徐豆 8 号	HHH
c24	河南	2001	郑 92116	HHH	g7	四川	1993	贡豆 5 号	SC
d1	山东	1971	文丰 7 号	HHH	g8	江苏	1999	苏豆 4 号	SC
d2	河南	1988	豫豆 7 号	HHH	g9	山东	2003	齐黄 28	HHH
d3	河南	1985	豫豆 3 号	HHH	g10	贵州	1996	黔豆 3 号	SC

续 表

编 号	省 份	年 份	品种名称	产 区	编 号	省 份	年 份	品种名称	产 区
d4	河南	1997	豫豆 23	HHH	g11	山东	1983	鲁豆 1 号	HHH
d5	四川	1993	川豆 2 号	SC	g12	河南	1991	郑 86506	HHH
d6	北京	2001	中黄 14	HHH	g13	河南	2003	郑交 107	HHH
d7	河南	1979	周 7327-118	HHH	g14	贵州	1996	黔豆 5 号	SC

引物 A1-A8、B1-B9 参考 Yogesh Kumar[1] 和 B14G14、MIR156、MIR159、Sa4700、Sa12700、Ga3800、Ga5800 参考张吉清[2] 等的文献报道的引物选取部分组成 84 组引物，并从实验材料的各省 DNA 样品中共挑选出 13 份进行引物的初筛选工作。所用引物由上海生工合成，引物基因序列及 T：m 值如表 5-27 所示，引物来源如表 5-28 所示。

表 5-27 引物基因序列及 T：m 值

固定引物	序列（5' to3'）	Tim 值	随机引物	序列（5' to3'）	Tim 值
A1	TGTCTTTCAATTCGGTGC	49.9	B1	GGAACCAAACACATGAAGA	49.5
A2	CGTTTATTTCCTCGCGTC	51.1	B2	TCATCTCAAACCATATACAC	45.6
A3	CCGAGTTGGTATGCTTGT	52.1	B3	TTCTTCTTCCCTGGACACTT	52.9
A4	AATCTCAAGGACAAAAGG	45.7	B4	CTATCTCTCGGGACCAAAC	52.1
A5	CGAATCTCCACTAAACCC	49.6	B5	TTCTAGGTAATCCAACAACA	47.1
A6	GCTTCAGAGCATTGAAGT	49.4	B6	GGAACCAAACACATGAAGA	49.5

① KUMAR Y, KWON S J, COYNE C J, et al. Target region amplification polymorphism (TRAP) for assessing genetic diversity and marker-trait associations in chickpea (Cicer arietinum L.) germplasm[J]. Genetic Resources and Crop Evolution, 2014, 61(5): 965-977.

② 张吉清. 大豆对疫病的抗性评价、抗病基因挖掘及候选基因分析 [D]. 北京：中国农业科学院，2013.

续　表

固定引物	序列（5' to3'）	Tim值	随机引物	序列（5' to3'）	Tim值
A7	GAAAGACGAAGGAACAGG	50.1	B7	GCGAGGATGCTACTGGTT	54.8
A8	CAGAACTTGTTGGTGGTG	50.9	B8	TTCTTCTTCCCTGGACACAAA	53.4
			B9	GACTGCGTACGCACGCTGA	61.4
B14G14	AATCTCAAGGACAAAAGG	45.7	Sa4700	TTACCTTGGTCATACAACATT	48.0
MIR156	GATCTCTTTGGCCTGTC	49.7	Sa12700	TTCTAGGTAATCCAACAACA	47.1
MIR159	GATCCTTGGTTCTTTGG	46.8	Ga3800	TCATCTCAAACCATCTACAC	48.5
			Ga5800	GGAACCAAACACATGAAGA	49.5

表 5-28　引物来源与参考序列

引　物	来　源	参考序列
A1	Rpslk－1	Rpslk－1
A2	Rpslk－1	Rpslk－1
A3	phillip et al.2006	A20I01a/HeIianthus (LRR)
A4	phillip et al.2006	B14G14b/HeIianthus (NBS)
A5	phillip et al.2006	A14H20a/Heiianthus (kinase)
A6	phillip et al.2006	B18F12a/HeUanthus (NBS/LRR)
A7	phillip et al.2006	A21B09b/HeIianthus (LRR)
A8	phillip et al.2006	AY237123a/Phaseolus (NBS/LRR)
B1		Hu & vick, 2003
B2		Hu & vick, 2003
B3		Hu & vick, 2003
B4		Hu & vick, 2003
B5		Phillip et al.2006

续　表

引　物	来　源	参考序列
B6		Phillip et al.2006
B7		Phillip et al.2006
B8		Phillip et al.2006
B9		Wang et al.2009
B14G14		Hu et al.(2005)
MIR156		Kwon et al. (2010)
MIR159		Kwon et al. (2010)
Sa4700		Hu et al.(2005)
Sal2700		Hu et al.(2005)
Ga3800		Hu et al.(2005)
Ga5800		Hu et al.(2005)

（2）试剂与仪器。

①实验过程中所用仪器：电子天平、细胞破碎仪、高压灭菌锅、磁力搅拌器、离心机、涡旋振荡仪、恒温水浴箱、PCR 仪、电泳仪、摇床等。

②实验所用主要试剂：乙二胺四乙酸（EDTA）、三羟甲基氨基甲烷（THAM）、硼酸、聚乙烯吡咯烷酮（PVP）、四甲基乙二胺（TEMED）、丙烯酰胺、甲叉丙烯酰胺、过硫酸铵（AP）、无水乙醇、冰醋酸、硝酸银、甲醛、氢氧化钠、TRAP 合成引物、Taq 酶、Buffer（Mg^{2+}）、10 mmol/L dNTP。

（3）试验方法。扩增体系为 20 μL，含模板 DNA 40 ng，固定引物与随机引物各 0.4 μL，Taq 酶 0.4 μL（10 000 U/L），10×Reaction Buffer（Mg^{2+}）2.6 μL，用 ddH$_2$O 补足，PCR 反应在 K960 热循环仪上进行。先 95 ℃预变性 3 min，接着 95 ℃变性 1 min，35 ℃退火 50 s，72 ℃延伸 1 min，进行 5 个循环，后 30 个循环不同引物按照表 5-29 的温度设定不同的退火温度，最后 72 ℃延伸 7 min。PCR 产物经 6% 的非变性聚丙烯酰胺凝胶电泳，设定恒压 140 V，300 mA，跑胶时间约 4 ～ 5 h，当溴酚蓝跑到凝胶下缘时即可结束。静置玻璃板 30 min ～ 1 h 待其冷却，取下玻璃板剥离出凝胶，进行固定、洗涤、银染和显影，观察并记录结果。部分凝胶电泳结果如图 5-14 所示。

表 5-29　对引物的最适退火温度

引物组	最佳退火温度	引物组	最佳退火温度
B2A4	45.6 ℃	B7A7	47.2 ℃
B2A7	48.3 ℃	B7A4	50.5 ℃
B3A3	52.8 ℃	B8A4	53.7 ℃
B3A4	50.5 ℃	B8A8	52.8 ℃
B3A5	50.5 ℃	(Sa4700)(MIR159)	47.2 ℃
B3A8	51.6 ℃	(Sa12700)(B14G14)	47.2 ℃
B4A7	51.6 ℃	(Sa12700)(MIR159)	46.4 ℃
B6A3	51.6 ℃	(Ga3800)(MIR159)	47.2 ℃
B6A4	47.2 ℃	(Ga5800)(B14G14)	48.3 ℃
B6A6	49.3 ℃	(Ga5800)(MIR159)	48.3 ℃
B6A7	49.3 ℃		

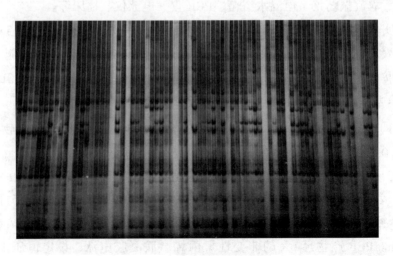

图 5-14　部分凝胶电泳结果

2. 实验数据处理与分析

TRAP 标记技术共显性很高，因 PCR 扩增产物的电泳结果中每个清晰条带均可记为一个标记（marker），代表一个引物结合位点。将不同样品各个位点处有条带的记为 1，没有的则记为 0，录入 Excel 汇总为表格，利用不同软件进行统计分析。

（1）香农–维纳多样性指数（Shannon–Weiner index）公式：$H = -\sum p_i \ln(p_i)$，H 为样品的信息含量，p_i 为某一引物第 i 个等位变异出现的频率占该位点全部等位变异出现的频率的百分比。该指数可通过 PopGene 3.2 软件计算得到。

（2）Nei's 基因多样性指数（H）：基因多样性指数是一个种群中每个位点上平均期望杂合度。

（3）多态性信息含量（polymorphism information content，PIC 值）的计算公式：$\overline{PIC_l} = 1 - \sum_{u=1}^{k} \tilde{p}_{lu}^2 - \sum_{u=1}^{k-1} \sum_{v=u+1}^{k} 2\tilde{p}_{lu}^2 \tilde{p}_{lv}^2$。其中，$\overline{PIC_l}$ 为第 l 位点 PIC 均值；$l = 1,2,3,\cdots$；$\tilde{p}_{lu}$ 为第 l 位点等位变异 u 在群体的频率；$\tilde{p}_{lv}$ 为第 l 位点等位变异 v 在群体的频率；k 为该位点等位变异总数；$u = 1,2,3,\cdots,k-1$，$v = u+1,\cdots,k$。可通过 PowerMarker version 3.25 软件计算获得。[①]

（4）遗传距离（DA）：遗传距离是度量不同物种之间、群体之间、系统之间不同分化程度及遗传差异大小的重要参数，它主要用于对群体的遗传一致性进行度量。在软件 PowerMarker version 3.25 上，根据 Nei 和 Takezaki 的遗传距离，通过 neighbor–joining（NJ）算法得出观测等位基因数、有效等位基因数、Shannon's 信息指数和 Nei's 基因多样性指数。把统计了"0、1"数据的 Excel 表格载入 NTSYS–pc 软件中，采用 UPGMA 法进行 SHAN 聚类分析，再用 tree plot 法绘出品种聚类图。[②] 用软件绘制遗传距离图。

3.TRAP 功能标记的多态性分析

TRAP 分子标记在大豆育成品种中存在丰富的 DNA 多态性，利用筛选出的

---

① 刘晗 . 基于 SSR 标记的中国东北大豆育成品种遗传多样性及育种性状的关联分析 [D]. 南昌：南昌大学，2011.

② 黄进勇，盖树鹏，张恩盈，等 . SRAP 构建玉米杂交种指纹图谱的研究 [J]. 中国农学通报，2009,25(18): 47−51.

21 对引物对 158 份大豆育成品种进行 TRAP 扩增，共扩增出清晰条带 436 条，不同引物的扩增条带数范围为 18 ～ 26 条，引物 B8a4 扩增出来的条带数最多。Shannon's 信息指数的范围为 0.492 2 至 0.679 2。Nei's 基因多样性指数在 0.330 1 到 0.486 2。结果显示多态率在 89.47% ～ 100% 之间，有效等位基因数范围在 1.557 8 ～ 1.928 0 之间，如表 5-30 所示。

表 5-30　TRAP 分子标记扩增结果数据分析

引物组合	扩增条带数	多态位点百分率 /%	观测等位基因数 (Na)	有效等位基因数 (Ne)	Nei's 基因多样性指数 (H)	Shannon's 信息指数 (I)
B2a4	18	100.00%	2.000 0	1.840 4	0.453 9	0.645 7
B2a7	22	100.00%	2.000 0	1.793 9	0.437 5	0.628 1
B3a3	19	89.47 %	1.894 7	1.557 8	0.330 1	0.492 2
B3a4	18	100.00%	2.000 0	1.839 6	0.453 7	0.645 6
B3a5	21	100.00%	2.000 0	1.761 0	0.417 1	0.602 5
B3a8	20	100.00%	2.000 0	1.724 5	0.415 9	0.605 5
B4a7	21	100.00%	2.000 0	1.858 5	0.457 9	0.649 6
B6a3	21	100.00%	2.000 0	1.743 0	0.409 2	0.593 5
B6a4	21	100.00%	2.000 0	1.736 3	0.419 4	0.609 0
B6a6	22	100.00%	2.000 0	1.886 2	0.466 2	0.658 1
B6a7	21	100.00%	2.000 0	1.764 7	0.428 1	0.618 2
B7a4	18	100.00%	2.000 0	1.760 1	0.427 9	0.618 2
B7a7	21	100.00%	2.000 0	1.928 0	0.480 7	0.673 6
B8a4	26	100.00%	2.000 0	1.925 1	0.479 8	0.672 7
B8a8	21	100.00%	2.000 0	1.860 4	0.452 1	0.640 7
(Ga3800) (MIR159)	22	100.00%	2.000 0	1.877 8	0.465 8	0.658 2
(Ga5800) (B14G14)	22	100.00%	2.000 0	1.754 4	0.422 7	0.611 3

续　表

引物组合	扩增条带数	多态位点百分率 /%	观测等位基因数 (Na)	有效等位基因数 (Ne)	Nei's 基因多样性指数 (H)	Shannon's 信息指数 (I)
(Ga5800)(MIR159)	21	100.00%	2.000 0	1.697 8	0.399 9	0.586 0
(Sa4700)(MIR159)	20	100.00%	2.000 0	1.948 3	0.486 2	0.679 2
(Sal2700)(B14G14	22	100.00%	2.000 0	1.902 7	0.473 3	0.666 0
(Sal2700)(MIR159	19	100.00%	2.000 0	1.855 2	0.459 1	0.651 2

4. 聚类分析

（1）用 NTSYS 进行聚类分析。利用 NTSYS 软件对 158 份大豆育成品种基于 TRAP 分子标记的聚类结果进行分析，如图 5-15 所示。图片显示，在相似系数 D=0.58 处，158 份样品被分为 3 个类群，将其命名为 A 类群、B 类群和 C 类群。A 类群有 4 个品种，B 类群有 2 个品种，C 类群有 152 个品种。根据 TRAP 分子标记进行亲缘关系分析的结果认为，样品间种质交流较多，并非按照猜测认为的地理距离近的品种聚在一起，而是较为分散，这也与 TRAP 分子标记扩增对象为 EST 序列，范围较小，无法代表一个品种全部的基因序列有关。

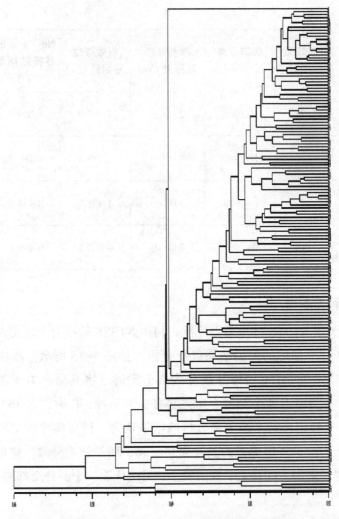

图 5-15 利用 NTSYS 软件分析的基于 TRAP 分子标记的黄淮海及南方大豆品种聚类图

（2）用 MEGA 进行聚类分析。利用 MEGA 软件对 158 份大豆育成品种基于 TRAP 分子标记的聚类结果进行分析，结果如图 5-16 所示。按照图片，可将 158 份大豆育成品种分为 4 个类群，将其命名为 I 类群、II 类群、III 类群、IV 类群，I 类群有 14 个品种，II 类群仅一个品种，III 类群有 3 个品种，IV 类群有 140 个品种。a3、a8、a21、e23 这四个品种在 NTSYS 软件聚类结果中被最早分支，而 MEGA 软件最早分支的 I 类群也同样包括这四个品种。编号与大豆品种名称对应表如表 5-26 所示。

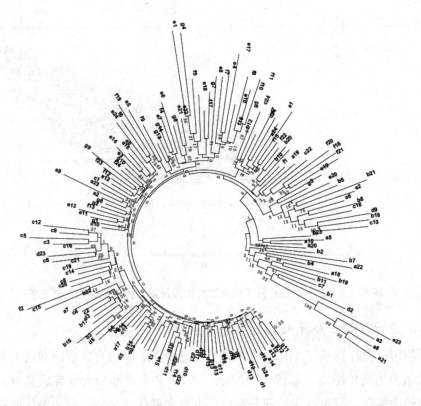

图 5-16　利用 MEGA 软件分析的基于 TRAP 分子标记的黄淮海及南方大豆品种聚类图

注：外圈字符代表材料编号，内圈数字代表相邻品种间的遗传距离。

5.TRAP 亲本系数相关性分析

利用 NTSYS 软件检测 TRAP 功能分子标记的相关性，结果如图 5-17 所示。结果表明，TRAP 功能分子标记的相关性系数 $r=0.900\ 26$。

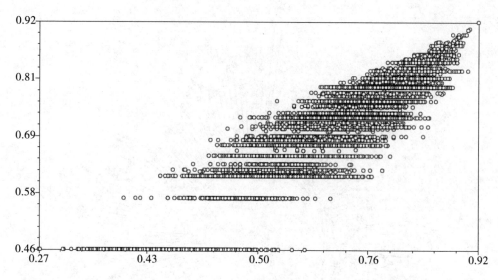

图 5-17　基于 TRAP 分子标记的黄淮海及南方大豆品种相关性分析

6. 基于 TRAP 分子标记遗传距离分析

利用软件计算基于 TRAP 功能分子标记的 158 份来自黄淮海和南方的大豆育成品种的遗传距离，如图 5-18 所示，图中显示大部分大豆育成品种的遗传距离较为接近，但也存在一部分游离在主要集群外的个体，这些个体的遗传距离较远，可以作为发展新品种、拓宽遗传多样性的后备役。

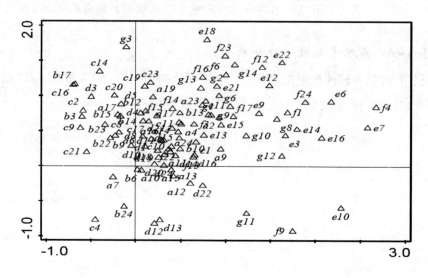

图 5-18　基于 TRAP 分子标记的黄淮海及南方大豆品种遗传距离

5.3.2　TRAP 功能分子标记对大豆育成品种分亚群的遗传多样性与亲缘关系研究

1. 概述

目标区域扩增多态性也叫靶位区域扩增多态性，于 2003 年由 Hu 和 Vick 等[①] 根据 SRAP 标记技术改良而来。与 SRAP 标记无需任何序列信息即可直接扩增不同，TRAP 分子标记引物长度为 16 ~ 20 个核苷酸，由一个固定引物（fixed primer）和一个随机引物（arbitrary primer）进行组合，固定引物要根据已知的 cDNA 或 EST 序列信息来设计，随机引物设计时针对外显子或内含子的特点，可与内含子或外显子区配对。引物通过对目标区域进行扩增，产生目标候选基因序列所在区的多态性标记。TRAP 技术引物的设计易于操作，设计出的引物重复性好、效率高、稳定性强，与目标性状关联更紧密，且成本低，扩增产物稳定性强且便于分离和测序。[②] 第一，TRAP 固定引物的设计依据已有的 EST 数据库，极易与目标性状相关联，利用引物设计软件可自动完成引物的设计，操作简单方便；第二，TRAP 技术使用的引物较上述几种更长，具有更好的重复性，且数量多、效率高，目前已成功应用于水稻、菜豆、大麦、小麦等作物中，但在大豆中的应用还较少。因此，通过 TRAP 分子标记分析黄淮海及南方地区大豆育成品种不同省份与不同年代的亚群的遗传关系，可以更深入地了解不同地区大豆育成品种间的遗传关系，为大豆研究提供数据资料。

2. 材料

分省亚群间遗传多样性与亲缘关系研究了黄淮海生态产区与南方生态产区共计 13 个省份 158 份大豆材料，其中育成品种 154 份，祖先亲本 4 份，品种名称及相关信息如表 5-26 所示。

3. 分省亚群的聚类关系

（1）分省亚群聚类结果分析。对 NTSYS 构建的聚类结果图进行分省亚群分析，结果如表 5-31 所示；对 MEGA 构建的聚类结果图进行分省亚群分析，

① 　HU J G, MILLER J, XU S, et al .Trap （target region amplification polymorphism） technique and its application to crop genomics[J] .Euphytica, 2005, 144: 225-235.

② 　FERRIOL M, PICÓ B, NUEZ F .Genetic diversity of a germplasm collection of Cucurbita pepo using SRAP and AFLP markers[J]. Theoretical and applied genetics, 2003, 107(2): 271-282.

结果如表 5-32 所示。两种软件算法不同，得到的结果也不尽相同。

表 5-31 NTSYS 软件聚类分省品种数

分省亚群	品种数	类群 A	类群 B	类群 C
安徽	13	0	1	12
北京	21	2	0	19
贵州	3	0	0	3
河北	1	0	0	1
河南	33	0	1	32
湖北	11	1	0	10
湖南	7	1	0	6
江苏	36	0	0	36
江西	1	0	0	1
山东	12	0	0	12
上海	2	0	0	2
四川	16	0	0	16
浙江	2	0	0	2

表 5-32 MEGA 软件聚类分省品种数

分省亚群	品种数	类群 I	类群 II	类群 III	类群 IV
安徽	13	2	0	0	11
北京	21	1	0	0	20
贵州	3	0	0	0	3
河北	1	1	0	0	0
河南	33	4	0	1	28
湖北	11	2	0	0	9

续　表

分省亚群	品种数	类群 I	类群 II	类群 III	类群IV
湖南	7	2	0	0	5
江苏	36	1	1	0	34
江西	1	0	0	0	1
山东	12	1	0	1	10
上海	2	0	0	0	2
四川	16	0	0	1	15
浙江	2	0	0	0	2

（2）各省亚群内聚类图。各省内大豆育成品种聚类图结果显示，省内品种遗传多样性较高，并没有出现一开始所预期的各省内品种遗传多样性低、分类较少等情况。造成这一现象的原因可能是人为杂交，使不同省份的大豆得到了基因交流，还可能是自然杂交，栽培大豆与野生大豆杂交丰富了遗传多样性，如图 5-19～图 5-26 所示。

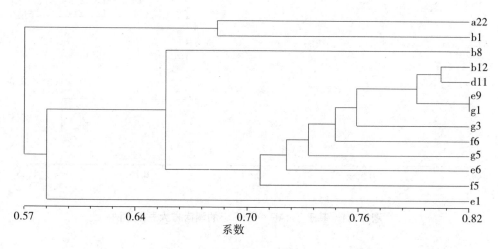

图 5-19　基于 TRAP 分子标记的安徽省大豆聚类图

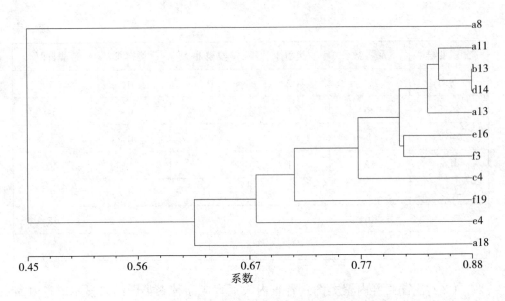

图 5-20　基于 TRAP 分子标记的湖北省大豆聚类图

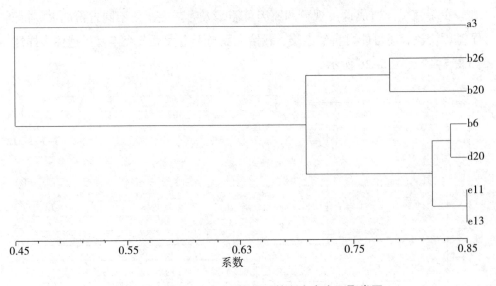

图 5-21　基于 TRAP 分子标记的湖南省大豆聚类图

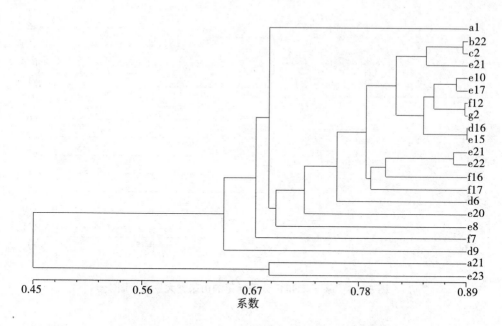

图 5-22　基于 TRAP 分子标记的北京市大豆聚类图

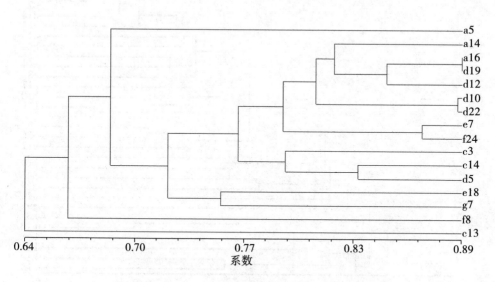

图 5-23　基于 TRAP 分子标记的四川省大豆聚类图

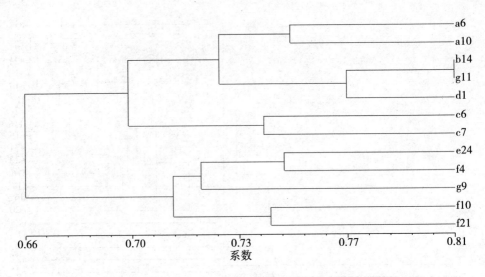

图 5-24　基于 TRAP 分子标记的山东省大豆聚类图

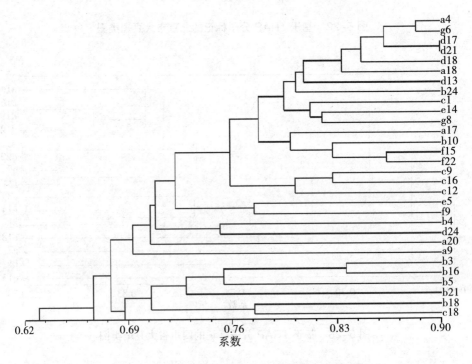

图 5-25　基于 TRAP 分子标记的江苏省大豆聚类图

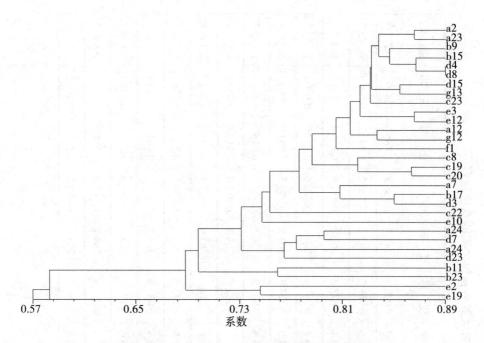

图 5-26　基于 TRAP 分子标记的河南省大豆聚类图

4. 亚群的遗传距离

（1）分省亚群的遗传特性和遗传距离。通过 PopGene 软件计算基于 TRAP 分子标记的黄淮海及南方大豆各省份之间的遗传距离，结果如表 5-33 所示。表中最大距离为 0.977 8，最小为 0.022 5。

表5-33 TRAP分子标记的黄淮海及南方大豆各省省份之间的遗传距离

分省亚群	安徽	北京	贵州	河北	河南	湖北	湖南	江苏	江西	山东	上海	四川	浙江
安徽		0.9375	0.7898	0.7228	0.9431	0.9343	0.9082	0.9409	0.7475	0.9312	0.7863	0.8763	0.7558
北京	0.0646		0.8263	0.7271	0.9645	0.9551	0.9343	0.9672	0.7825	0.9402	0.8403	0.8941	0.7827
贵州	0.2360	0.1908		0.5974	0.8371	0.8039	0.7951	0.8232	0.8672	0.8198	0.7944	0.8061	0.8034
河北	0.3246	0.3187	0.5152		0.7715	0.7564	0.7257	0.7694	0.6032	0.7706	0.7170	0.6967	0.5171
河南	0.0586	0.0362	0.1778	0.2594		0.9655	0.9270	0.9778	0.8035	0.9595	0.8349	0.9031	0.7834
湖北	0.0679	0.0459	0.2183	0.2792	0.0351		0.9234	0.9645	0.7703	0.9385	0.8189	0.8850	0.7592
湖南	0.0963	0.0679	0.2293	0.3206	0.0758	0.0797		0.9326	0.7652	0.9116	0.8138	0.8628	0.7454
江苏	0.0609	0.0333	0.1946	0.2621	0.0225	0.0362	0.0698		0.7820	0.9658	0.8382	0.9097	0.7659
江西	0.2910	0.2453	0.1425	0.5055	0.2188	0.2610	0.2675	0.2458		0.7701	0.7615	0.7756	0.7910
山东	0.0713	0.0616	0.1987	0.2605	0.0413	0.0635	0.0925	0.0348	0.2612		0.8033	0.8938	0.7466
上海	0.2405	0.1739	0.2301	0.3327	0.1805	0.1998	0.2060	0.1766	0.2725	0.2190		0.7777	0.6887
四川	0.1320	0.1119	0.2156	0.3613	0.1019	0.1222	0.1476	0.0946	0.2541	0.1123	0.2515		0.8502
浙江	0.2800	0.2450	0.2189	0.6595	0.2441	0.2754	0.2938	0.2667	0.2344	0.2923	0.3729	0.1623	

（2）分时期亚群遗传特性和的遗传距离。通过 PopGene 软件计算基于 TRAP 分子标记的黄淮海及南方大豆各时间段之间的遗传距离，结果如表 5-34 所示。表中最大距离为 0.980 7，最小为 0.019 5。

表 5-34　TRAP 分子标记的黄淮海及南方大豆各时间段之间的遗传距离

分时期亚群	1923—1970	1971—1980	1981—1990	1991—2000	2001—2010
1923—1970		0.886 1	0.904 3	0.902 6	0.908 7
1971—1980	0.120 9		0.952 6	0.950 7	0.940 7
1981—1990	0.100 6	0.048 6		0.972 2	0.953 2
1991—2000	0.102 4	0.050 6	0.028 2		0.980 7
2001—2010	0.095 8	0.061 1	0.048 0	0.019 5	

第6章 分子标记辅助技术
在果蔬育种中的应用

6.1 分子标记辅助技术在葡萄育种中的应用

葡萄是世界上最古老的被子植物之一，起源于欧亚大陆和北美洲的连片地区，主要栽培类型则起源于中亚细亚一带，随着人类的文化交流及经济贸易往来，逐渐传播至欧洲以及世界各地。

葡萄风味独特，并且含有丰富的营养物质，鲜食葡萄以及葡萄干、葡萄汁、葡萄酒等葡萄制品含有大量的糖、有机酸、多种维生素以及对人体有益的无机盐。葡萄因酸甜的口感、多样的风味以及较高的经济效益，越来越受消费者和生产者的喜爱。目前，栽培广泛的欧洲葡萄（Vitis vinifera L.）是人类栽培驯化最早的果树之一。现有的无核葡萄品种多为欧洲葡萄，其经济价值高，但抗病性差，严重限制了栽培和推广。因此，加快抗病无核葡萄新种质创制，选育出抗病无核葡萄新品种，扩大我国无核葡萄栽培区域和面积，具有重要的生产意义，可满足广大消费者日益增长的需求。

6.1.1 无核葡萄概述与分子标记辅助育种

无核葡萄品种选育是当前世界葡萄育种的重要方向与目标，但多数无核葡萄属于欧洲葡萄品种，其抗病性差，进而品质下降。常规杂交育种选育无核葡萄品种效率低，而胚挽救育种技术是选育无核葡萄品种的有效技术方法。本研究以无核的欧洲葡萄作母本，以抗病性强的"北醇""左优红""塘尾"作父本，大田杂交后在胚败育前采集幼果，无菌条件下利用离体胚挽救技术，获得杂种后代植株，并对杂种幼苗进行分子标记辅助选择，初步筛选出无核抗病葡萄新材料。同时，本试验在现有的胚挽救离体培养技术基础上，优化胚萌发培养基的成分组成，以期为无核葡萄胚挽救育种效率的提高提供试验依据。

1. 无核葡萄的形成

葡萄与其他显花植物一样，一般是通过授粉受精进行结实的，即通过进行双受精，一个精子与卵细胞结合形成合子，另一个精子与中央细胞的极核结合形成初生胚乳核，合子发育经过多细胞原胚、球形胚、心型胚、鱼雷型胚、子叶型胚，最后发育为种子。

葡萄按照种子发育的程度，可以分为有核、软核和无核（贺普超，1999）。无核葡萄是指在果实成熟后没有种子，或者仅有很小的种子痕迹的葡萄。对于无核葡萄，在果实发育过程中，根据其是否发生授粉受精，可以将无核葡萄分为两类：一类是单性结实型（parthenocarpy），另一类是种子败育型，也叫假单性结实型（pseudo-parthenocarpy）。单性结实型是指母本植株未经过受精即形成果实，没有形成合子胚，果实成熟后没有种子，如科林斯系品种，这类品种的花为两性花，花粉正常可育，但其胚囊在发育过程中有缺陷或者退化，导致无法完成正常受精，花粉管在穿过花柱进入子房后，释放出生长激素而刺激子房膨大形成无核果实。由于单性结实型的无核葡萄不能形成合子胚，无法将亲本优良性状遗传给子代，对于无核葡萄育种来说，其应用价值不高。而种子败育型的葡萄能进行正常的授粉受精，但在果实发育过程中，因幼胚中途停止生长而发生的败育，果实成熟后仅会留下很小的种子痕迹，在食用过程中不易察觉，这样的葡萄果实也被称为无核葡萄。研究表明，种子败育型的无核葡萄在授粉受精后一段时期内是有种子存在的，幼胚在发育到球形胚或心形胚时会逐渐败育，最终形成无核果实[①]，目前所栽培的多数无核葡萄为种子败育型无核葡萄。这种无核葡萄能够正常进行授粉受精并形成合子胚，可以将亲本的优良性状传递给子代，所以此类型无核葡萄是应用于无核葡萄育种的重要亲本材料。

2. 无核葡萄胚挽救技术

无核葡萄胚挽救技术是在种子败育型无核葡萄品种的合子胚发生败育前，

① 潘学军，李顺雨，张文娥，等. 种子败育型无核葡萄胚发育及败育的细胞学研究 [J]. 西南农业学报，2011，24（3）:1060–1064.

将胚进行离体培养，经过胚发育，最终萌发成苗的一项技术。无核葡萄胚挽救技术的出现使以无核葡萄作母本进行杂交育种成为可能，扩大了亲本的选择范围，极大地丰富了杂交组合的配置，提高了后代中无核子代的比例，提高了育种效率。

果树离体胚培养技术始于 20 世纪 30 年代，最早应用于樱桃胚的离体培养。葡萄幼胚离体培养在 1982 年首次得到报道，美国育种专家 Ramming 和 Emershad（1982）通过离体培养葡萄幼胚，成功获得两株幼苗。随着胚挽救技术的应用，研究者通过配置无核葡萄 × 无核葡萄的杂交方式，获得了较高比例的无核子代，如 Burger（2003）通过这种方式，培育出了 2 632 株杂种后代，不同杂交组合的后代中，无核子代的比例 50% ～ 90% 不等，平均无核比例为 61.6%。唐冬梅从 32 个杂交组合中，通过胚挽救技术获得杂种植株 1 337 株，其中无核 × 无核的杂交组合有 6 个，获得杂交子代 401 株，对于无核 × 无核、无核 × 有核的杂交组合所获得的 191 株杂交子代进行检测，初步确定无核子代占所有杂交子代的比例为 40.3%。

在抗病育种方面，国内外葡萄育种专家多年以来始终致力于将抗病性状导入经济性状优良的欧洲葡萄中。圆叶葡萄（Vitis rotundifolia Michx.）的抗病性强，国外研究者多以圆叶葡萄作抗性材料，Goldy 和 Amborn（1987）用圆叶葡萄的花粉给 5 个欧洲无核品种授粉，6 周后进行胚挽救，获得 19 株杂种苗。之后，Ramming（1995）将上述 19 株杂种苗中的 16 株定植于大田，并对 5 个结果株系的浆果特性进行了鉴定，其中 C41–5 为假单性结实型无核材料，从而获得了抗病无核新材料，实现了圆叶葡萄抗病性向欧洲无核葡萄的转移。

在我国，属东亚种群的中国野生葡萄蕴含丰富的抗性基因资源，且与欧洲葡萄同属真葡萄亚属，杂交亲和性好。王跃进等[①]首次选择将中国野生葡萄作父本、欧洲无核葡萄作母本进行杂交，借助胚挽救技术，获得 400 多株杂交后代并将其定植于大田中，其中的 00–3–1 已经结果，经鉴定抗病性强。李金月[②]选用抗寒性强的欧山杂种"北醇"与欧洲无核葡萄"底莱特""爱莫无核"进行杂交，获得 38 个杂交子代株系，其中抗寒性最强的子代株系为"DB14"，

---

① 唐冬梅. 无核葡萄杂交胚挽救新种质创建与技术完善 [D]. 杨凌：西北农林科技大学，2010.

② 王跃进，贺普超，张剑侠. 葡萄抗白粉病鉴定方法的研究 [J]. 西北农业大学学报，1999，27（5）:6–10.

其半致死温度为 –25.32 ℃。

利用胚挽救技术培育三倍体葡萄品种，从而获得无核葡萄方面也取得了一定的成果。二倍体与四倍体杂交获得的三倍体葡萄用于育种，其结果与通过种子播种相比，胚挽救获得的成苗率要更高，唐冬梅对此进行了试验，设置杂交组合新郁（二倍体）× 巨峰（四倍体），将部分杂交果实在成熟时采收，获取种子用于播种，其余杂交果实在幼果期采收用于胚挽救育种，最终胚挽救成苗率为 29.1%，而实生育种成苗率仅有 4.0%。Motosugi 和 Naruo（2003）利用三个二倍体葡萄品种分别与一个四倍体葡萄品种杂交，通过胚挽救育种，获得了 9 株三倍体无核葡萄，其中 "E-1" 对虫害有很强的抗性，可作为抗性砧木。日本长野果树试验站（Nagano fruit tree experiment station），通过 "Kyohou"（四倍体）与 "Rosario Bianco"（二倍体）杂交，获得三倍体鲜食葡萄 "Nagano Purple"。

可以看到目前胚挽救育种技术在无核葡萄育种中发挥着越来越重要的作用，同时无核葡萄胚挽救技术体系正在日趋完善。

3. 无核葡萄胚挽救影响因素

（1）亲本基因型。在无核葡萄胚挽救育种中，最关键以及最基础的工作是对杂交组合亲本的选用，其直接影响到所获得的杂交子代株系的数量及质量，杂交组合不同，其子代的综合性状不同。同时，杂交子代的合子胚在发育过程中，严格受到本身基因的控制。不同的杂交组合中，合子胚的形成能力以及发育程度存在很大差异。

相关研究表明，母本基因型在胚的形成、发育以及最终成苗中具有决定性作用。单性结实型无核葡萄品种因不经过正常的受精过程而无法形成合子胚，不能作为无核葡萄胚挽救杂交组合亲本材料，故在无核葡萄胚挽救中选择种子败育型无核葡萄品种作为杂交组合的亲本。刘巧[1]认为，"克瑞森无核" "红宝石无核" "火焰无核" 在作母本时，胚挽救成苗率较高，而 "波尔莱特" "美丽无核" 在作母本时，胚挽救成苗率较低。徐海英等[2]认为在无核葡萄胚挽救中，不宜选择胚败育过早的无核葡萄品种，如 "无核白" 作母本。

---

① 刘巧. 利用胚挽救技术培育抗寒无核葡萄新种质 [D]. 杨凌：西北农林科技大学，2015.
② 徐海英，张国军，闫爱玲. 无核葡萄育种及杂交亲本的选择 [J]. 中外葡萄与葡萄酒，2001（3）:30-32

亲本之间的亲和力对胚挽救效率有重要影响。Goldy 和 Amborn（1987）在将圆叶葡萄（2n=40）的抗病基因导入欧洲葡萄（2n=38）时，由于染色体数目不同，杂交亲和性差，其成苗率仅有 1.25%。而王跃进等在无核葡萄抗病育种中，首次选择中国野生葡萄（2n=38）作父本，欧洲无核葡萄作母本，25 个杂交组合共获得 468 株胚挽救幼苗，成苗率 48.25%，远高于圆叶葡萄与欧洲葡萄杂交。

所以，在选择胚挽救杂交组合的亲本时，要结合育种目标、亲本胚形成能力、亲本之间的亲和性等因素综合考虑。

（2）取样接种时期。由于种子败育型无核葡萄的合子胚在发育过程中会发生不同程度的终止，最终发生败育，所以取样接种时期的把握显得尤为重要。取样接种时期过晚，胚已经败育，就无法获得胚进行体外无菌培养；取样接种时期过早，胚发育程度较低，体外无菌培养难度较大。理论上讲，在胚发育程度最高，还未开始发生败育时接种胚进行离体培养是最佳选择。而不同品种的胚发育程度及败育时期不同，因此研究者对不同品种胚挽救最佳取样接种时期进行了一系列研究。目前，普遍使用盛花后天数（day after flowering，DAF）作为衡量取样接种时期的指标。李桂荣[①]对 7 个杂交组合的最佳取样时间进行了试验，发现这些杂交组合最佳取样接种时间不同，取样接种时间最早的为长穗无核白 × 黑龙江实生，为花后 20 天；取样接种时间最晚的是底莱特 × 爱莫无核以及底莱特自交，为花后 50 天。

此外，取样接种时间还受每年的气候状况、地理位置等的影响，相同的葡萄品种在不同年份、不同地区胚发育状况不完全相同，所以具体的取样接种时期需在参考相关研究数据的同时，结合实际情况进行确定。

（3）培养基。无核葡萄幼胚被从果实中取出后，其生长发育环境就发生了极大的变化，此时幼胚若在体外的生长发育环境较差及生长发育所需的关键营养物质无法得到满足，幼胚在体外就难以存活，所以幼胚离体培养是无核葡萄胚挽救的难点。

幼胚的离体培养分为胚发育培养和胚萌发培养，在这两个阶段中，幼胚均在培养基中生长发育，所以培养基需要模拟幼胚在体内生长发育的环境，因此很多研究者对基本培养基的类型、形态以及外源激素和相应的添加物进行了研究。

---

① 李桂荣.无核葡萄胚挽救育种技术的研究 [D].杨凌：西北农林科技大学,2001.

胚发育培养基主要有固相、液相和固液双相三种形式，潘学军认为固液双相培养基是最适宜胚发育的培养基形态。

常用的基本培养基有 Nitsch、White、改良 White、MS、MM3、MM4、B5 和 ER 等。国外研究人员更倾向选择 ER 培养基，而国内的研究人员在大量的试验中发现 Nitsch、NN、MM3 培养基在葡萄胚发育过程中取得的效果较好。郝燕等（2013）的研究表明，在胚发育以及胚萌发阶段用 ER 培养基效果优于 Nitsch 培养基。Li 等（2014）发现在改良 MM3 培养基上得到的胚发育率较高。Bharathy 等（2005）认为在胚发育阶段选择 MS 培养基较好，而萌发和成苗阶段可使用 1/2MS 或 WPM 培养基。在幼胚发育的不同阶段，需要选择不同的培养基，提供最适宜幼胚生长的环境，应根据培养目的和培养对象的不同，选择不同的培养基。

4. 中国野生葡萄的抗病性

我国是世界上葡萄属植物的重要原产地之一，拥有丰富的野生葡萄资源。据统计，起源于我国的葡萄属共有 42 个种和 7 个变种，在我国所有省、区均有分布，陕西省和浙江省均拥有 22 个种（变种），山葡萄主要分布在小兴安岭和长白山区。

最早指出我国野生葡萄是宝贵的抗病材料的是法国的 Paeottet。贺普超和晁无疾（1982）对中国野生葡萄的 11 个种和变种进行了抗病性鉴定，发现所有野生种葡萄果实、叶片、枝条均不感黑痘病、白腐病、炭疽病，白粉病仅蓝葡萄有轻度感染，毛毡病仅在蘡薁葡萄和复叶葡萄上有轻度感染，对于霜霉病的抗性，中国野生葡萄种间差异较大，蓝葡萄、双庆山葡萄、燕山葡萄、网脉葡萄和刺葡萄是高抗种类，而秋葡萄和蘡薁葡萄抗性较差。王跃进和贺普超（1987）采用田间自然鉴定、田间接种鉴定、室内离体接种鉴定三种方法对中国野生葡萄的 18 个种或变种、88 个株系进行抗黑痘病鉴定，结果表明，用于鉴定的中国野生葡萄果实在田间自然条件下不感黑痘病，所有野生种葡萄的叶片对黑痘病是高抗的，种间无显著差异，经接种，除刺葡萄果实有轻微感病外，其余种的果实均不感黑痘病。柴菊花等（2003）研究了中国野生葡萄中 13 个种或变种的 26 个株系对根癌病的抗性，发现高抗株系 10 个、中抗株系 9 个，对根癌病高抗的有燕山葡萄、瘤枝葡萄、复叶葡萄和蘡薁葡萄。

与美洲葡萄相比，中国野生葡萄没有美洲葡萄的狐臭味；与圆叶葡萄相比，中国野生葡萄与欧洲葡萄的染色体数相同，杂交亲和性好。由此可见，中国野生葡萄是抗病育种的宝贵种质资源。

5. 分子标记辅助育种

（1）葡萄无核基因分子标记。传统育种过程中，从确定育种目标、亲本筛选及杂交、获得杂交苗、筛选性状到最终申报新品种，需要至少 10 年时间。而利用与目标性状基因紧密连锁的分子标记辅助筛选杂交后代，可提前预测植株性状，缩短育种年限。随机扩增多态性 DNA 标记（RAPD）是目前葡萄中应用较广的分子标记技术。Striem 等（1996）对 82 个早玫瑰 × 火焰无核杂交后代无核性状进行 RAPD 分析，获得了 12 个与无核性状基因连锁的分子标记。王跃进等（2002）分别开发了无核标记 SCF27-2000 和无核探针 GLSP1-569，丰富了葡萄分子标记筛选、检测无核基因的方法。随着对葡萄无核性状基因连锁分子标记的不断研究，无核特异标记 VMC7F2-198 和 p3-VvAGL11-1200 也逐渐被开发和应用于葡萄无核基因的早期鉴定。

随着无核标记的不断开发，许多学者应用分子标记辅助选择胚挽救后代无核性状。研究发现，无核标记 SCC8-1018、SCF27-2000 在检测植株无核基因时，检测结果受供试植株中是否存在等位基因影响。屈田田等（2017）利用无核标记 SCC8-1018、SCF27-2000 和无核探针 GLSP1-569 检测了胚挽救后代的无核基因，发现 GLSP1-569 在"火焰无核""美丽无核"和"底莱特"三个亲本中扩增出 569 bp 特异性条带，而 SCC8-1018 与 SCF27-2000 除在某些无核亲本中出现特异性条带外，在一些有核亲本中也检测出相应条带。研究发现，标记 VMC7F2-198 适合检测双亲均是无核品种的杂交后代，无核探针 GLSP1-569 无法对某些亲本是"红宝石无核""爱莫无核"组合胚挽救后代植株进行检测。

（2）葡萄抗病基因分子标记。张剑侠（2006）以中国野生葡萄与欧洲葡萄杂交后代为试材，获得了与白粉病主效基因紧密连锁的 RAPD 标记 OPV03-1365。本课题组在前期研究中开发出与葡萄抗黑痘病连锁的 RAPD 标记 OPV02-616、OPJ13-300、OPS03-1300。其中，OPS03-1300 进一步转化成为 SCAR 标记 SCA03-1110，其对杂交后代抗黑痘病检测结果与田间检测符合性高达 87%。罗素兰（1999）获得了与葡萄抗霜霉主效基因连锁的分子标记 OPO06-1500 和与感霜霉病紧密连锁的 RAPD 标记 OPO10-805，并将其转化为 SCAR 标记。徐炎等（2003）获得了与中国野生葡萄抗白腐病基因连锁的

RAPD 标记 OPP09-769。王沛雅等（2009）获得了与葡萄抗霜霉病主效基因连锁的 RAPD 标记 OPC15-1300，将其转化为 SCAR 标记。

6.1.2　无核抗病葡萄胚挽救育种

1. 材料与方法

（1）试验材料。本试验于 2017 年 4 月至 2018 年 5 月在新疆维吾尔自治区葡萄瓜果研究所、旱区作物逆境生物学国家重点实验室、西北农林科技大学园艺场完成。

试验所用母本材料：火焰无核、昆香无核、美丽无核、波尔莱特、无核白鸡心、优无核。6 种供试母本材料均为无核的欧亚种葡萄（Vitis vinifera L.）。

试验所用父本材料有：北醇、塘尾、左优红。其中，北醇为欧山杂种（Vitis vinifera L. × Vitis amurensis Rupr），玫瑰香为其母本，东北野生山葡萄（Vitis amurensis Rupr）为其父本，北醇继承了中国野生山葡萄的抗病性，对霜霉病、白腐病、黑痘病、炭疽病都具有较强的抗性，在干旱少雨或潮湿多雨的地区均可栽培，很少出现病害；左优红为山葡萄品种，79-26-18（山葡萄左山二 × 小红玫瑰）为其母本，74-1-326（山葡萄 73134 × 山葡萄双庆）为其父本，左优红对黑痘病、房枯病、灰霉病、穗轴褐枯病具有较强抗性；塘尾为刺葡萄（Vitis davidii Foex.）品种，对黑痘病、炭疽病有很强的抗性，在高温潮湿的环境条件下，仍然具有极强的适应能力和抗病性。

本试验共设计 6 个杂交组合：火焰无核 × 左优红、昆香无核 × 左优红、波尔莱特 × 北醇、美丽无核 × 北醇、无核白鸡心 × 塘尾、优无核 × 塘尾。

（2）试验器材及试剂。

①试验器材：超净工作台、解剖镜、移液枪、高压蒸汽灭菌锅、纯水仪、电磁炉、100 mL 三角瓶、摇菌瓶、1 000 mL 丝口瓶、培养皿、4 ℃冰箱、酒精灯、研钵、镊子、手术刀、手术剪刀、50 mL 离心管、滤纸、喷壶、吊牌、纸袋、冰盒、记号笔、花盆、一次性透明塑料杯。

②试剂：75% 酒精、2% 次氯酸钠、蔗糖、琼脂、水解酪蛋白、肌醇、6-BA、IBA、活性炭、MS 粉、MM3 培养基、WPM 粉。

（3）试验方法。

①花粉采集。花粉采集通常在每年的 4 ～ 5 月进行。根据每年花粉采集时

间，在葡萄开花前一周，每天观察葡萄花序开花情况，准确把握葡萄开花时间，防止花粉采集时间过晚，葡萄已开花。

采集花粉时，在早晨或傍晚，选择树势健壮、生长发育良好的植株，在其结果枝上选择已有个别花蕾开花的花序，保证花粉发育成熟，将其摘下，用吊牌标记好品种名及采集时间，放入冰盒中低温保存，带回实验室。未开花或花蕾开放过多的花序均不采集，前者花粉可能未发育成熟，后者花蕾开放过多，在剥取花药时易发生花粉交叉污染。

将带回实验室的葡萄花序除去副穗、已开花花蕾、顶部发育不良的花蕾，将花药剥出，放置在平整、光洁的纸上，于阴凉干燥处阴干。阴干后，将剥出的花药用纱网过滤 2 ～ 3 次，除去杂质，再用研钵研磨出花粉。需要注意的是，在接触不同品种的花粉时，需用 75% 的酒精喷洗手及试验器材，防止花粉交叉污染。最后将花粉装入 50 mL 离心管中，并装入适量变色硅胶，用封口膜封好管口，放入 4 ℃冰箱中保存备用。

②杂交授粉。葡萄杂交授粉在每年 5 月进行。选择生长发育良好的植株，在开花前 3 ～ 4 天进行去雄。去雄时，将副穗及顶部发育不完全的花蕾去除，与采集花粉时相同，将花药剥离。切记，不要损伤柱头。将整个花序的花药全部去除后，用喷壶喷洒整个花序，保持柱头湿润，同时，冲洗掉残留于花序上的花粉。去雄后，立即套袋，并挂牌标记品种名与去雄日期。

去雄后 2 ～ 3 天，当柱头上开始分泌水滴状的粘液时，即可进行授粉。授粉时，选择清凉的早晨或者傍晚，中午的高温时段不宜授粉。用脱脂棉蘸取采集好的花粉，均匀地将花粉撒于已去雄的花序上，套袋并标记杂交组合与授粉日期，连续授粉 3 天，保证授粉完全。

③胚珠离体培养。统计取回的杂交果实的果粒数，放入纱袋中，流水冲洗2 h。将经过冲洗的杂交果实在超净工作台上放入经过高压蒸汽灭菌的 1 000 mL丝口瓶中，倒入 75% 的酒精消毒 30 s，再将使用后的 75% 酒精倒入废液缸中，之后将 2% 次氯酸钠倒入装有杂交果实的 1 000 mL 丝口瓶中，消毒 20 min，期间每隔 5 min 晃动一次丝口瓶，使果实充分消毒，同样将使用后的 2% 次氯酸钠倒入废液缸，最后用经过高压蒸汽灭菌的蒸馏水漂洗 3 次，漂洗过后的蒸馏水倒入废液缸。

经过消毒处理后，将杂交果实在超净工作台中倒入经过高压蒸汽灭菌的培养皿中，用镊子固定好果实，用手术刀将果实纵切，从果实中取出胚珠，接种至胚发育培养基（MM3+60 g/L 蔗糖 +0.5 g/L 水解酪蛋白 +0.1 g/L 肌醇 +3 g/L 活性炭 +7 g/L 琼脂）中，并统计各个杂交组合接种胚珠数，暗培养 8 ～ 10 周。

④胚萌发培养。在超净工作台上，将经过 8 ～ 10 周暗培养的胚珠从胚发育培养基中取出，放入另一个经过高压蒸汽灭菌的培养皿中，置于解剖镜下，将幼胚从胚珠中取出，接种于胚萌发培养基（WPM+20 g/L 蔗糖 +0.2 mg/L 6–BA+0.1 g/L 肌醇 +1 g/L 活性炭 +7 g/L 琼脂）中，并统计各个杂交组合接种幼胚数，最后置于培养温度为 25（±2）℃、光周期为 12 h/12 h、光照强度 2 000 lx 的组培间进行萌发成苗培养，统计胚萌发数及成苗数。

⑤继代培养。将生长苗壮、高度已长至培养瓶口的幼苗进行继代培养。在超净工作台上，用手术剪刀将幼苗从基部剪断，放置在经过高压蒸汽灭菌的滤纸上，将幼苗剪成 2 个 2 cm 的单芽茎段，接种至继代培养基（1/2 MS+30 g/L 蔗糖 +0.2 mg/L IBA+0.2 mg/L 6–BA+1 g/L 活性炭 +7 gL 琼脂）中进行继代培养。注意：每继代一棵幼苗，换一张滤纸，滤纸经过高压蒸汽灭菌可重复使用。

⑥温室炼苗。选择生长健壮、叶色浓绿、根系发达的杂交幼苗进行温室炼苗。将移栽幼苗所用育苗基质配制好，将进口基质与蛭石按 3 ∶ 1 比例混匀，加水搅拌，加水量以育苗基质能在手中握成团、松开后即散开为宜，放入高压灭菌锅中 121 ℃灭菌 50 min，取出后冷却至室温，最后将育苗基质装入花盆中。

从继代培养基中取出幼苗，将幼苗根部的培养基在清水中清洗干净后，移栽至装有育苗基质的花盆中，并用一次性透明塑料杯将幼苗罩严，防止幼苗失水过多干枯死亡。挂牌标记好品种名与炼苗日期。炼苗前 2 周，每 5 天浇一次 1/8 MS 营养液，之后根据炼苗情况给杂交苗浇 1/16 MS 营养液或清水。杂交苗生长健壮后，逐渐取下透明塑料杯，使杂交苗完全接触外界环境。

⑦数据统计。

胚发育率（%）= 发育胚数 / 接种胚珠数 ×100%。

胚萌发率（%）= 萌发胚数 / 发育胚数 ×100%。

成苗率（%）= 正常苗数 / 接种胚珠数 ×100%。

炼苗成活率（%）= 炼苗成活数 / 炼苗株数 ×100%。

2. 结果与分析

（1）无核抗病葡萄胚挽救结果。试验以 6 种无核葡萄为母本，"北醇""塘尾""左优红"为父本,共设计6个杂交组合,接种胚珠3 054颗,获得发育胚629个,其中有490个胚萌发,平均胚萌发率为77.9%,232个胚萌发为正常苗,如表6-1所示。

无核白鸡心 × 塘尾杂交组合成苗率最高,为14.4%;昆香无核 × 左优红杂交组合成苗率次之,为12.7%。"无核白鸡心""昆香无核"适宜作无核葡萄胚挽救杂交组合的母本,如图6-1和图6-2所示。

表6-1 无核抗病葡萄胚挽救结果

杂交组合	授粉日期	采样日期	胚珠数/颗	发育胚数/个	胚发育率/%	萌发胚数/个	胚萌发率/%	成苗数/株	成苗率/%
火焰无核 × 左优红	5.15	6.28	175	20	11.4	15	75.0	6	3.4
昆香无核 × 左优红	5.15	6.29	825	287	34.8	188	65.5	105	12.7
波尔莱特 × 北醇	5.17	7.13	1 726	255	14.8	239	93.7	80	4.6
美丽无核 × 北醇	5.17	6.29	16	0	0.0	0	0.0	0	0.0
无核白鸡心 × 塘尾	5.19	6.29	285	66	23.2	48	72.7	41	14.4
优无核 × 塘尾	5.19	7.13	27	1	3.7	0	0.0	0	0.0
Σ			3 054	629		490	77.9	232	

（a）火焰无核 × 左优红　　（b）昆香无核 × 左优红　　（c）波尔莱特 × 北醇

（d）美丽无核 × 北醇　　（e）无核白鸡心 × 塘尾　　（f）优无核 × 塘尾

图 6-1　葡萄杂交果穗

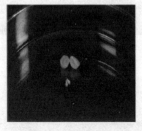 

（a）剥胚珠　　　　　　　　　　（b）胚发育

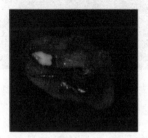 

（c）剥胚　　　　　　　　　　　（d）胚萌发

图 6-2　葡萄离体胚培养

（2）胚挽救杂种苗炼苗移栽结果。将 4 个杂交组合的 232 个杂交株系进行温室炼苗移栽，炼苗成活率为 97.84%，如表 6-2、图 6-3 所示。

表 6-2 胚挽救杂种苗炼苗移栽

杂交组合	炼苗数 / 株	炼苗成活数 / 株	炼苗成活率 /%
火焰无核 × 左优红	6	6	100
昆香无核 × 左优红	105	102	97.14
波尔莱特 × 北醇	80	80	100
无核白鸡心 × 塘尾	41	39	95.12
Σ	232	227	

（a）   （b）

（c）

图 6-3 胚挽救杂种苗炼苗移栽

在杂交育种中，杂交亲本的选择至关重要。不同亲本及其组合的合子胚的形成以及发育严格受到基因型的控制。在无核葡萄胚挽救中，由于单性结实型无核葡萄品种无法形成合子胚，所以不能用于无核葡萄胚挽救。对于种子败育型无核葡萄品种，虽然理论上所有该类型无核葡萄均可作为杂交亲本，但不同的无核葡萄品种形成合子胚的能力仍有较大差别。目前，普遍认为母本的基因型在合子胚的形成、发育、萌发过程中起决定性作用，父本基因型对合子胚的生长发育也有一定的影响。

此次试验中，以"无核白鸡心""昆香无核"作母本的杂交组合成苗率最高，以"火焰无核""波尔莱特"作母本的杂交组合成苗率较低，以"美丽无核""优无核"作母本的杂交组合未获得成苗。初步认定"无核白鸡心"和"昆香无核"适宜作胚挽救杂交组合的母本。

Ponce[①]认为，"火焰无核""优无核""克瑞森无核""奇妙无核"的胚萌发成苗性较差，不适宜作无核葡萄胚挽救杂交组合的母本材料。本试验结果与 Ponce 所述一致。而 Spiegel-Roy 则认为"火焰无核"作母本时，胚萌发率与成苗率均高于"波尔莱特"和"无核白"作母本。潘学军[②]认为"爱莫无核""底莱特""火焰无核"适宜作胚挽救杂交组合母本。田莉莉[③]认为"红宝石无核"是非常好的母本材料，而"无核紫""无核白""杨格尔"作母本时胚挽救成苗率很低，不是优良的母本材料，同时认为父本品种的选择对胚挽救效率有一定影响，在以"红宝石无核"作母本时，"紫霞"作父本成苗率显著高于"新郁"作父本。

所以，在进行无核葡萄胚挽救育种前，选择好父母本材料，配置好杂交组合是育种成功的关键步骤。

6.1.3　无核葡萄胚挽救胚萌发培养基优化

1. 材料与方法

（1）试验材料。本试验以杂交组合红宝石无核 × 火焰无核、波尔莱特 × 北醇经过 8 ～ 10 周胚发育培养的幼胚为供试材料。

①　PONCE M T, AGÜERO C B, GREGORI M T, et al. Factor affecting the development of stenospermic grape (Vitis vinifera) embryos cultured in vitro[J]. Acta horticulturae, 2000 (528): 667-672.

②　潘学军. 无核抗病葡萄胚挽救技术体系优化及新品系培育 [D]. 杨凌：西北农林科技大学, 2005.

③　田莉莉. 抗病无核葡萄胚挽救育种及种质创新 [D]. 杨凌：西北农林科技大学, 2007.

（2）试验方法。

①胚萌发培养基中蔗糖浓度设置。在胚萌发培养基（WPM+0.1 g/L 肌醇+0.2 mg/L 6-BA+7 g/L 琼脂 +1 g/L 活性炭）基础上，分别添加 1.0%、1.5%、2.0%、2.5%、3.0% 的蔗糖，5 种培养基各接种 10 个波尔莱特 × 北醇杂交组合的胚。数据来源于 3 次重复，表示为平均值 ±SD，经过检验，差异显著性按照显著性水平 $P \leqslant 0.05$ 标注不同字母。

胚萌发率（或成苗率）（%）= 胚萌发数（或成苗数）/ 接种胚数 ×100%

②胚萌发培养基中 GA3 浓度设置。在胚萌发培养基（WPM+0.1 g/L 肌醇+0.2 mg/L 6-BA+20 g/L 蔗糖 +7 g/L 琼脂 +1.5 g/L 活性炭）基础上，分别添加 0 μmol/L、0.5 μmol/L、1.0 μmol/L、1.5 μmol/L、2.0 μmol/L GA3，5 种培养基各接种 20 个红宝石无核 × 火焰无核的胚。数据来源于 3 次重复，表示为平均值 ±SD，经过检验，差异显著性按照显著性水平 $P \leqslant 0.05$ 标注不同字母。

胚萌发率（或成苗率）（%）= 胚萌发数（或成苗数）/ 接种胚数 ×100%

2. 结果与分析

（1）胚萌发培养基中最适蔗糖浓度。将波尔莱特 × 北醇的胚分别接种至 5 种不同蔗糖浓度的胚萌发培养基中，其培养结果如表 6-3 所示，当蔗糖浓度为 2.0% 时，波尔莱特 × 北醇胚萌发率和成苗率最高；蔗糖浓度为 2.0% 时，其胚萌发率和成苗率与蔗糖浓度为 1.0%、2.5%、3.0% 时的胚萌发率和成苗率差异显著，而与蔗糖浓度为 1.5% 时的胚萌发率和成苗率无显著性差异。

试验表明，胚萌发培养基中最适蔗糖浓度为 2.0%。

表 6-3　不同蔗糖浓度对胚萌发和成苗的影响

蔗糖浓度 /%	接种胚数 / 个	胚萌发数 / 个	胚萌发率 /%	成苗数 / 株	成苗率 /%
1.0	10	7	70 ± 10^{bc}	1	10 ± 5.8^{c}
1.5	10	8	80 ± 5.8^{ab}	3	30 ± 11.5^{ab}
2.0	10	9	90 ± 5.8^{a}	4	40 ± 10^{a}
2.5	10	6	60 ± 15.3^{c}	2	20 ± 5.8^{bc}
3.0	10	6	60 ± 5.8^{c}	1	10 ± 0^{c}

（2）胚萌发培养基中最适 GA3 浓度。将红宝石无核 × 火焰无核的胚分别接种至 5 种不同 GA3 浓度的胚萌发培养基中，其培养结果如表 6-4 所示，当 GA3 浓度为 0.5 μmol/L 时，红宝石无核 × 火焰无核的胚萌发率和成苗率最高 ;GA3 浓度为 0.5μmol/L 时，其胚萌发率和成苗率与 GA3 浓度为 0 μmol/L、1.5 μmol/L、2.0 μmol/L 时的胚萌发率和成苗率差异显著，而与 GA3 浓度为 1.0 μmol/L 时的胚萌发率和成苗率差异不显著。

综上所述，在胚萌发培养基中添加 0.5 μmol/L GA3 能促进胚萌发和成苗。

表 6-4 不同 GA3 浓度对胚萌发和成苗的影响

GA3浓度/(μ mol·L⁻¹)	接种胚数 / 个	胚萌发数 / 个	胚萌发率 /%	成苗数 / 株	成苗率 /%
0.0	20	12	60 ± 5^c	11	55 ± 2.9^c
0.5	20	18	90 ± 0^a	17	85 ± 5^a
1.0	20	15	75 ± 10^b	15	75 ± 10^{ab}
1.5	20	14	70 ± 5^{bc}	13	65 ± 5^{bc}
2.0	20	13	65 ± 8.7^{bc}	11	55 ± 5.8^c

①胚萌发培养基中蔗糖浓度。蔗糖在培养基中作为碳源，发挥着重要作用，胚的生长发育所需要的能量均来源于蔗糖，同时其对胚的生长发育以及萌发起着调节作用。

在胚发育阶段，需要较高的蔗糖浓度，提供给幼胚足够的能量，同时维持较高的渗透压，用以维持幼胚的胚性生长，抑制胚的早熟萌发，蔗糖浓度在6%～8% 时无核葡萄幼胚以及胚珠生长较快，胚珠重量增加较快。在其他果树的胚挽救过程中，也出现了与葡萄幼胚生长相似的情况，如在对桃的胚挽救过程中，桃幼胚在发育阶段时，使用8%～12% 的蔗糖浓度，胚珠及幼胚在培养基中生长比较迅速，胚干重增加 2～3 倍，但是在相同发育阶段和相同培养条件下，当培养基中蔗糖浓度为 2% 时，幼胚几乎不生长。高浓度的蔗糖的作用在于维持幼胚的胚性生长，抑制胚的早熟萌发，幼胚萌发若过早，形成的幼苗长势就弱、生长发育不良，甚至会出现畸形苗，最终难以成活。

当胚珠生长到一定阶段，幼胚发育完好时，进入胚萌发阶段，此时降低蔗糖浓度，可使幼胚迅速萌发。一些研究者在胚发育阶段使用 6% 的蔗糖浓度，在胚萌发阶段使用 2%～3% 的蔗糖浓度。为了更加明确地了解在葡萄幼胚胚萌发阶段适宜的蔗糖浓度，进行了以上试验。最终发现，蔗糖浓度为 2% 时，胚萌发率和成苗率最高；蔗糖浓度为 3% 时，胚萌发率和成苗率最低。由此可以看出，在胚萌发阶段，最适宜的蔗糖浓度为 2%，而 3% 的蔗糖浓度偏高。

②胚萌发培养基中激素浓度。在胚挽救过程中，选择适当的外源激素种类及浓度对幼胚的生长发育及萌发有重要作用。一些研究者认为，胚的发育分为异养和自养两个阶段，当胚发育成熟时，幼胚已具备一定的自养能力，可自身合成生长发育所需的基本物质，对外源激素依赖较低，甚至在无激素的情况下也可发育成熟，正常萌发成苗。目前较多的观点认为，即使胚发育情况完好，甚至幼胚已具备一定程度的自养能力，同样可添加适量的外源激素促进其生长发育，使植株获得更加优良的生长发育状况，一般选择添加赤霉素和生长素。此外，在胚萌发阶段，常加入细胞分裂素类物质 6-BA 促进胚的萌发。

随着胚挽救技术的不断完善和体细胞胚再生途径的建立，激素应用在植物组织培养过程中使组培效率的研究日益完善。Perez 等（2006）通过将 3 种葡萄栽培品种不同类型的胚接种至 2 种胚萌发培养基——1/2 MS+10 μmol/L IAA+1 μmol/L GA3 和不添加任何激素的 1/2 MS 培养基，发现所有类型的胚均在添加了 10 μmol/L IAA+1 μmol/L GA3 的培养基上表现出较高的萌发率。2011 年，Singh 等以两种不同杂交组合为材料探究不同激素组合对胚萌发的影响及最终胚挽救效率，证明添加 IAA（4 mg）+GA3（0.5 mg）在胚萌发时效果显著，表现为萌发率提高（13.84%）和萌发时间缩短（24 d）。1993 年，Gribaudo 等以 NN 为基础培养基分别添加 10 μmol/L IAA+1 μmol/L GA3 和 20 μmol/L IAA+2 μmol/L GA3 接种葡萄杂交胚珠，成苗结果显示添加 10 μmol/L IAA+1 μmol/L GA3 显著优于添加 20 μmol/L IAA+2 μmol/L GA3。

此次试验对比了在胚萌发培养基中添加不同浓度 GA3 时胚萌发成苗情况，发现添加 0.5 μmol/L GA3 时胚萌发率和成苗率最高，添加 1.0 μmol/L GA3 时胚萌发率和成苗率次之。Sharma（1996）认为 GA3 可促进胚早熟萌发以及幼苗生长，而 IAA、IBA 可促进生根。本试验结果与 Sharma 观点一致。

6.1.4　分子标记辅助选择无核抗病葡萄杂交子代

1. 材料与方法

（1）试验材料。4 个杂交组合火焰无核 × 左优红、昆香无核 × 左优红、

波尔莱特 × 北醇、无核白鸡心 × 塘尾的杂交子代植株。

（2）试验器材、试剂及引物。

①试验器材：恒温水浴锅、4 ℃冰箱、−80 ℃冰箱、离心机、PCR 仪、琼脂糖凝胶电泳仪、凝胶成像仪、高压蒸汽灭菌锅、微波炉、研钵、研磨棒、100 mL容量瓶、200 mL 容量瓶、500 mL 烧杯、玻璃棒、2.0 mL 离心管、1.5 mL 离心管。

②试剂：CTAB、Na$_2$EDTA.H$_2$O、Tris 碱、浓 HCl、NaCl、20%PVP、β -巯基乙醇、氯仿：异戊醇（24：1）、液氮、琼脂糖、TAE 缓冲液、2×Taq-Mix、核酸染料、2k plus Marker、ddH$_2$O。

③引物：葡萄无核基因 SCAR 标记 SCF27–2000、SCC8–1018 的引物SCF27、SCC8；葡萄抗白粉病基因 SCAR 标记 ScORN3–R、ScORA7–760 的引物 ScORN3、ScORA7；葡萄抗霜霉病基因 RAPD 标记 S416–1224 的引物S416；葡萄抗黑痘病基因 RAPD 标记 OPS03–1354 的引物 OPS03。

（3）试验方法。

①主要试剂配制。1 mol/L Tris–HCl 配制：称取 12.1 g Tris 碱溶解于 ddH$_2$O中，定容至 100 mL，用浓 HCl 调剂 pH 至 8.0。

0.5 mol/L EDTA 配制：称取 18.61 g Na$_2$EDTA.H$_2$O，溶解于 ddH$_2$O 中，定容至 100 mL，pH 调至 8.0。

CTAB 提取液配制：称取 4 g CTAB，16.364 g NaCl，量取 20 mL 1 mol/LTris–HCl（pH=8.0），8 mL 0.5 mol/L EDTA，加入 ddH$_2$O，混合摇匀，定容至200 mL，121 ℃高压蒸汽灭菌 25 min。

20%PVP 配制：称取 20 g PVP 溶解于 ddH$_2$O 中，定容至 100 mL，121 ℃高压蒸汽灭菌 25 min。

②CTAB 法提取葡萄基因组 DNA。

a. 将 CTAB 提取液放入 65 ℃恒温水浴锅中预热 30 min。将 75% 酒精、无水乙醇放入 4 ℃冰箱中预冷。

b. 将保存在 −80 ℃冰箱中的葡萄叶片取出，放入加有液氮的研钵中充分研磨，期间不断添加液氮，保持叶片始终浸泡在液氮中。将研磨成粉末的叶片装入 2.0 mL 离心管中，加入 780 μL 预热的 CTAB 提取液、100 μL 20%PVP、20 μL β - 巯基乙醇，充分混匀，放入 65 ℃恒温水浴锅中水浴 45 min，每隔10 min 左右晃动一次离心管。

c. 从水浴锅中取出离心管，加入 900 μL 氯仿：异戊醇（24：1），充分混匀，12 000 rpm 离心 10 min。

d. 用移液枪吸取上清液 750 μL，并加入 750 μL 氯仿：异戊醇（24：1），充分混匀，12 000 rpm 离心 10 min。

e. 用移液枪吸取上清液 500 μL，加入 1 250 μL 预冷的无水乙醇，放入 4 ℃冰箱中静置 2 h。

f. 挑取白色絮状沉淀于 1.5 mL 离心管中，加入 1 mL 75% 酒精，晃动离心管进行洗涤，12 000 rpm 离心 10 min，倒掉 75% 酒精，重复上述步骤 2 次后，将装有 DNA 沉淀的 1.5 mL 离心管放置于通风干燥处 30 min 至乙醇挥发完。

g. 加入 100 μL 经过灭菌的 ddH_2O 于装有 DNA 沉淀的离心管中溶解 DNA，4 ℃冰箱中保存。

③ PCR 反应及琼脂糖凝胶电泳。试验采用 20 μL PCR 反应体系，各组分具体添加量如下：2 × Taq Mix 7 μL、上游引物 1 μL、下游引物 1 μL、模版 DNA 1 μL、ddH_2O 10 μL。

各引物对应的 PCR 反应程序如下。

SCF27：94 ℃预变性 4 min，95 ℃变性 30 s，62 ℃退火 90 s，72 ℃延伸 1 min。变性、退火、延伸进行 35 个循环后，再次 72 ℃延伸 1 min，最后 4 ℃保存。

SCC8：94 ℃预变性 4 min，94 ℃变性 1 min，60 ℃退火 1 min，72 ℃延伸 1 min。变性、退火、延伸进行 35 个循环后，再次 72 ℃延伸 6 min，最后 4 ℃保存。

ScORN3：95 ℃预变性 10 min，95 ℃变性 1 min，59 ℃退火 30 s，72 ℃延伸 1 min。变性、退火、延伸进行 35 个循环后，再次 72 ℃延伸 5 min，最后 12 ℃保存。

ScORA7：95 ℃预变性 10 min，95 ℃变性 1 min，57 ℃退火 30 s，72 ℃延伸 1 min。变性、退火、延伸进行 35 个循环后，再次 72 ℃延伸 5 min，最后 12 ℃保存。

S416、OPS03：94 ℃预变性 5 min，94 ℃变性 1 min，36 ℃退火 1 min，72 ℃延伸 2 min。变性、退火、延伸进行 45 个循环后，再次 72 ℃延伸 10 min，最后 4 ℃保存。

用 1.5% 的琼脂糖凝胶，在 100 V 电压下将 PCR 产物进行电泳分离，在凝胶成像仪中拍照。

2. 结果与分析

（1）葡萄无核基因早期检测。

①葡萄无核标记对杂交亲本的检测。利用葡萄无核基因 SCAR 标记 SCF27-2000 对杂交亲本进行分子标记无核检测，检测结果如图 6-4（a）所示，母本"无核白鸡心""波尔莱特"扩增出了 2 000 bp 特异性条带，而母本"火焰无核""昆香无核"，父本"北醇""塘尾""左优红"均未扩增出 2 000 bp 特异性条带。因此，可用无核标记 SCF27-2000 对无核白鸡心 × 塘尾、波尔莱特 × 北醇的杂交子代进行无核基因早期检测。

利用葡萄无核基因 SCAR 标记 SCC8-1018 对杂交亲本进行分子标记无核检测，检测结果如图 6-4（b）所示，母本"火焰无核""无核白鸡心""昆香无核""波尔莱特"及父本"塘尾"均扩增出 1 018 bp 特异性条带，父本"北醇""左优红"未扩增出 1 018 bp 特异性条带。所以，可用无核标记 SCC8-1018 对火焰无核 × 左优红、昆香无核 × 左优红、波尔莱特 × 北醇的杂交子代进行无核基因早期检测。

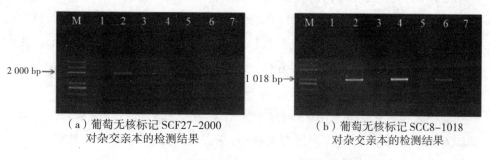

（a）葡萄无核标记 SCF27-2000　　（b）葡萄无核标记 SCC8-1018
　　对杂交亲本的检测结果　　　　　　对杂交亲本的检测结果

图 6-4　葡萄无核标记对杂交亲本的检测结果

在图 6-4（a）中，M 为 2k plus Marker；1 为火焰无核；2 为无核白鸡心；3 为昆香无核；4 为波尔莱特；5 为北醇；6 为塘尾；7 为左优红。在图 6-4（b）中，M 为 2k plus Marker；1 为火焰无核；2 为无核白鸡心；3 为昆香无核；4 为波尔莱特；5 为北醇；6 为塘尾；7 为左优红。

②葡萄无核标记 SCF27-2000 对杂交子代的检测。葡萄无核标记 SCF27-2000 对无核白鸡心 × 塘尾杂交后代株系的检测结果如图 6-5（a）所示，共检测无核白鸡心 × 塘尾杂交子代 30 株，其中 18 个株系扩增出 2 000 bp 特异性条带。

葡萄无核标记 SCF27-2000 对波尔莱特 × 北醇杂交后代株系的检测结果如图 6-5（b）所示，共检测波尔莱特 × 北醇杂交子代 44 株，其中 25 个株系扩增出 2 000 bp 特异性条带。

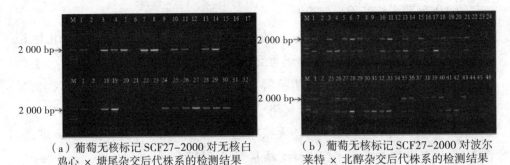

（a）葡萄无核标记 SCF27–2000 对无核白　　（b）葡萄无核标记 SCF27–2000 对波尔
鸡心 × 塘尾杂交后代株系的检测结果　　　　莱特 × 北醇杂交后代株系的检测结果

图 6-5　葡萄无核标记 SCF27–2000 对无核白鸡心 × 塘尾、波尔莱特 × 北醇杂交后代株
系的检测结果

在图 6-5（a）中，M：2k plus Marker；1 为无核白鸡心；2 为塘尾；3 ~ 32
为无核白鸡心 × 塘尾不同杂交子代。在图 6-5（b）中，M 为 2k plus Marker；
1 为波尔莱特；2 为北醇；3 ~ 46 为波尔莱特 × 北醇不同杂交子代。

③葡萄无核标记 SCC8–1018 对杂交子代的检测。葡萄无核标记 SCC8–
1018 对火焰无核 × 左优红杂交后代株系的检测结果如图 6-6（a）所示，共检
测火焰无核 × 左优红杂交子代 6 株，所有 6 个株系均扩增出 1 018 bp 特异性
条带。

葡萄无核标记 SCC8–1018 对昆香无核 × 左优红杂交后代株系的检测结果
如图 6-6（b）所示，共检测昆香无核 × 左优红杂交子代 44 株，其中 21 个株
系扩增出 1 018 bp 特异性条带。

葡萄无核标记 SCC8–1018 对波尔莱特 × 北醇杂交后代株系的检测结果如
图 6-6（c）所示，共检测波尔莱特 × 北醇杂交子代 44 株，其中 24 个株系扩
增出 1 018 bp 特异性条带。

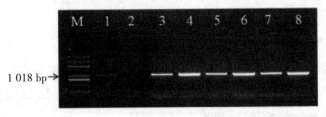

（a）葡萄无核标记 SCC8–1018 对火焰无核 × 左优红杂交后代株系的检测结果

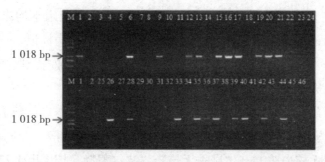

（b）葡萄无核标记 SCC8-1018 对昆香无核 × 左优红杂交后代株系的检测结果

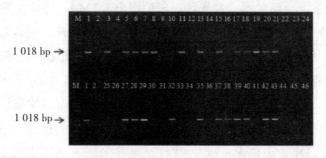

（c）葡萄无核标记 SCC8-1018 对波尔莱特 × 北醇杂交后代株系的检测结果

图 6-6　葡萄无核标记 SCC8-1018 对火焰无核 × 左优红、昆香无核 × 左优红、波尔莱特 × 北醇杂交后代株系的检测结果

在图 6-6（a）中，M 为 2k plus Marker；1 为火焰无核；2 为左优红；3 ～ 8 为火焰无核 × 左优红不同杂交子代。在图 6-6（b）中，M 为 2k plus Marker；1 为昆香无核；2 为左优红；3 ～ 46 为昆香无核 × 左优红不同杂交子代。在图 6-6（c）中，M 为 2k plus Marker；1 为波尔莱特；2 为北醇；3 ～ 46 为波尔莱特 × 北醇不同杂交子代。

（2）葡萄抗病基因早期检测。

①葡萄抗病标记对杂交亲本的检测。利用葡萄抗白粉病基因标记 ScORN3-R 对杂交亲本进行分子标记抗白粉病基因检测，检测结果如图 6-7（a）所示，父本"北醇""塘尾""左优红"均扩增出 760 bp 特异性条带，而 4 个杂交母本均未扩增出 760 bp 抗白粉病标记特异性条带。因此，可用葡萄抗白粉病标记 ScORN3-R 对无核白鸡心 × 塘尾、火焰无核 × 左优红、昆香无核 × 左优红、波尔莱特 × 北醇杂交子代进行抗白粉病基因检测。

利用葡萄抗白粉病基因标记 ScORA7-760 对杂交亲本进行分子标记抗白粉

病基因检测，检测结果如图 6-7（b）所示，7 个杂交亲本均未扩增出 760 bp 抗白粉病标记特异性条带。因此，无法用葡萄抗白粉病标记 ScORA7-760 对无核白鸡心 × 塘尾、火焰无核 × 左优红、昆香无核 × 左优红、波尔莱特 × 北醇杂交子代进行抗白粉病基因检测。

利用葡萄抗霜霉病基因标记 S416-1224 对杂交亲本进行分子标记抗霜霉病基因检测，检测结果如图 6-7（c）所示，其中父本"北醇""塘尾"，母本"火焰无核""无核白鸡心""昆香无核""波尔莱特"扩增出 1 224 bp 抗霜霉病标记特异性条带，而父本"左优红"未扩增出 1 224 bp 特异性条带。因此，无法用葡萄抗霜霉病标记 S416-1224 对无核白鸡心 × 塘尾、火焰无核 × 左优红、昆香无核 × 左优红、波尔莱特 × 北醇杂交子代进行抗霜霉病基因检测。

利用葡萄抗黑痘病基因标记 OPS03-1354 对杂交亲本进行分子标记抗黑痘病基因检测，检测结果如图 6-7（d）所示，7 个杂交亲本均未扩增出 1 354 bp 抗黑痘病标记特异性条带。因此，无法用葡萄抗黑痘病标记 OPS03-1354 对无核白鸡心 × 塘尾、火焰无核 × 左优红、昆香无核 × 左优红、波尔莱特 × 北醇杂交子代进行抗黑痘病基因检测。

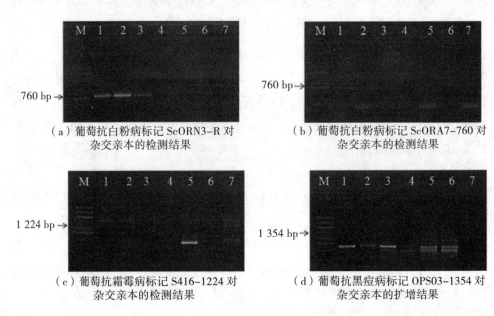

（a）葡萄抗白粉病标记 ScORN3-R 对杂交亲本的检测结果

（b）葡萄抗白粉病标记 ScORA7-760 对杂交亲本的检测结果

（c）葡萄抗霜霉病标记 S416-1224 对杂交亲本的检测结果

（d）葡萄抗黑痘病标记 OPS03-1354 对杂交亲本的扩增结果

图 6-7　葡萄抗白粉病、霜霉病、黑痘病标记对杂交亲本的检测结果

在图 6-7（a）中，M 为 2k plus Marker；1 为北醇；2 为塘尾；3 为左优红；

4 为火焰无核；5 为无核白鸡心；6 为昆香无核；7 为波尔莱特。在图 6-7（b）中，M 为 2k plus Marker；1 为北醇；2 为塘尾；3 为左优红；4 为火焰无核；5 为无核白鸡心；6 为昆香无核；7 为波尔莱特。在图 6-7（c）中，M 为 2k plus Marker；1 为北醇；2 为塘尾；3 为左优红；4 为火焰无核；5 为无核白鸡心；6 为昆香无核；7 为波尔莱特。在图 6-7（d）中，M 为 2k plus Marker；1 为北醇；2 为塘尾；3 为左优红；4 为火焰无核；5 为无核白鸡心；6 为昆香无核；7 为波尔莱特。

②葡萄抗白粉病标记 ScORN3-R 对杂交子代的检测。葡萄抗白粉病标记 ScORN3-R 对杂交组合无核白鸡心 × 塘尾、火焰无核 × 左优红、昆香无核 × 左优红、波尔莱特 × 北醇杂交后代的 65 个株系的检测结果如图 6-8 所示，所有株系均未扩增出 760 bp 特异性条带。

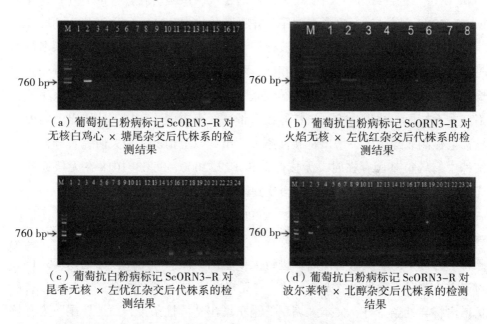

（a）葡萄抗白粉病标记 ScORN3-R 对无核白鸡心 × 塘尾杂交后代株系的检测结果

（b）葡萄抗白粉病标记 ScORN3-R 对火焰无核 × 左优红杂交后代株系的检测结果

（c）葡萄抗白粉病标记 ScORN3-R 对昆香无核 × 左优红杂交后代株系的检测结果

（d）葡萄抗白粉病标记 ScORN3-R 对波尔莱特 × 北醇杂交后代株系的检测结果

图 6-8 葡萄抗白粉病标记 ScORN3-R 对无核白鸡心 × 塘尾、火焰无核 × 左优红、昆香无核 × 左优红、波尔莱特 × 北醇杂交后代株系的检测结果

在图 6-8（a）中，M 为 2k plus Marker；1 为无核白鸡心；2 为塘尾；3 ～ 17 为无核白鸡心 × 塘尾不同杂交子代。在图 6-8（b）中，M 为 2k plus Marker；1 为火焰无核；2 为左优红；3 ～ 8 为火焰无核 × 左优红不同杂交子代。在图 6-8（c）中，M 为 2k plus Marker；1 为昆香无核；2 为左优红；3 ～ 24 为昆香

无核 × 左优红不同杂交子代。在图 6-8（d）中，M 为 2k plus Marker；1 为波尔莱特；2 为北醇；3 ～ 24 为波尔莱特 × 北醇不同杂交子代。

6.1.5 分子标记早期检测

1. 无核基因分子标记早期检测

无核性状是目前葡萄育种的重要目标之一，分子标记的出现使无核葡萄育种在葡萄结实前便可对杂交子代进行早期检测，辅助无核葡萄育种，加快育种进程，提高育种效率。Lahogue（1998）获得了两个与控制无核性状的主效基因连锁的 RAPD 标记 opC08-1020 和 opP18-530，2001 年无核标记 opC08-1020 经过改进被命名为 SCC8-1018，应用于葡萄无核性状的早期筛选。2003 年，Mejia 以杂交组合红宝石无核 × 无核白的子代为试验材料，获得了 RAPD 标记 WF27-2000，对其进行克隆和测序，并将其转化为 SCAR 标记 SCF27-2000。

屈田田等（2017）在利用无核标记 SCF27-2000 及 SCC8-1018 对亲本检测时，发现两种无核标记检测结果相同，均为"无核白鸡心""波尔莱特""火焰无核"以及"北醇"扩增出特异性条带。理论上讲，"北醇"为有核品种，不应在无核标记结果为检测出特异性条带。而李志谦（2013）使用以上两种无核标记检测北醇中未扩增出特异性条带。出现以上情况，相关研究者分析是当植株中有等位基因存在时，无核标记 SCF27-2000、SCC8-1018 在无核检测方面的应用会受到限制，检测结果会受到影响。

本试验在利用无核标记 SCF27-2000 对亲本检测时，仅母本材料"无核白鸡心"和"波尔莱特"扩增出特异性条带，因此可对以"无核白鸡心""波尔莱特"为母本的杂交组合的后代进行无核基因检测。利用无核标记 SCC8-1018 对亲本检测时，除母本"火焰无核""无核白鸡心""昆香无核""波尔莱特"扩增出特异性条带外，父本"塘尾"也扩增出特异性条带，而"塘尾"为有核品种。因此，无核标记 SCC8-1018 不可用于以"塘尾"为父本的杂交组合的子代的检测。

在被检测的 44 株波尔莱特 × 北醇的杂交子代植株中，利用无核标记 SCF27-2000 检测出 25 株无核子代，利用无核标记 SCC8-1018 检测出 24 株无核子代。其中，20 株杂交子代同时被两种无核标记检测为无核株系。综合两种无核标记检测结果，初步认定 29 株波尔莱特 × 北醇的杂交子代为无核株系。

2.抗病基因分子标记早期检测

在利用分子标记对杂交子代的抗病性检测方面，目前已获得与抗炭疽病基因、黑痘病基因、白粉病基因、霜霉病基因等相连锁的分子标记。Akkurt 等（2007）以"Regent"（抗病）×"Lemberger"（感病）杂交组合的 F1 代为试验材料，最终筛选出主要在抗性个体中得到扩增产物的两个 SCAR 标记并命名为 ScORA7-760 和 ScORN3-R，这两个 SCAR 标记适用于分子标记辅助选择抗白粉病葡萄株系。张剑侠等（2001；2009）以抗病的华东葡萄株系"白河35-1"和感病的欧洲葡萄品种"佳丽酿"为亲本，利用杂交组合白河 35-1 × 佳丽酿的亲本及其 F_1 代对 196 个随机引物进行筛选，最终获得了与中国野生葡萄抗黑痘病基因相连锁的 RAPD 标记并命名为 OPS03-1300，并在 2009 年通过对其克隆测序，发现其实际长度为 1 354 bp，所以重新命名为 OPS03-1354。张艳艳等（2008）同样利用杂交组合白河 35-1 × 佳丽酿的亲本及其 F_1、F_2 代筛选出了 6 个与中国野生葡萄抗霜霉病基因连锁的 RAPD 标记，本试验选择抗霜霉病标记 S416-1224 检测杂交子代对霜霉病的抗性。

本试验在利用抗黑痘病标记 OPS03-1354 对杂交亲本检测时，父本材料"北醇""塘尾""左优红"均未扩增出 1 354 bp 抗黑痘病标记特异性条带，王勇（2010）同样利用此标记在"北醇"中未检测出特异性条带，而郭海江（2005）利用此标记对"北醇"检测时，扩增出了 1 354 bp 抗黑痘病标记特异性条带。利用相同的分子标记（OPS03-1354），对相同的试验材料（北醇）进行检测，结果却不同，其原因有待进一步分析。

在利用抗霜霉病标记 S416-1224 对杂交亲本检测时，除"左优红"外，其余 6 个亲本均扩增出 1 224 bp 抗霜霉病标记特异性条带，而 4 个母本为欧亚种葡萄，为不抗病品种，理论上讲，不应扩增出 1 224 bp 抗霜霉病标记特异性条带，所以抗霜霉病标记 S416-1224 对霜霉病的检测效果有待进一步验证。

利用抗白粉病标记 ScORN3-R、ScORA7-760 对亲本进行检测，仅有标记 ScORN3-R 在"北醇""塘尾""左优红"中检测出 760 bp 抗白粉病标记特异性条带，但是在 4 个杂交组合的 65 个子代中均未检测出特异性条带。本试验中杂交子代株系的抗病性有待移栽大田后进一步验证。

6.2 分子标记辅助技术在西葫芦育种中的应用

西葫芦（Cucurbita pepo L.）是葫芦科南瓜属重要的栽培蔬菜，在世界范围内广泛种植，我国的栽培面积及产量均居世界首位。西葫芦适应性强、产量高、易管理、口感好、营养价值高，深受生产者和消费者的喜爱。目前，西葫芦设施栽培面积逐年增加，实现了周年供应。而生产方式的转变也加重了病毒病等病害的危害。番木瓜环斑病毒西瓜株系（PRSV-W）是危害西葫芦等葫芦科作物的主要病害之一，西葫芦植株被侵染后，出现花叶、泡斑、植株矮化、果实畸形等现象，可造成 40% 以上的产量损失，严重者甚至绝产。目前尚没有防治病毒病的有效药剂，培育抗病品种是防治 PRSV-W 病毒病最为经济、安全有效的措施。国内对西葫芦 PRSV-W 抗病鉴定技术及抗病种质鉴定的研究较少，故抗性种质资源缺乏；同时，传统抗病育种效率低、周期长，严重阻碍了抗病品种的选育，导致抗病品种少，满足不了生产需求。在前期初步探索工作的基础上，本研究进一步完善了西葫芦 PRSV-W 苗期抗性评价鉴定技术，对收集的西葫芦种质资源及当前主栽品种进行了抗性评价筛查，并构建六世代群体以揭示 PRSV-W 抗性遗传规律；进一步对西葫芦 PRSV-W 抗病基因进行了定位研究；开发了与 PRSV-W 抗病基因紧密连锁的分子标记并应用于西葫芦分子标记辅助选择育种。

6.2.1 西葫芦环斑病毒

1. 西葫芦概述

西葫芦是葫芦科南瓜属的重要栽培蔬菜，在我国栽培普遍，种植面积及产量均居世界首位，而且呈现逐年递增的趋势。特别是保护地栽培面积增长迅速，已经形成四季生产、周年供应的种植及消费模式。西葫芦口感好，易吸收，热量低，富含葡萄糖、维生素和蛋白质等，同时具有提高自身免疫力、清热降火的功效，营养价值丰富，是消费者喜爱的食品。西葫芦易管理、产量高，能够为种植农户带来良好的经济效益，为农村产业机构调整及脱贫攻坚做出了重要贡献。

2. 西葫芦病毒病类型及流行原因

病毒病是西葫芦生产过程中的主要病害之一，具有分布广泛的特点，在露地及大棚种植过程中普遍发生，病害发生时段主要是每年的 4～5 月或者 9～10月，造成 30%～60% 的产量损失，严重时甚至会出现绝产。西葫芦植株被侵染后，出现花叶、泡斑、蕨叶、植株矮化，果实表面出现花斑，后期果实畸形斑驳，甚至不结瓜，严重影响西葫芦的产量和商品性，给生产及育种工作造成巨大经济损失，因此选育西葫芦抗病品种迫在眉睫。

危害西葫芦的病毒病种类繁多，目前经过国际病毒委员会认可的共有 38个确定种和 9 个暂定种，其中小西葫芦黄花叶病毒（ZYMV）、黄瓜花叶病毒（CMV）、番木瓜环斑病毒西瓜株系（PRSV-W）、西瓜花叶病毒（WMV）等是葫芦科病毒病的主要类型。这四种病毒类型传播速度快、分布广泛，大多通过蚜虫进行传播，美国、法国等国家对番木瓜环斑病毒病侵染葫芦科植物的报道较多，而国内研究尚少。影响病毒病流行的因素很多，主要包括以下方面。

（1）气候因素。气候变化导致病毒病盛行，在一些西葫芦种植区，五月中下旬到六月中旬气温相对于其他时间段偏低，在此期间还伴随着间歇性降雨现象，而进入七月后，气温回升明显，种植期持续高温，气候的变化为病毒在植株体内生存及增殖创造了良好的条件。前期温度偏低的气候不利于病毒生长，病毒在植株体内增殖缓慢，后期气温升高，蚜虫开始迅速生长发育，成熟后的蚜虫将病毒大面积扩散，西葫芦病毒病害开始流行。

（2）土壤因素。经过多地区走访、勘察、研究发现，重茬种植区植株病害与新种植区相比，病害植株数量大、严重程度高。由此看来，土壤因素对西葫芦病毒病流行影响不容小觑。

（3）种子处理措施。经田间调查发现，种子是否经过处理也是携带病毒多少的关键因素。经过处理的种子出苗正常，植株健壮，病毒病发病症状较轻。种子处理多用包衣的形式，或者用药剂浸种，这样可大大降低植株发病率。

（4）播种期的选择。播种较早，植株成熟时间较早，果实膨大时间较早，在病毒病流行期之前成熟，发病程度较轻。相反，播种较晚，果实成熟期较晚，在病毒病流行期间，果实生长程度不足以抵抗病毒病，发病严重。

3.番木瓜环斑病毒的研究进展

（1）株系划分、寄主范围和传播方式。番木瓜环斑病毒（PRSV）为马铃薯 Y 病毒属（Potyvirus）的典型成员之一，是单分体正链 RNA 病毒，根据寄主范围 PRSV 被分为番木瓜环斑病毒番木瓜株系（PRSV-P）和西瓜株系（PRSV-W）两个株系。PRSV-P 多发生于气候炎热地区，主要侵染番木瓜，另外也可对葫芦科作物造成危害，但只对番木瓜造成毁灭性病害。目前对该病毒病株系划分没有硬性标准，因此 PRSV-P 根据地区的不同划分为不同的株系，如我国华南地区根据在西葫芦上表现症状的不同，又划分出四种株系，即 Ys（退绿黄点和轻花叶）、Vb（沿叶脉变灰白色）、Sm（重花叶）和 Lc（叶片卷曲），其中以 Ys 为优势株系。PRSV-W 多发生于温带地区，主要侵染葫芦科作物，如西葫芦、甜瓜等，对番木瓜不会造成病害，PRSV-W 常单独或与黄瓜花叶病毒（CMV）、小西葫芦黄花叶病毒（ZYMV）、西瓜花叶病毒（WMV）等复合侵染西葫芦等葫芦科作物，田间发病普遍。

在自然条件下，PRSV 病毒主要通过蚜虫刺吸的途径进行快速传播，传播 PRSV-P 的蚜虫大约有 11 个属 21 个种，其中造成病害最为严重的是桃蚜和棉蚜，田间传播多以翅蚜的迁飞和试探性取食为主要途径。此外，PRSV 病毒还可通过农事操作中的机械损伤进行传播，在试验研究中还可通过病叶摩擦进行病毒传播，该传播方式可感染黄瓜、西瓜、甜瓜、西葫芦等多种葫芦科作物。

（2）分布与危害。目前，PRSV 是侵染番木瓜及葫芦科作物最具破坏力、范围最为广泛的病毒，严重制约了番木瓜及葫芦科作物的生产与育种发展进程。美国于 20 世纪 40 年代首次报道 PRSV 病毒，目前，PRSV 在亚洲、北美、非洲普遍发生，给番木瓜及葫芦科作物造成了严重的经济损失。中国华南地区为 PRSV 发生的重灾区，在番木瓜种植区，每年 4～5 月和 9～10 月为病害发生的高峰期，发病期间，番木瓜果实表面出现环斑，番木瓜环斑病毒由此得名，果实表面出现的环斑会使果实着色不均匀，导致畸形。除此之外，还会出现花叶、泡斑、植株矮化、果实糖分含量大大降低，影响口感，严重影响番木瓜的产量及商品性。因此，PRSV 是制约番木瓜生产与育种过程的重要因素，是一个亟待解决的重要问题。

此外，在很多国家，PRSV 给葫芦科作物造成了严重的损失。例如，印度丝瓜、波兰西葫芦上 PRSV 发生率高；中国山东、河南、广西等地在冬瓜、罗汉果、西葫芦等葫芦科作物上发现了 PRSV，给其生产造成严重损失。病害在葫芦科作物上的表现：植株矮化，从而导致发育迟缓；叶片花叶、卷曲、黄叶、畸形，严重时甚至出现鸡爪状；花朵发育不全导致授粉不充分，出现果实畸形。

（3）抗病性鉴定和检测技术。

①抗病性鉴定。狭义的抗病性鉴定是评价寄主品种、品系或种质对特定病害抵抗或感染程度，抗原筛选、种质筛查、后代选择以及品种推广都离不开抗病性鉴定，其是作物遗传育种的重要基础。经多次试验验证，室内苗期鉴定和田间成株鉴定是鉴定西葫芦病毒病的主要方法，其中田间成株鉴定又分为自然诱发和人工接种两种。林丹等研究黄瓜的黄瓜绿斑驳花叶病毒时，采用了苗期人工摩擦接种鉴定法。[1]古勤生等研究小西葫芦黄花叶病毒与西瓜品种时，同样采用了苗期人工摩擦接种鉴定方法。[2]周辉研究南瓜的黄瓜花叶病毒时，采用的是田间病圃自然诱发鉴定法。[3]田间自然诱发鉴定法容易受到外界环境（温度、湿度、光照等）影响，不同地区抗性结果差异较大，但是能够真实反映植株抗性，而且相对来说成本较低。人工接种方法往往在室内进行，可以人为控制室内气候，因此抗性结果分析的准确性和重复性高，但是在某种程度上会与田间真实情况产生较大差异，与自然诱发法相比成本较高。目前，在西葫芦病毒病的抗病性鉴定研究中，多采用苗期人工摩擦接种鉴定法。

②检测技术。PRSV 病毒病破坏力强、危害大，给西葫芦生产与育种工作造成严重损失，不易防治。因此，对 PRSV 病毒病的防治至关重要，加强抗病检测力度、建立完善的抗病检测技术体系是病毒防治的基础。在西葫芦病毒病检测方法中，最常用的方法是血清检测法、分子生物学检测法、电镜检测技术和生物学检测技术。

血清检测法中最常用的是酶联免疫吸附测定法（Enzyme-Linked Immunosorbent Assay，ELISA），其原理是利用抗原（待测样品）和抗体的免疫反应，将其与

① 林丹，张莉丽，饶琼，等 . 黄瓜绿斑驳花叶病毒的分子鉴定及葫芦科不同品种对其抗性评价 [J]. 植物检疫，2016，30（4）：26-31.

② 古勤生，ROGGERO P，LENZI R，等 . 北方地区小西葫芦黄花叶病毒的酶联检测和西瓜品种抗病性鉴定 [J]. 果树学报，2002，19（3）：184-187.

③ 周辉 . 南瓜抗黄瓜花叶病毒（CMV）基因的 RAPD 分子标记筛选 [D]. 乌鲁木齐：新疆农业大学，2005.

具有高效催化作用的酶结合，发生化学反应产生沉淀，根据沉淀颜色深浅变化来判断病毒浓度，一般颜色深度与抗原样品的浓度成正比。在病毒的检测中，ELISA 已可以检测到纳克级别的病毒，对检测植株中不易察觉的病毒种类以及后期的防治起到推动作用。该方法灵敏度高、操作方便、快速高效，可同时检测大批样品，因此被广泛运用于病毒病检测。

分子生物学检测法是根据核酸的遗传性和侵染性的特点来检测病毒核酸（DNA 和 RNA），证明病毒的存在及其种类，该方法与 ELISA 相比，灵敏度更高（可检验 pg 和 fg 等级的病毒），更加快速高效，成本更低，运用范围更广泛，可对任何试验材料进行检测。分子生物学检测法是目前检测植物病毒病的方法中最方便快捷的方法。目前常用的检测及鉴定病毒病的分子生物学检测技术有聚合酶链式反应（PCR）和核酸分子杂交技术。

电镜检测技术即电子显微镜技术，该方法被广泛应用于生命科学领域，随着科学的不断发展，该技术被不断运用和改进，目前在植物病毒检测领域有了快速的发展。此方法运用电子显微镜对病毒进行检测，病毒本身大小不一，形态特征各不相同，从而对病毒的特征进行鉴定与区分。

生物学检测技术是通过观察植物植株表型与病毒生物学特征以及传播方式进行鉴定，该方法发展时间较早，在植物病毒病研究前期被广泛应用，具有直接、简单的优点，是一种传统意义上的检测技术。然而，随着检测技术的发展，该方法呈现检测效率低下、错误率高的缺点，慢慢被其他检测方法所替代，但依旧是其他检测技术的首要依据。

以上检测技术都可检测 PRSV 病毒病，PRSV 分为两大株系，即 PRSV-P 与 PRSV-W，由于这两种病毒病寄主范围不同，可以从生物学角度进行区分，随着科学技术的快速发展，检测技术也呈现日新月异的变化。陈继峰等人利用 RT-PCR 技术对果树病毒病进行检测。[①] 古勤生等人利用 DAS-ELISA 技术对西瓜上的小西葫芦黄花叶病毒（ZYMV）进行检测。王威麟利用多重 RT-PCR 技术与田间调查同步进行检测西瓜病毒病。[②] 可见 DAS-ELISA、RT-PCR 检测技术在病毒病检测中最为常见，应用广泛。

---

① 陈继峰，李绍华.病毒的分子生物学检测方法在果树上的应用 [J].中国南方果树，2005，34（4）：77-80.

② 王威麟.西瓜病毒病的田间调查及多重 RT-PCR 同步检测 [D].杨凌：西北农林科技大学，2010.

4.西葫芦 PRSV-W 病毒病防治

近年来，PRSV-W 病毒病对西葫芦的生产与研究工作的影响愈演愈烈，因此防治工作刻不容缓。针对病毒病发生的多种原因，从以下方面进行防治。

（1）选用抗病品种。此方法能从根源上对病毒进行预防与控制，是防治西葫芦病毒病最经济有效的方法之一，抗病性强的品种有早玉、碧玉、亚历山大等品种。[①]

（2）播前种子处理。采用包衣和浸种的方法进行处理，在种子表面形成保护层以应对病毒的侵染。包衣时加入 0.3% ～ 0.5% 噻虫嗪,噻虫嗪具有内吸性，药效可持续 60 d。[②] 浸种是把种子在磷酸三钠溶液中浸泡 30 min，之后用清水洗净种子表面溶液残留，晾干后催芽。[③]

（3）轮作倒茬处理。首先要及时清理瓜皮、瓜瓤等废弃物，随后对种植区土壤进行消毒处理，减少病毒病残留，制定轮作制度，如三年一轮作，三年内不重复种植葫芦科植物，从而降低病害发生率。

（4）适时早播。西葫芦种子若播种期较早，植株生长发育和果实膨大时期就较早，从而避开高温期，高温期蚜虫会迅速生长发育，大面积传播病毒病，导致植株病害严重。

6.2.2　西葫芦 PRSV-W 抗病基因紧密连锁分子标记的开发

为了对抗病基因进行更深层次的探究，抗病基因定位是育种工作中不可或缺的重要环节，本试验对西葫芦 PRSV-W 抗病基因进行定位，并开发与抗病基因紧密连锁的分子标记，可以提高抗病基因利用效率，为抗病种质检测以及新品种培育提供理论依据以及技术支持。另外，抗病基因的定位也为西葫芦 PRSV-W 抗病基因精细定位以及基因克隆奠定了基础。

---

① 蔡建和，范怀忠.华南番木瓜病毒病及环斑病毒株系的调查鉴定 [J]. 华南农业大学学报，1994，15（4）：13-17.

② 王茂昌，魏家鹏，王祥，等.北方拱棚秋茬西葫芦病毒病发生及综合防治措施 [J]. 蔬菜，2017（12）：55-57.

③ 闫学峰.西葫芦病毒病发生原因及防治方法探析 [J]. 农技服务，2015，32（1）：103.

1. 材料与方法

（1）试验材料。以西葫芦 PRSV-W 高抗自交系"BV21"和高感自交系"BV37"为亲本配制的 F_2 群体作为抗病基因定位群体，种植于北京市农林科学院蔬菜研究中心防虫温室内。

（2）试验仪器与试剂。

①试验所用仪器：高速离心机（Eppendorff 5810R）、低速离心机、PCR 仪（东胜龙 EDC-810）、组织研磨仪（bulletblue 24）、电泳仪（君意 1000）、恒温水浴锅、回旋式振荡器（HY-5）、恒温磁力搅拌器（85-2）、ALP 高温灭菌锅、漩涡混合器、DNA 混匀仪、PAGE 电泳槽、电子天平、10 μL 移液枪、20 μL 移液枪、1 000 μL 移液枪、研磨仪、600 目金刚砂等。

②试验所用试剂：氢氧化钠、Tris、琼脂糖、异丙醇、异戊醇、甲醛、无水乙醇、乙酸、过硫酸铵、硝酸银、dNTPs 和 Taq 酶。

（3）PRSV-W 苗期接种技术。准备 600 目金刚砂；将研磨钵和枪头用报纸密封，蒸馏水（1 000 mL 玻璃瓶装置）放置于 121 ℃灭菌锅中进行灭菌，备用。

（4）西葫芦 DNA 提取。CTAB 法提取 DNA，适用于高质量 DNA 提取，具体步骤如下。

①利用打孔器对西葫芦叶片进行取样，取约 40 mg 叶片组织，将样品置于 1.5 mL 离心管中，然后在 -20 ℃放置 2 h 后取出冻干。

②每个离心管中放入 4～6 个 2 mm 钢珠，用 24 孔研磨器研磨，充分研磨后，离心 5 min。

③加入预热 1 h 的 CTAB 缓冲液 600 μL 后混匀，65 ℃水浴 1 h。

④预热后置于室温冷却至 15 ℃以下。

⑤加入 600 μL 氯仿：异戊醇（24：1），吸打混匀，静止放置 10 min。

⑥ 10 000 rpm 离心 15 min。

⑦取上清液 500 μL 于 1.5 mL 离心管中（宁少勿杂），加入 500 μL 异丙醇。

⑧摇匀后常温放置 10 min，10 000 rpm 离心 15 min。

⑨弃上清液，吸水纸控干，加入灭菌超纯水 80 μL，溶解混匀。

⑩室温放置 30 min，自然晾干 DNA，然后放置于 -20 ℃冰箱保存。

（5）西葫芦 DNA 质量和浓度检测。采用核酸蛋白检测仪对 DNA 质量和浓度进行测定。

（6）PCR 扩增。PCR 反应体系如表 6–5 所示。

表 6–5　PCR 反应体系

反应试剂	一个反应加入量
ddH$_2$0	7.9 μL
10×Buffer（含 Mg^{2+}）	1.5 μL
dNTP（2.5 mmoL/L）	0.3 μL
引物对（10 pmol/μL）	0.6 μL
模板 DNA（30 ng/μL）	4.5 μL
Taq 酶（5 U/μL）	0.2 μL
总体系	15 μL

SSR 扩增反应程序：SSR 扩增在 PCR 仪上进行，反应程序如下。

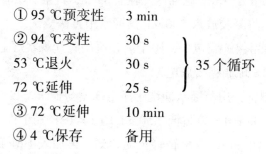

① 95 ℃预变性　　3 min

② 94 ℃变性　　　30 s
53 ℃退火　　　　30 s　　⎫
72 ℃延伸　　　　25 s　　⎬ 35 个循环
　　　　　　　　　　　　⎭

③ 72 ℃延伸　　　10 min

④ 4 ℃保存　　　备用

（7）聚丙烯酰胺凝胶电泳的检测与银染。

①聚丙烯酰胺凝胶的制备。

a. 玻璃板的清洗：用蒸馏水将试验所需玻璃板冲净，放置自然晾干。

b. 封底：将大小两块玻璃板两端用夹子夹住，大板朝前放置，以量程 5 000 μL 移液枪将 1% 琼脂糖打入橡胶凹槽中，将玻璃板放置于凹槽中，最后待琼脂糖凝固后将凝胶灌入。

c. 灌胶：每一块胶片的用量为 10 mL ddH$_2$O+2 mL 的 10×TBE+8 mL 的 20%Acr–Bis+20 μL 的 TEMED+200 μL 的 10%APS，充分搅拌后轻轻倒入两块玻璃板中间，然后插入梳子，凝固时间大约 40 min。

d. 装板：凝胶凝固好以后，轻轻拔出梳子，然后拿掉夹子，将玻璃板轻轻从凹槽中拿出，放到电泳槽中。

e. 电泳：电泳槽中加入 1×TBE 缓冲液，凝胶中如有气泡需要用 1000 μL 移液枪吹出气泡，然后点样后开始电泳，电泳电压为 160 V 恒压，时间为 70 min。

②聚丙烯酰胺凝胶的银染。

a. 固定：电泳结束后，将 1×TBE 缓冲液倒出，轻轻取出玻璃板，将凝胶剥下置于固定液中。固定液配制为 450 mL 蒸馏水 +50 mL 无水乙醇 +2.5 mL 冰醋酸，在摇床上轻摇 10 min。

b. 银染：固定结束，将固定液倒掉，加入银染液。银染液配制为 1 g 硝酸银 +500 mL 蒸馏水，在摇床上轻摇 12 min。

c. 漂洗：染色结束，将银染液倒掉，加入 500 mL 蒸馏水对凝胶进行漂洗，约 30 s。

d. 显影：漂洗后，将漂洗液倒掉，加入显影液。显影液配制为 7.5 g NaOH+500 mL 蒸馏水 +1 500 μL 甲醛，在摇床上轻摇 3 min，直至显现清晰的带型。

e. 漂洗：将凝胶放入 500 mL 蒸馏水中再次漂洗。

f. 将凝胶用保鲜膜包好，晾干后在医用胶片观察灯上照相并记录数据。

（8）0.8% 琼脂糖凝胶电泳。

①胶板制备：用蒸馏水冲洗干净电泳槽与梳子，自然晾干后插好梳子。

②制胶：将 0.4 g 琼脂糖、50 mL 的 1×TBE 置于锥形瓶中，然后将其放入微波炉中加热 1 min，取出轻轻晃动片刻，再加入 1 μL 的核酸染料，摇匀后，将其倒入事先插好梳子的玻璃板中，待胶凝固约 30 min。

③电泳：加入 0.5×TBE 缓冲液，高度应没过凝胶，点样后开始电泳，电泳电压为 120 V 恒压，时间为 16 min。需要注意的是，点样 DNA 用量为 2 μL 原液与 1 μL Loading Buffer 混匀。

（9）试验结果统计分析。利用 MapMaker 3.0 构建抗病基因遗传连锁图，并利用 BioEdit 5.0 软件将连锁分子标记锚定在西葫芦基因序列上，获得分子标记的物理位置。

2. 结果与分析

（1）DNA 样品质量检测。经琼脂糖凝胶电泳对 DNA 样品进行检测，结果表明，提取的 DNA 质量较高，DNA 条带清晰、整齐，浓度一致，可以达到

SSR 标记扩增所需模板质量（图 6-9）。

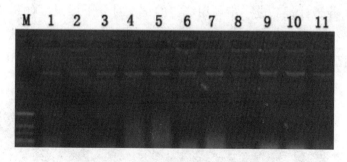

图 6-9　部分植株的 DNA 质量检测

（2）抗、感亲本间多态性分子标记的筛查。根据西葫芦序列信息合成 SSR 分子标记 897 对，在抗、感亲本间进行多态性分子标记筛查，共获得 149 对具有多态性的分子标记，截取部分如图 6-10 所示。

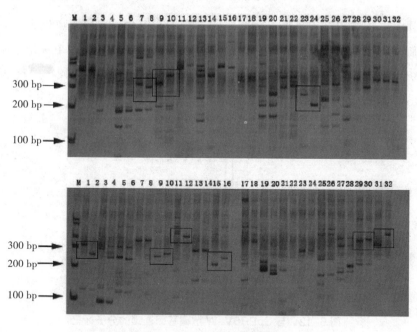

图 6-10　亲本间多态性标记筛查

注：黑色框为亲本间多态性分子标记。

（3）抗病基因定位。在 F₂ 群体中选取 10 株高抗单株与 10 株高感单株，提取 DNA 后等量混匀，构建抗、感混池，利用筛选获得的亲本间具有多态性的 149 个 SSR 分子标记进行分析，获得 4 个可能与抗病基因 CpPRSV-W 紧密连锁的 SSR 分子标记。进一步利用获得的这 4 对分子标记，对 F$_2$ 群体中所有感病单株进行基因型分析（图 6-11），并构建遗传连锁图谱，获得连锁分子标记与抗病基因的遗传距离。

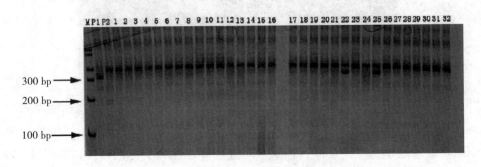

图 6-11 分子标记 SSR47 在 F$_2$ 群体部分植株扩增结果

其中，与抗病基因连锁最为紧密的是标记 SSR47，遗传距离仅为 1.0 cM，另一侧的标记 SSR113 与抗病基因遗传距离为 1.5 cM，其余两个标记 SSR21、SSR276 遗传距离相对较远，分别为 3.8 cM 和 9.4 cM（图 6-12），抗病基因 CpPRSV-W 被定位于标记 SSR47 和标记 SSR113 之间。

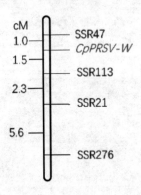

图 6-12 与 CpPRSV-W 抗病基因连锁的分子标记

为进一步缩小抗病基因候选区间，利用双亲重测序，在抗病基因初步定位的分子标记 SSR47 和 SSR113 之间开发大量新的 InDel 分子标记，并筛查 F$_2$ 群体中的剩余交换单株。最终将抗病基因 CpPRSV-W 定位在 InDel 标记 523 与 1317 之间。该区间包含 753 kb 碱基序列。根据西葫芦基因组注释信息，该候选区域包含 30 个候选基因（表 6-6），包括丝氨酸 / 苏氨酸蛋白激酶、果胶酯酶、含有五肽重复序列的蛋白质、蛋白酶体相关的 ECM29 等一些与植物抗病性相关的蛋白编码基因，还包括一些未知蛋白编码基因。

表 6-6　抗病性状候选基因

基因编号	功能预测
1	天冬氨酰 / 谷氨酰 -tRNA（Asn / Gln）氨基转移酶亚基 B
2	丝氨酸 / 苏氨酸蛋白激酶
3	含 U-box 结构域的家族蛋白
4	丝氨酸 / 苏氨酸蛋白磷酸酶
5	CSL 含锌指结构域蛋白
6	蛋白激酶家族蛋白
7	YABBY 蛋白
8	未知蛋白质
9	Fasciclin 样阿拉伯半乳聚糖蛋白 16
10	半胱氨酸脱硫酶家族蛋白
11	果胶酯酶
12	富含亮氨酸的重复家族蛋白
13	含有五肽重复序列的蛋白质
14	果胶酯酶
15	果胶酯酶
16	mRNA 前剪接因子 CWC22 样蛋白
17	果胶酯酶
18	五肽重复序列超家族蛋白
19	早期结节蛋白样蛋白 18
20	蛋白酶体相关的 ECM29
21	激酶家族蛋白
22	咪唑甘油磷酸合酶亚基
23	S2 自交不亲和基因座的花粉 3.2 蛋白
24	AP2 样乙烯反应性转录因子
25	羟甲基戊二酰辅酶 A 裂解酶

基因编号	功能预测
26	甲基转移酶家族蛋白，推定
27	交叉连接内脱氧核糖核酸酶，推定
28	含锌指 A20 和 AN1 域的应激相关蛋白 8
29	未知蛋白质
30	F 盒蛋白

Chandrasekaran 等在黄瓜中利用 CRISPR/Cas9 技术扰乱隐性基因 eIF4E 的的功能，获得了包括抗 PRSV-W 在内的多种病毒病抗性。Brotman 等发现了甜瓜 PRSV 抗性受一个 NB-LRR 基因控制。薄凯亮等将黄瓜 PRSV-W 隐性抗病基因 "*prsv*" 精细定位在 28.5 kb 的区间内，该区域包含 5 个基因，并发现一个在 78 份自然材料中抗感表型与基因型一致的 SNP 位点，该基因在病毒接种后的表达在抗、感材料间存在显著差异，并且该基因降低了植株对 PRSV 的抗性。Wu 等将葫芦的 PRSV-W 显性抗病基因 *prsv* 定位在 317.8 kb 的区域内，并设计了用于育种的紧密连锁的 CAPS 分子标记。本研究将西葫芦 PRSV-W 抗病候选基因定位在 753 kb 区域内，该候选区域包含 30 个候选基因。对于候选区域内的基因哪个是与抗病性相关，还需要进一步扩大性状分离群体，开发新的 InDel 分子标记，将抗病基因进一步精细定位在更小的区间内，并利用表达或基因敲除试验最终确定抗病基因。

6.2.3　PRSV-W 抗病基因紧密连锁分子标记在西葫芦抗病育种中的应用

随着科学技术的快速发展，植物育种逐渐摒弃了传统标记方法，分子标记技术开始盛行。近年来，随着分子生物学技术的发展，分子标记类型愈来愈丰富，而且分子标记多态性好、简捷、效率高的优点使其被广泛应用于抗病育种研究中，分子标记辅助选择是分子标记应用最为常见的方法。其原理是利用与抗病基因紧密连锁的分子标记根据抗性性状进行分子层面的田间选择，该方法可快速且准确地检测出植株中是否具有抗病基因的存在，而且不易受到外界因素的影响。本试验利用获得的与西葫芦 PRSV-W 抗病基因 CpPRSV-W 紧密连锁的分子标记，对西葫芦植株进行苗期田间抗病检测，省时省力，填补了传统抗病育种工作中耗时费力、结果准确性差等漏洞，最大限度地发挥分子标记辅助选择技术的优势。

1. 材料与方法

（1）试验材料。分别于 2018 年春季和秋季、2019 年春季和秋季，对抗病回交及杂交转育材料进行分子标记检测分析。待植株长到两子叶展平后进行取样，材料种植于北京市农林科学院蔬菜研究中心四季青农场。

（2）试验方法。运用 NaOH 碱裂法提取 DNA，对田间材料进行抗病检测，具体步骤如下。

①利用打孔器对西葫芦叶片进行取样，取约 20 mg 叶片组织，将所取西葫芦样品放入 2 mL 离心管中，离心管需事先进行灭菌，加入 4～6 颗钢珠（直径 2 mm），并对其编号，加入叶片后，利用移液枪加入 70 μL 的 0.4 moL/L NaOH 溶液，将离心管放置于组织研磨仪中，10 倍速度研磨 1 min。

②将研磨好的样品放置于离心机中，设置 7 200 rpm 离心 30 s，离心完成后，取出离心管轻轻震荡，将其置于 100 ℃恒温水浴锅中，水浴用时 1 min，完成后取出，再次放置于 7 200 rpm 离心机中，离心 30 s，离心结束后取出，按顺序排好备用。

③利用移液器吸取离心管中 DNA（取上清液）10 μL 置于事先加入 190 μL Tris 的 96 孔板中，摇匀后备用。
该方法制备的 DNA 仅能 4 ℃环境下保存 3 天。

2.PCR 扩增及电泳检测分析

PCR 扩增体系及反应程序通过聚丙烯酰胺凝胶电泳和硝酸银染法完成检测，染胶完毕后，将凝胶用保鲜膜包好，晾干后在医用胶片观察灯上照相并记录数据。

3. 结果与分析

（1）亲本间分子标记适用性筛查。在抗病基因候选区域内设计多个 InDel 分子标记，经过分子标记在多个亲本上的适用性筛查，获得多态性好、扩增稳定的标记 ID307。该标记在候选转育骨干自交系及供体抗病种质材料间均具有良好的多态性。

（2）西葫芦 PRSV-W 抗病种质检测。2018 年以来，利用与 PRSV-W 抗病基因紧密连锁的 InDel 标记 ID307 对西葫芦回交转育的四个批次植株材料约 20 000 株进行苗期抗性筛查，共获得 6 707 株抗病单株。抗病单株定植于大田后，后期生长中有 6 株感病。利用苗期人工接种鉴定对部分转育抗病单株进行检验，抗病转育单株获得 PRSV-W 抗性，接种病毒后植株表现抗病性状（图 6-13），这表明筛查目标株数与田间抗病株数相近，符合率均在 99% 以上（表 6-7）。

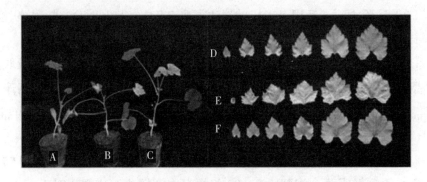

图 6-13　西葫芦 PRSV-W 田间抗病检测植株苗期接种鉴定

注: A—空白对照植株; B—感病植株; C—经回交转育后植株; D—对照植株叶片;
　　E—感病植株叶片; F—经回交转育后植株叶片。

表 6-7　采用分子标记 ID307 进行西葫芦苗期抗病检测结果

检测批次	总株数	筛查目标株数	田间抗病株数	符合率
2018 年春	5 880	1 968	1 964	99%
2018 年秋	3 460	1 189	1 189	100%
2019 年春	6 418	2 238	2 236	99%
2019 年秋	3 896	1 318	1 318	100%

4. 西葫芦抗病育种分析

（1）西葫芦 PRSV 田间抗病种质检测。本试验利用分子标记 ID307 进行田间抗病检测，需要检测的植株群体不同品种不同，试验工作量大，但从育苗到检测结束仅花费十天左右的时间，相对于传统的田间鉴定方法来说，此方法很大程度上缩短了检测时间，省时省力，且不易受外界环境的影响，结果可靠，可信度高，大大提高了抗病育种的效率。如图 6-14 所示，S 型与 H 型扩增明显，结果带型清晰，可见所筛选的分子标记准确性高、多态性好，而且在不同批次不同群体的植株中运用，能快速筛选出植株中是否具有抗病基因，检测结果稳定，符合率高（表 6-7），在西葫芦 PRSV-W 田间大批量抗病检测中发挥重要作用。在将来的抗病育种工作中，要着重进行分子标记筛查方面的研究，最大限度地发挥分子标记的优势，填补西葫芦 PRSV 抗病育种研究的空缺。

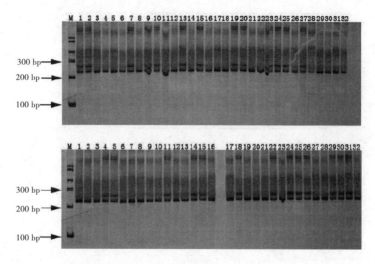

图 6-14　分子标记 ID307 在部分植株的基因分型结果

（2）分子标记辅助育种在抗病育种中的应用。随着分子标记技术的发展，国内外学者纷纷将分子标记辅助育种运用到各个研究领域。侯富恩等针对番茄黄化曲叶病，利用与抗病基因紧密连锁的分子标记 P6-6、P6-25、T0302 筛选抗病基因聚合单株，从而培育抗病性状更加优良的番茄品种。[①] 李宗俊等利用 KASP 分子标记对 16 份番茄材料进行抗性鉴定，最终筛选出 3 份同时含有 4 种抗性基因的番茄材料，这为下一步筛选多种抗性基因聚合体的番茄材料提供了

---

① 侯富恩，郝科星，张涛，等 . 番茄抗 TYLCV 分子标记辅助聚合育种 [J]. 中国瓜菜，2019，32（1）：18-21.

依据。[①]田桂丽利用 SSR 分子标记对黄瓜 PRSV 进行抗性分析，将抗性基因定位在黄瓜第 6 条染色体上，在遗传距离上更加精确，为后边的黄瓜 PRSV 抗病基因精细定位以及基因克隆奠定基础。[②]本研究对西葫芦 PRSV 抗病基因进行抗性鉴定与遗传规律分析，并利用 InDel 标记和 SSR 标记对抗性基因进行初步定位，开发与 PRSV 紧密连锁的分子标记。本节通过筛选出的 InDel 分子标记对西葫芦植株进行田间抗病种质检测，结果表明，本研究成果有利于西葫芦抗病育种工作的开展。

① 李宗俊，王先裕，刘梦姣，等. 利用 KASP 分子标记技术辅助筛选多抗番茄材料 [J]. 中国蔬菜，2019（8）：42-46.

② 田桂丽. 黄瓜抗西瓜花叶病毒和番木瓜环斑病毒基因定位研究 [D]. 北京：中国农业科学院，2015.

参考文献

[1] FERRIOL M , PICO B , NUEZ F .Genetic diversity of a germplasm collection of Cucurbita pepo using SRAP and AFLP markers[J] .Theoretical and applied genetics , 2003 , 107(2):271–282 .

[2] HU J G, MILLER J , XU S , et al .Trap（target region amplification polymorphism）technique and its application to crop genomics[J] .Euphytica , 2005 , 144 :225–235.

[3] KUMAR Y, KWON S J, COYNE C J, et al. Target region amplification polymorphism（TRAP）for assessing genetic diversity and marker-trait associations in chickpea（ Cicer arietinum L. ）germplasm[J]. Genetic Resources & Crop Evolution, 2014, 61（5）: 965–977.

[4] 蔡建和，范怀忠 . 华南番木瓜病毒病及环斑病毒株系的调查鉴定 [J]. 华南农业大学学报，1994，15（4）: 13–17.

[5] 陈继峰，李绍华 . 病毒的分子生物学检测方法在果树上的应用 [J]. 中国南方果树，2005，34（4）: 77–80.

[6] 崔世友，孙明法 . 分子标记辅助选择导论 [M]. 北京：中国农业科学技术出版社，2014.

[7] 邓世峰，王先如，张安存，等 . 分子标记辅助选择在我国水稻抗病育种中的研究进展 [J]. 江西农业，2019（22）:40，46.

[8] 董娜，胡海燕，胡铁柱，等 . 348 份小麦种质中抗条锈病基因 Yr5、Yr10 和 Yr18 的分子标记检测与分布 [J]. 西北农业学报，2019，28（12）:1960–1968.

[9] 高颖银 . 黑稻果皮颜色性状的遗传分析及基因定位研究 [D]. 银川：宁夏大学，2013.

[10] 古勤生，ROGGERO P，LENZI R，等 . 北方地区小西葫芦黄花叶病毒的酶联检测和西瓜品种抗病性鉴定 [J]. 果树学报，2002，19（3）: 184–187.

[11] 郭世华 . 分子标记与小麦品质改良 [M]. 北京：中国农业出版社，2006.

[12] 韩宇蕾. 无核葡萄胚挽救育种与分子标记辅助选择应用 [D]. 杨凌：西北农林科技大学，2019.

[13] 侯富恩，郝科星，张涛，等. 番茄抗 TYLCV 分子标记辅助聚合育种 [J]. 中国瓜菜，2019，32（1）：18–21.

[14] 胡海燕，李玉川. 作物分子标记辅助育种技术及应用 [M]. 北京：中国纺织出版社，2018.

[15] 胡天. 小麦品种抗条锈性 QTL 分析及 P9897 分子标记辅助育种 [D]. 绵阳：西南科技大学，2020.

[16] 黄进勇，盖树鹏，张恩盈，等. SRAP 构建玉米杂交种指纹图谱的研究 [J]. 中国农学通报，2009，25（18）:47–51.

[17] 李桂荣. 无核葡萄胚挽救育种技术的研究 [D]. 杨凌：西北农林科技大学，2001.

[18] 李琼，刘强，杨青春，等. 大豆高蛋白基因分子标记辅助育种的应用 [J]. 山西农业科学，2020，48（8）:1192–1197.

[19] 李耀栋. 分子标记辅助选择宁夏水稻抗稻瘟病基因聚合体 [D]. 银川：宁夏大学，2019.

[20] 李宗俊，王先裕，刘梦姣，等. 利用 KASP 分子标记技术辅助筛选多抗番茄材料 [J]. 中国蔬菜，2019（8）：42–46.

[21] 林丹，张莉丽，饶琼，等. 黄瓜绿斑驳花叶病毒的分子鉴定及葫芦科不同品种对其抗性评价 [J]. 植物检疫，2016，30（4）：26–31.

[22] 刘晗. 基于 SSR 标记的中国东北大豆育成品种遗传多样性及育种性状的关联分析 [D]. 南昌：南昌大学，2011.

[23] 刘巧. 利用胚挽救技术培育抗寒无核葡萄新种质 [D]. 杨凌：西北农林科技大学，2015.

[24] 刘源霞. 苹果抗炭疽菌叶枯病基因的分子标记及遗传定位 [M]. 北京：中国农业科学技术出版社，2019.

[25] 潘学军，李顺雨，张文娥，等. 种子败育型无核葡萄胚发育及败育的细胞学研究 [J]. 西南农业学报，2011，24（3）：1060–1064.

[26] 孙向伟，于岸洲，李晓雪. 大豆分子育种现状分析与展望 [J]. 江西农业，2020（12）：117.

[27] 唐冬梅.无核葡萄杂交胚挽救新种质创建与技术完善[D].杨凌：西北农林科技大学，2010.

[28] 滕卫丽.大豆花叶病毒病抗性遗传和分子标记研究[M].哈尔滨：黑龙江科学技术出版社，2008.

[29] 田桂丽.黄瓜抗西瓜花叶病毒和番木瓜环斑病毒基因定位研究[D].北京：中国农业科学院，2015.

[30] 王凯玥.西葫芦PRSV-W抗病基因紧密连锁分子标记的开发与育种应用[D].邯郸：河北工程大学，2020.

[31] 王茂昌，魏家鹏，王祥，等.北方拱棚秋茬西葫芦病毒病发生及综合防治措施[J].蔬菜，2017（12）：55-57.

[32] 王威麟.西瓜病毒病的田间调查及多重RT-PCR同步检测[D].杨凌：西北农林科技大学，2010.

[33] 王跃进，贺普超，张剑侠.葡萄抗白粉病鉴定方法的研究[J].西北农业大学学报，1999，27（5）:6-10.

[34] 魏保志.热点技术专利预警分析 作物分子标记辅助育种、储氢材料、体腔内微型机器人、页岩气分册[M].北京：知识产权出版社，2014.

[35] 熊冬金.中国大豆育成品种（1923—2005）基于系谱和SSR标记的遗传基础研究[D].南京：南京农业大学，2009.

[36] 徐海英，张国军，闫爱玲.无核葡萄育种及杂交亲本的选择[J].中外葡萄与葡萄酒，2001（3）:30-32.

[37] 闫学峰.西葫芦病毒病发生原因及防治方法探析[J].农技服务，2015,32(1):103.

[38] 张吉清.大豆对疫病的抗性评价、抗病基因挖掘及候选基因分析[D].北京：中国农业科学院，2013.

[39] 张沙沙.西葫芦ZYMV抗病基因紧密连锁分子标记的开发及育种应用[D].邯郸：河北工程大学，2020.

[40] 张晓军，杨文静，郭慧娟，等.小麦高代品系中抗条锈病基因Yr69的分子标记检测[J].植物遗传资源学报，2020，21（5）：1295-1300.

[41] 赵伟.葡萄抗白粉病分子标记对胚挽救幼苗辅助筛选研究[D].晋中：山西农业大学，2019.

[42] 郑景生．吕蓓.PCR技术及实用方法[J].分子植物育种，2003，1（3）:381-394.

[43] 周辉．南瓜抗黄瓜花叶病毒（CMV）基因的RAPD分子标记筛选[D].乌鲁木齐：新疆农业大学，2005.

[44] 赵雪,李永光.基于EST的分子标记开发及在大豆中的应用研究[M].哈尔滨：黑龙江科学技术出版社，2014.